无人机系统研究与应用丛书

无人机侦察技术与应用

金国栋　谭力宁　编著

西北工業大學出版社

西　安

【内容简介】 本书由两部分组成：系统篇内容包括无人侦察机系统概述、无人侦察机体系结构及机载成像侦察载荷系统，侦察技术与应用篇内容包括机载侦察载荷刚体运动描述、机载光电平台有源目标探测技术、机载光电平台无源目标测量技术、无人机动态摄影测量技术及无人机目标识别与定位应用等。

本书可作为高等院校无人机情报侦察专业学生教材，也可供无人机应用技术相关专业人员学习参考。

图书在版编目(CIP)数据

无人机侦察技术与应用 / 金国栋，谭力宁编著．—西安：西北工业大学出版社，2020.11

ISBN 978-7-5612-7383-8

Ⅰ．①无… Ⅱ．①金… ②谭… Ⅲ．①无人侦察机-研究 Ⅳ．①V279

中国版本图书馆 CIP 数据核字(2020)第 215295 号

WURENJI ZHENCHA JISHU YU YINGYONG

无人机侦察技术与应用

责任编辑：李阿盟　王　尧　　**策划编辑**：杨　军

责任校对：朱晓娟　董珊珊　　**装帧设计**：李　飞

出版发行：西北工业大学出版社

通信地址：西安市友谊西路 127 号　　邮编：710072

电　　话：(029)88491757，88493844

网　　址：www.nwpup.com

印 刷 者：兴平市博闻印务有限公司

开　　本：787 mm×1 092 mm　1/16

印　　张：12.25

字　　数：321 千字

版　　次：2020 年 11 月第 1 版　2020 年 11 月第 1 次印刷

定　　价：58.00 元

前　言

以信息技术为主要标志的第三次科技革命推动了无人机技术的飞跃发展，给在军用领域以无人机为核心的“网络中心战”带来了作战模式革命性的变化。无人机已经在近30年的多次局部战争中崭露头角，被赞誉为21世纪的“尖兵之翼”。随着第四次科技革命的全面展开，以无人化、智能化技术为代表的第二次机器革命，引领着无人机在侦察领域发挥着无法替代的重要作用。无人侦察机具有侦察范围广、可全天候遂行作战任务、隐蔽性能好、机动性能强等优点。与侦察卫星相比，无人侦察机在遂行机动作战任务时灵活性更高，实时性更强，特别是对时间敏感性目标的侦察速度会更快、效率更高，对目标图像分辨率、定位精度必定更高；此外，在一些核生化特殊环境下的应急侦察能力是其他有人侦察机无法比拟的。

本书主要分为两部分，分别是系统篇、侦察技术与应用篇。

系统篇包含3章内容，主要介绍无人侦察机系统组成、结构和工作原理。第1章总结无人机系统基本概念、分类、特点，无人侦察机系统组成、工作原理和发展应用；第2章从分系统的角度，介绍无人侦察机除侦察载荷以外的各分系统组成、侦察过程中担负的作用及工作原理；第3章系统介绍无人机机载成像侦察载荷，根据无人机侦察任务需求归纳无人机光电侦察载荷和无线电侦察载荷的工作原理。

侦察技术与应用篇包含5章内容，主要介绍无人机有源目标探测技术、无源目标测量技术、动态摄影测量技术和目标成像识别技术等。第4章对机载侦察载荷的运动规律进行分析讨论，为机载侦察载荷对目标成像定位算法奠定基础；第5章阐述机载光电平台成像，结合有源激光测距实现对目标的精确定位的原理，系统分析定位误差成因及解决方法；第6章阐述基于计算机视觉，利用成像模型实现目标测量与定位方法；第7章紧跟前一章计算机视觉知识，介绍无人机对目标区域动态摄影测量技术与应用；第8章重点讨论目标智能识别方面应用，以及雷达成像目标识别方法和定位原理。

笔者长期从事无人机情报侦察方面的教学和研究工作，旨在从技术与应用相结合的角度，对无人侦察机现状及发展，以及对情报获取、处理、运用方式等问题提供有益的帮助，为加速形成我军特色的无人机情报侦察能力提供有力技术支持。内容的选材与组织，力图体现系统性、技术性、应用性和前瞻性。

本书具体编写分工如下：金国栋负责第1、3、5、7、8章的编写；谭力宁负责第2、4、6章的编写。此外，在编写本书的过程中，笔者的研究生侯笑晗、薛远亮、许剑锟等人在资料收集整理、文稿录入、插图绘制等方面做了很多工作，在此向他们表示衷心感谢！本书部分图片资料来源于互联网，同时也参考了相关专业书籍资料，在此一并表示感谢。

由于笔者水平有限，书中不足之处在所难免，敬请广大读者批评指正。

编著者

2020年8月

目　录

系　统　篇

侦察技术与应用篇

系　统　篇

随着信息技术、人工智能技术的飞跃式发展，无人机在战场的大规模运用已经成为现实。从美国使用无人机执行空中侦察和电子情报等任务开始，在随后的越南战争、中东战争中，无人机已成为必不可少的武器系统。而在海湾战争、波黑战争、科索沃战争、阿富汗战争和伊拉克战争中无人机更是大放异彩，揭开了“非接触作战”的新篇章，成为达成战斗目的的一种重要手段。在近几十年的高技术局部战争中，无人机被广泛应用于战场侦察和监视任务，各军事强国竞相发展。在美军发展的无人机系统中，70％以上为无人侦察机。无人侦察机技术日趋成熟，能够承担的任务范围和能力进一步扩大：任务级别由战术级扩大到战役级，甚至战略级；任务性质由情报支援保障到察打一体。本篇主要介绍无人侦察机系统组成、结构和工作原理。

第1章 无人侦察机系统概述

世界上第一架无人机是英国人于1917年研制的。纵观无人机发展的历史，可以说现代战争是推动无人机发展的动力。目前，全球已经有包括美国、以色列、中国、俄罗斯、日本、加拿大、德国、英国、法国和韩国等在内的多个国家研发出上百种无人机。此外，越来越多的国家装备无人机，无人机总数量已达到几万架规模。人们逐渐认识到无人机的巨大作用与潜力。近年来，无人机的研制投入和采购需求都呈现爆发式的增长。自无人机应用于军事作战以来，侦察和大范围监视成为无人机应用最为广泛的领域。无人机装备的各种侦察载荷可实现防区外目标的探测、识别和跟踪。经过历次局部战争的检验，无人机不可替代的侦察监视应用已得到充分验证，成为无人机发展的主流。

1.1 无人机系统

1.1.1 无人机系统概念

无人机(Unmanned Aerial Vehicle,UAV)是近年来军事装备上发展最热门的项目之一。有人说，无人机就是"无人驾驶飞机"的简称。但是现在大多数"无人驾驶飞机"应该说是"无人在机内驾驶的飞机"，因为它们在使用过程中往往还是需要有人去"驾驶"的，只是操纵的人不在飞机内，而是在地面或另一架飞机上。

随着消费级无人机进入市场领域，无人机和航模的界限越来越模糊，无人机领域也没有完全统一标准的定义，目前公认的是在2002年1月美国联合出版社出版的《国防部词典》中对无人机的解释："无人机是指不搭载操作人员的一种动力空中飞行器，采用空气动力为飞行器提供所需的升力，能够自动飞行或进行远程引导；既能一次性使用也能进行回收；能够携带致命性或非致命性有效负载。弹道或半弹道飞行器、巡航导弹和炮弹不能看作是无人空中飞行器。"

与其他武器平台相比，无人机的发展更多依赖于现代电子信息技术的进步，无论是其作战效能的发挥，还是其作战生存力的提高，现代电子信息技术的发展对其有着巨大影响。从整体意义上来说，常规的"无人机"指的并不仅仅是一个飞行平台，还应该包括平台所搭载的执行不同作战任务的有效载荷、传输机上和地面各种数据(包括侦察数据、机上的遥测数据和地面的遥控数据等)的数据链路、对飞行平台的作战任务进行控制和指挥的地面站及系统运输、检测、起降辅助设备等各个分系统。因此，完整意义上的无人机应称为无人机系统。在美国国防部2005年8月8日发布的《2005—2030无人机系统路线图》(以下简称《路线图》)中，最直观的变化就是将以往文件中的“无人机”改为“无人机系统”。其概念不仅包括了无人机平台，还包含了其他各个分系统。

1.1.2 无人机系统分类

目前，无人机发展很快，种类繁多，形式多样，功能各异。其分类在国际上也没有统一的标准，一般可按其大小、质量、活动半径（或航程）及用途进行分类[1-2]。

1. 按大小分类

无人机按大小可分为大型、中型和小型无人机。小型无人机犹如一架大的航空模型飞机，它执行任务较少，或只能执行单一的特定任务，其质量一般只有 10 kg 左右。例如诱饵或骚扰无人机。大型无人机相当于一架小飞机，它可执行多种复杂的战斗任务。中型无人机的大小介于大型和小型无人机之间。

2. 按质量分类

无人机按质量分类通常有两种分类方法：一种是轻型、中型和重型无人机。轻型无人机质量小于 90 kg，中型无人机质量在 90～2 270 kg，重型无人机质量大于 2 270 kg。另一种是大型、中型和小型无人机，其总质量分别为大于 500 kg、200～500 kg、小于 200 kg。

3. 按用途分类

无人机按用途可分为军用和民用无人机两大类。它们按具体的用途不同又可分为很多类。有些无人机既可军用，也可以民用。

(1)民用无人机。民用无人机按其不同用途可分为工业用无人机、农业用无人机、研究用无人机及其他民用无人机。

工业用无人机根据机载任务设备不同，可用于航空摄影、航空测绘、资源遥感、物理探矿、环境污染探测、城市规划和交通监视等。

农业用无人机装上有关任务设备，可用于农田、森林、放牧的监视，灾害监视与灾情调查，大气及气象监测，土地管理，等等。

其他民用无人机可作为治安、边境巡逻、人员搜索及营救、缉毒、通信中继等工具。

(2)军用无人机。目前，军用无人机种类繁多，一般根据其用途大致可分为靶机、侦察和监视无人机、校射和目标指示无人机、电子战无人机、轰炸无人机、战斗无人机、预警无人机、通信中继无人机及军用运输无人机等。

4. 按航程分类

为规范起见，美国无人机联合计划办公室(Joint Planning Office，JPO)定义的无人机术语标准化尺度对无人机进行了分类，如图 1-1 所示，分别介绍如下。

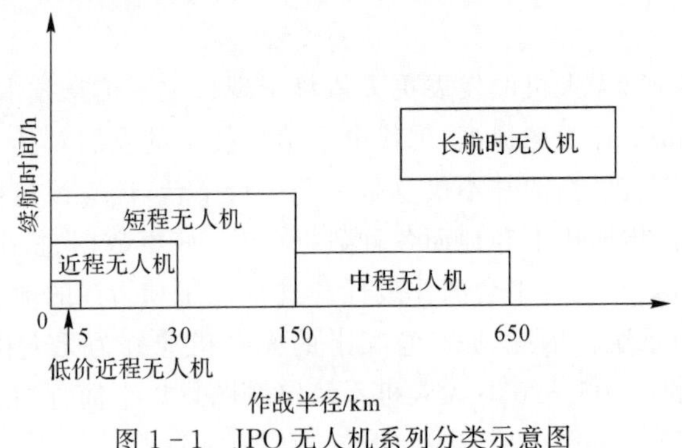

图 1-1 JPO 无人机系列分类示意图

(1)低价近程类。美国海军陆战队和陆军提出的5 km航程,每架飞机耗资10 000美元左右的概念系统属于这类系统。这类无人机系统可划归为“模型飞机”类无人机。

(2)近程类。近程无人机的应用范围最广,但它的使用概念却因场合的不同而有巨大差异。空军主要用于机场损伤评估,要求无人机在有主要装备的区域附近飞行,但不需要战术机动。然而海军陆战队却更看重操作性,需要一个在战场上移动灵活、操作简便的系统。近程类无人机的航程为50 km,活动在前线敌方30 km范围内,所需的续航时间依任务不同从1 h到6 h不等。陆军需要满足于50 km航程的无人机,海军则希望无人机能在像护卫舰那样大小的船上着陆。但对这类无人机的服役能力有着共同要求:第一是能执行侦察/监视任务(全天候);第二是仅需要一个小规模机组,地面站应是便携式或安装在高机动性多功能车(或舰)上。

(3)短程类。短程类无人机的用户也很多,和近程类无人机一样,能全天候执行侦察/监视任务是头等要求。它能在前线150 km范围内活动,最好能有300 km航程,续航时间为8~12 h。海军要求这类无人机能在水陆两栖攻击舰船上进行发射、回收。

(4)中程类。除陆军以外的所有其他军种都需要中程无人机。这类无人机具有陆上或空中发射能力,但不需要在空中巡逻。此外,这种无人机是一种高速突防型的无人机,其速度为高亚声速,活动半径为650 km,用于昼/夜的侦察/监视。和其他类一样,机组人员应减少到最少。中程无人机的第二个任务是获取气象数据。

(5)长航时类。所有军种都需要长航时无人机。它至少应有36 h的续航能力。无人机必须能在陆上或海上起飞,活动半径要求在300 km左右。其任务首先是全天候侦察,其次是通信中继。其速度未作规定,但它必须能在强风中保持平稳,因为在高空易遭遇强风。其飞行高度也未作明确规定,但可能要求它能达到30 000英尺(1英尺≈0.304 8 m)以上的飞行高度。

在《路线图》中,美国防部出于技术发展水平的角度考虑,又将无人机系统分为大型无人机系统、概念探索无人机系统(用于开发新的技术或作战概念)、特种作战无人机系统(只装备特种作战司令部)、小型无人机系统(可由1~2人操作的迷你型或微型无人机系统)及无人飞艇(包括浮空器和软式飞艇)。

1.1.3 无人机系统特点

与有人机相比,无人机系统具有更强风险抵御能力和更高任务成功率,这是其在现代战争中得到广泛应用的主因。具体来说,无人机系统的特点表现在以下三个方面(简称3D任务):①克服枯燥任务(Dull),无人机系统能够以半自主或自主方式在战区停留更长时间,具有更长时间灵敏性;②执行具放射性污染任务(Dirty),无人机系统获得任务成功的可能性更大,并使人员暴露降至最低;③执行危险任务(Dangerous),即使任务失败,无人机系统也不会有人员伤亡的风险。此外,更小的尺寸以及更少的信号特征,可使无人机任务的成功概率更高。在侦察军事任务中,无人机系统体现出来的优势有以下几点[3]。

1.费效比高

当代战斗机,如美国的F-15,其研制经费为20多亿美元,采购单价为3 000万到5 000万美元,使用维护成本更是占到了全寿命费用的60%以上。而下一代战斗机,如F-22研制经费更是高达200多亿美元,单价近亿美元;有人驾驶侦察机SP-71的单价为2 260万美元。如此昂贵的价格已经严重制约了各国武器装备的研制、采购和使用。而无人机的设计理念与有人机差别较大,可以在很大程度上节省研制、生产和维护费用,此外还能够省去飞行员培训的大量费用。

目前最先进的无人机系统，如“全球鹰”无人侦察机，其研制费用都不超过2亿美元，生产单价则仅为1 000万美元。

2. 机动快，时效高

大中小型、远中近程无人机大都具有能够拆卸、装箱后运输的特点，不存在转场空域协调、机场保障等问题。一般战术战役级无人机机动性很高，可移动到任意地区，简单的跑道就能开展起飞、降落，具有较高的时效性。

2003年3月8日至2003年4月23日，“全球鹰”无人机在伊拉克共计进行了15架次战斗飞行，飞行总时间为350 h。其飞行架次仅占空军高空侦察飞行架次的5%，所获得目标图像情报占总图像情报的55%。在整编出来的4 800余幅(光学1 296幅，红外1 290幅，雷达2 246幅)图像中，侦察到13个萨姆地空导弹发射阵地、50个萨姆地空导弹发射装置、300个萨姆地空导弹发射筒、300辆坦克、70辆萨姆地空导弹运输车，还发现了其他有关兵力部署、防御重点目标图像等。

3. 危险小，适应性强

无人机能长时间执行单调、枯燥的任务，特别是在恶劣环境下能高质量地完成各种任务，无人员伤亡的顾虑。2011年3月，日本福岛核电站在地震中损毁，出现核电站爆炸、核辐射大量泄露等事故。美国派遣一架最新锐的无人侦察机“全球鹰”飞往核电站，对核电站内部进行侦察，能够在高空分辨占地面积为30 cm^2 的物体，如图1-2所示，为灾害救援提供第一手资料。

图1-2 日本福岛核电站爆炸前后无人机拍摄的画面

1.2 无人侦察机系统组成及工作原理

1.2.1 组成及工作原理

无人侦察机系统可以深入阵地前沿和敌后，它通过机载相机、摄像机、激光雷达和合成孔径雷达(SAR)等机载任务设备，完成各种侦察和监视任务。携带侦察载荷的无人机，按预定的任务规划路线或地面遥控指令，在飞行控制与导航系统操控下，飞到预定的目标区域开展工作。所获得的目标或区域信息，既可以通过测控数据链路传送回地面，交由地面控制站和情报处理站进行处理，也可以将获得的所有信息保存在机上，待无人机回收时再一次取用。

无人侦察机系统完成预定任务，除了机载侦察载荷开展工作，其他分系统需要协同密切合作完成侦察任务。无人侦察机系统一般应包括七大部分，分别是飞行器分系统、飞行控制与导航分系统、测控数据链路分系统、任务载荷分系统、发射与回收分系统（一般也属于飞行器系统）、地面指挥控制分系统（一般还包括情报处理分系统）及综合保障分系统，如图 1-3 所示。下面对各系统主要功能进行简要介绍。

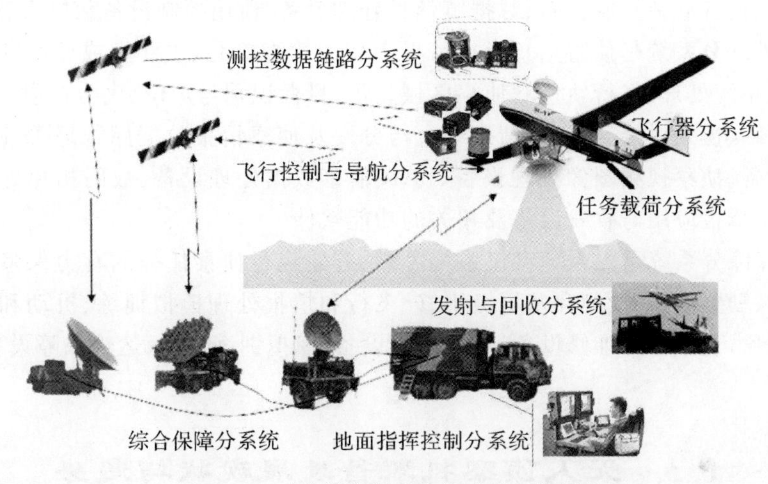

图 1-3　无人侦察机系统组成及工作原理

1.2.2　组成功用

(1)飞行器分系统是实现系统战术技术指标的基本平台，用来保证无人机飞行的动力，并把各系统及部件连为一体，使其具有良好的气动外形。这里所指的飞行器系统还包括发射与回收系统。因此，飞行器系统包括动力装置、飞机机体、发射与回收系统。对无人机系统的评价，一般采用战技指标比较的方式。而对于不同的任务目的，无人机系统的战技指标是不相同的。因此，大致用主要指标去认知一种无人机系统（Unmanned Aerial Systems，UAS），包括航程、有效载荷、起飞质量、最大飞行速度、升限和续航时间等。

(2)飞行控制与导航分系统能保障无人机稳定地沿要求航线飞行，以达到预定的要求区域。其主要包括机上的测量设备、飞行控制与管理设备、导航设备、飞行指挥设备与航迹控制设备等。

(3)测控数据链分系统是无人机与地面指挥控制设备间的信息桥梁，主要包括视距数据链和卫通数据链的机载设备和地面设备。机载设备完成上行遥控信号接收、侦察信息压缩与发送、遥测信号发送、上下行信息帧同步、闭环测距等任务；地面设备完成飞控和侦察任务指令发送、对无人机跟踪测角和测距、下行遥测信号接收、侦察信息接收与解压等任务。

(4)任务载荷分系统是无人侦察机系统执行侦察任务的基本保障。无人侦察机主要任务是对目标区域进行侦察与监视，一般包括图像情报（imint）、信号情报（sigint）、测量和特征情报（masint）。目前，无人机侦察载荷主要需求是具有检测、识别、分类并确定目标的能力。而现阶段无人侦察机主流配置是光电侦察类传感器。图像侦察无人机的任务载荷主要分为光电类和雷达类两类。其中，光电类侦察载荷主要以可见光、红外侦察手段为主，雷达侦察载荷主要包括 SAR 雷达和 GMTI 动目标指示雷达。

(5)发射及回收系统用来保证无人机的正常发射和回收。它包括发射车(架)或助推器、发射时的检测设备及回收设备(回收伞、回收车和起落设备)等。

(6)地面指挥与控制分系统是无人侦察机系统的指挥控制中心，主要完成侦察任务受领、飞行指挥、任务规划、系统监控、飞行控制与监视、侦察任务载荷控制、侦察图像显示、数据记录与回放及对外联通等任务。它包括指挥管理与任务规划设备、系统监控设备、飞行控制设备、任务控制设备、任务载荷控制设备、数据链信号处理设备、通用控制设备和接入分发设备。

(7)情报处理分系统是侦察信息形成情报产品的最终单元，主要完成原始侦察数据处理、军事地理信息系统处理、飞行轨迹和侦察区域显示、目标识别与定位、火力校射与毁伤评估、动目标提取与跟踪、视频拼接与裁剪、情报综合与分发及侦察情报数据库管理等任务，包括数据接收与显示设备、侦察视频图像处理设备、SAR 侦察数据处理设备、数码相片处理设备、综合图像处理设备、情报应用与收发设备及相关的功能软件。

(8)综合保障分系统是无人侦察机系统可靠、有效执行侦察任务的有力保障，主要完成系统的机务保障、勤务保障、检测和基层级维修、飞行和情报处理模拟训练、机动和转场、无线和有线联通等任务，包括检测维修设备、通信保障设备、模拟训练设备、运输保障设备和着陆引导设备等。

1.3 无人侦察机装备发展现状与趋势

目前，全球已经有包括美国、以色列、加拿大、德国、英国、法国、俄罗斯等在内的 32 个国家研发出 50 多种无人机，300 余种基本型号，超过 50 个国家已装备无人机。无人机总数量已达到上万架规模。人们越来越认识到无人机的巨大作用与潜力。近年来，无人机的研制投入和采购需求都呈现爆发式的增长。预计到 2024 年，全球无人机系统市场价值合计将超过 910 亿美元。其中，军用无人机将达到 810 亿美元，民用无人机将达到 100 亿美元。

1.3.1 发展动因

以信息为根本动力而推动的新军事变革，彻底改变了战争的作战形态和模式。无人侦察机系统在信息化战争中备受重视，是因为其得天独厚的“无人”优势和“多面手”功能，符合信息化战争所推崇的“非接触”和“零伤亡”理念。许多国家的军事部门都把无人机的发展置于优先地位，其原因主要有两个方面[4-5]：

1. 军事需求是推动无人侦察机发展的主因

冷战时期，由于防空武器性能的增强及日趋完善，美国原有的 U－2 等有人侦察机已很难安全地完成任务，相继在我国及苏联被击落，飞行员受公审，在美国国内外产生很大压力。于是美国开始探索使用无人机进行情报收集任务的可行性。

越南战争期间美国空军损失惨重，被击落飞机达 2 500 架，飞行员死亡 5 000 多名，美国国内舆论哗然。美国仅用 90 天就改装了 1 000 架“火蜂”靶机作为侦察无人机，立即投入越南战争中使用。美国当时从战场上得到的空中侦察照片，有 80％是利用侦察无人机获得的。“火蜂”无人机由 DC－130 大力神母机在空中发射，并根据母机的操纵指示侵入北越领空，侦察结束后飞到南越海岸放出降落伞，此时等候在此的 CH－53 直升机在空中将其回收飞返基地。这种奇异的不着陆方式称为空中回收系统（Mid. Air Recovery System，MARS）。此项任务主要由美国空军第 100 战略侦察航空团（100SRW）的分遣队执行，基地设在南越的边和（音译）。在整个越南战争期间共起飞过 2 500 架次的“火蜂”无人机。

在现代战争中，伤亡多少是战争胜负的一个重要标准，飞行员的伤亡更是这样。有人驾驶的飞机，难免造成伤亡，营救飞行员更是代价巨大。1995 年 6 月 2 日，在波黑战争中，美国一架 F－16 战斗机被塞族武装的“萨姆－6”导弹击中。为了营救这架飞机上的飞行员，北大西洋公约组织用了 6 天时间，出动 40 余架飞机，花费 2 亿美元，才完成救援任务。无人侦察机适应了减少战争伤亡的这种历史需求，开始应用于战场，执行任务正逐步由简单到复杂。无人侦察机的基本作战任务包括搜集战场情报、精确引导、实时战斗评估和战斗损伤评估等。

2.高新技术是推动无人侦察机发展的关键

20 世纪 80 年代后，微电子、光电子、微/纳米与微机电系统、计算机与信息处理、隐身、新材料等高新技术的迅猛发展，为无人侦察机性能的大幅度提升奠定了坚实的物质基础。无人侦察机本身可以大量采用轻型优质的复合材料结构，减轻了结构质量，优化了飞行性能；先进的气动设计和隐身技术的应用，使其能在不被敌人发现的情况下突入严密设防的目标区实施监视、侦察和攻击；光电、红外和合成孔径雷达等先进传感器的使用，更是极大地提高了目标图像的分辨率，增强了信息获取的有效性；全球定位系统（GPS）使得无人侦察机能够获得精确的导航定位；等等。所有技术的进步都为无人侦察机的发展创造了必要条件，使其跃升为能适应多种作战任务的全新高技术武器。

1.3.2　国外发展现状

1.美国军用无人侦察机系统

美国是当今世界上无人机技术最发达的国家，其军用无人机体系完备，在技术上遥遥领先，是世界上研制成无人机数量最多的国家，也是使用无人机经验最丰富的国家。

随着在近几场局部战争中无人机应用理论得到进一步的论证和检验，以及军方对先进军用无人机需求的提升，美军十分重视无人机的发展，现已经开始加紧研制和装备新一代军用无人机。正在研制和将要装备的新一代军用无人机，主要包括先进的长航时无人侦察机、隐形和微型无人机。美国利用无人机在阿富汗进行空中侦察和武装攻击都取得令人信服的战果。无人机的威力与可靠性推动了其三军无人机装备的开发进度[6]。

(1)现役主要型号无人侦察机系统。MQ－1“捕食者”无人机最初是 1994 年的先进概念技术演示（ACTD）项目之一，属于中空长航时无人机，如图 1－4 所示。“捕食者”无人机的主要型号包括 RQ－1 和 MQ－1，分别为无人侦察机和多用途无人机。一个典型的“捕食者”无人机系统包括 4 架无人机、一个地面控制系统和一个数据分送系统。“捕食者”无人机同时搭载了光学摄影机、前视红外系统和合成孔径雷达，具有全天时、全天候的监视能力，其雷达图像分辨精度达到了 0.3 m。为了解决通信效率问题，美军成功开发了 AN/TSQ－190(V)特洛伊专用情报远程综合终端（俗称“特洛伊精灵”），是一种采取加固保密措施的基于商用卫星的宽带通信系统。改进的轻型化 AN/TSQ－226(V) 装载于“捕食者”无人机上，在超视距飞行时，“捕食者”需要依靠该系统完成视频传输等数据通信任务。

MQ-9无人机是一种中高空、长航时无人机系统，如图1-5所示，它是在MQ-1的基础上于2003年6月研发的。它具有持久滞空能力，主要用作针对关键时间敏感目标的“猎杀”，其次是作为情报收集平台。一套MQ-9系统包含4架无人机、一个地面控制站和一套“捕食者”主卫星链路。综合传感器组件包括具有移动目标指示能力的合成孔径雷达及安装在一个转塔内的光电/中波红外传感器、一台激光测距仪和一台激光目标照射器。

图1-4　MQ-1无人察打机

图1-5　MQ-9无人察打机

“全球鹰”无人侦察机于1994年开始研制，是目前美军最成熟的高空长航时无人侦察机，如图1-6所示，同时搭载光电、红外传感器和合成孔径雷达，从而实现全天时、全天候对地侦察和监视。该机能在20 000 m的高空准确识别停放在地面上的各种飞机、导弹和车辆的类型，故有“大气层人造卫星”之称。在执行侦察任务时，“全球鹰”既可以执行大范围雷达搜索，又能同时获取约74 000 km^2 范围内的光电或红外图像，定位圆概率误差最小可达到20 m。其搭载的天线直径1.2 m的合成孔径雷达可以在云雨天气持续监视运动目标，获取的条幅式侦察照片地面分辨率达到1 m，定点侦察照片分辨率可达0.3 m。在伊拉克战争中，“全球鹰”承担了3%的空中摄像任务和55%的时间敏感目标数据保障，其获取的图像情报协助美军成功摧毁了伊拉克的防空系统。但是，由于“全球鹰”航程较大，地面通信难以满足其数据传输要求，必须采用专用的卫星视频数据链路。

以上三种无人机的基本数据见表1-1。

图1-6　“全球鹰”无人侦察机

表1-1　MQ-1、MQ-9、"全球鹰"无人机基本数据

	MQ-1无人机	MQ-9无人机	"全球鹰"无人机
机长/m	8.27	10.8	13.5
翼展/m	14.87	19.8	35.4
总质量/kg	1 020	4 700	11 600
有效载荷/kg	200	1 700	5 500
发动机型号 功率/kW	Rotax 914F(活塞式) 4.5	霍尼韦尔 TPE331.1 (涡桨式)496	罗尔斯·罗伊斯 Allison AE(涡扇式) 3007H
数据链类型	超视线 Ku 波段 视线 C 波段	超视线 Ku 波段 视线 C 波段	超视线 Ku 波段 视线 X 波段
续航时间/h	24(无外挂) 14(带外挂)	32(无外挂) 16～20(带外挂)	40(无外挂) 32(带外挂)
升限/m	7 500	15 000	19 500
使用半径/km	920	3 700	10 000
最大速度/(km·h^{-1})	220	440	650
起降方式	跑道	跑道	跑道
光学传感器类型	雷神光电/红外 AN/AAS.52	雷神光电/红外多光 谱瞄准系统 B(MTS.B)	雷神光电/红外、信号情报设备
雷达传感器类型	Lynx Ⅰ和 Lynx Ⅱ 合成孔径 雷达通用原子公司	—	雷神合成孔径雷达/移动目标指示

"火力侦察兵"无人机如图1-7所示，是美国诺思罗普·格鲁曼公司的瑞恩航空中心为美国海军研制的下一代舰载垂直起降战术无人机(VTUAV)，用于执行侦察和瞄准任务，军方编号为RQ-8A。该机的机械部分大量采用了民用Schweitzer 333型直升机的成熟技术。"火力侦察兵"无人直升机是由美国海军和海军陆战队共同开发的，飞行高度超过6 000 m，它的先进的电子光学与红外传感设备可以为军方提供精确度极高的侦察、情报与监控信息。在海军陆战队发起军事行动时，"火力侦察兵"可在278 km范围内将情报传回地面控制站，还可以引导海军和海军陆战队的武器对目标实施精确打击。其具体技术指标详见表1-2。

RQ-8B"火力侦察兵"和RQ-8A有着很大不同。RQ-8A旋翼用3个桨叶，而RQ-8B用4个桨叶。此外，两者的传感器和航空电子设备也有明显区别。RQ-8B"火力侦察兵"已被美陆军选作"未来作战系统"的一个组成部分，将成为旅级部队装备的战术无人机。它的开发进展为RQ-8A研制提供了经验。"火力侦察兵"由有人直升机摇身一变成了无人直升机。改装充分利用成熟的直升机技术和零部件，仅对机身和燃油箱做了一些改进，而机载通信系统和电子设备又采用了诺-格公司自家的"全球鹰"无人机所使用的系统，这样做显然有利于节省成本和缩短研制周期，同时加强了侦察能力，也变成了一种相当高价值的侦察平台。

图 1-7 “火力侦察兵”无人机

表 1-2 “火力侦察兵”无人机基本数据

机长/m	6.97	翼展/m	8.38
总质量/kg	1 157(包括任务载荷)	有效载荷/kg	500
发动机型号	罗尔斯·罗伊斯 250.C20W	功率/kW	333
数据链类型	视线 指挥与控制	频段	Ku 波段/超高频
续航时间/h	>6	最大巡逻速度/(km·h^{-1})	213
升限/m	6 000	使用半径/km	278
起飞方式	垂直	降落方式	悬停
传感器类型	光电/红外/激光指示器/测距仪	传感器型号	FSI Brite Star Ⅱ

(2)微小型军用无人侦察机。在美国国防部无人机系统路线图定义微型无人机系统指的是尺寸不大于 15 cm,质量在 10～100 g,续航时间为 20～120 min 的无人机系统。

美国国防高级研究计划局和陆军正在探索“微型无人机”(MAV)的设计。MAV 的研究集中于可装入背包并由单人使用的小型系统。作为 MAV 先进概念技术演示计划的一部分,霍尼韦尔公司被授予了一份开发和演示 MAV 的合同。MAV 先进概念技术演示计划推动了小而轻的推进装置、通信和感知技术的发展。

小型无人机系统目前严格的定义,一般指比微型无人机系统稍大,该系统最多需要两人就可以背负运输、组装展开使用。其主要特点是尺寸小,隐蔽性好;携行体积小,质量轻;起飞方便,便于操作;技术可以实现,使用成本低。

“龙眼”无人侦察机如图 1-8(a)所示,可提供连/排/班级的、半径 10 km 处的建制侦察、监视和目标截获能力,2003 年 3 月生产定型。该机的初始作战能力已形成,每套系统包含 3 架无人机和一个地面站。

RQ-11B“大鸦” 无人侦察机,如图 1-8(b)所示,是航宇环境公司(Aero Vironment)从 1999 年开始在 FQM-151“指针”无人机基础上进行改进设计的小型无人侦察机系统,2001 年 10 月进行首次飞行,2002 年在陆军探路者先期技术验证计划下更名为“大鸦”。该系统最多需要两人就可以背负运输、组装展开使用。每套系统包含2架无人机和一个地面站。它是目前美军采购数量最大的一款小型无人侦察机。两种无人机详细技术参数见表1-3。

(a) "龙眼" 无人侦察机

(b)"大鸦"无人侦察机

图1-8　小型无人机侦察系统

表1-3　"龙眼"与"大鸦"无人侦察机基本参数

	"龙眼"	"大鸦"
制造商	航宇环境公司 (Aero Vironment)	航宇环境公司 (Aero Vironment)
装备军种	海军陆战队	陆军、特种作战司令部、空军
长度/m	0.72	1
翼展/m	1.14	1.3
质量/kg	2	1.8
有效载荷/kg	0.45	0.9
发动机类型	电池	电池
升限/m	300	300
使用半径/km	4.6	10
续航时间/h	0.75～1	1.5

(3)隐身无人侦察机。"幻影射线"无人侦察机(见图1-9)翼展50英尺(约合15 m),机身长36英尺(约合11 m),质量为3.65万磅(约合16 556 kg)。其飞行高度可达4万英尺(约合12 192 m),比普通长途商业客机高1万英尺(约合3 048 m);巡航速度超过声速,可达到614英里/小时(0.8马赫,约988 km/h)。

"幻影射线"是一架验证机,旨在充当一个飞行的测试平台,探索未来技术研发的机会。它由波音幻影公司研发。在设计上,"幻影射线"的雷达截面极低,可悄悄潜入敌方领空而不被发现。其发动机藏于体内以降低红外特征,能够在飞行途中发射导弹。与任何武器一样,"幻影射线"只有在需要的时候才会投入使用。通过一个快速原型设计和制造过程,波音仅用两年时间便研制出"幻影射线"。这架无人侦察机于2010年夏季进行测试,12月首飞,6个月内进行10次飞行。"幻影射线"在设计上充当一个先进技术测试平台,同时支持情报收集、监视和侦察、抑制敌方防空火力、电子攻击、空袭和自行空中加油等任务[7]。

(4)临近空间无人侦察飞行器。SR－72 高超声速无人侦察机(俗称“临界鹰”),如图 1－10 所示。它是由美国洛克希德·马丁公司于 2007 年提出的一款新型无人侦察机,主要用于取代 20 世纪 70 年代研制的 SR－71“黑鸟”高速高空侦察机。2013 年 11 月 1 日,美国《航空周刊》杂志网站第一次将 SR－72 高超声速无人侦察机正式披露,当时预计 SR－72 高超声速无人侦察机的原型机就会在 2018 年进行试飞,服役时间大概在 2030 年左右。SR－72 高超声速无人侦察机将速度、高度与隐身三大优势进行了有效的融合,飞行速度能够达到马赫数 6,飞行高度达到 25 km 以上,隐身性能将比现有的美军战机更强大[8]。

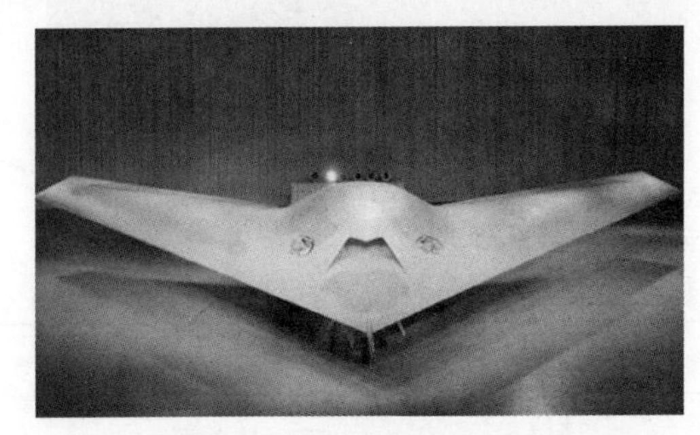

图 1－9 “幻影射线”无人侦察机

图 1－10 SR－72 高超声速无人侦察机

(5)深度空间无人飞行器。X－37B 空天无人侦察机机(X－37B Space Plane)是美国波音公司研制的无人且可重复使用的太空飞机,如图 1－11 所示。该机由火箭发射进入太空,是第一架既能在地球卫星轨道上飞行又能进入大气层的航空器,同时结束任务后还能自动返回地面,被认为是未来太空战斗机的雏形。其最高速度能达到声速的 25 倍以上。

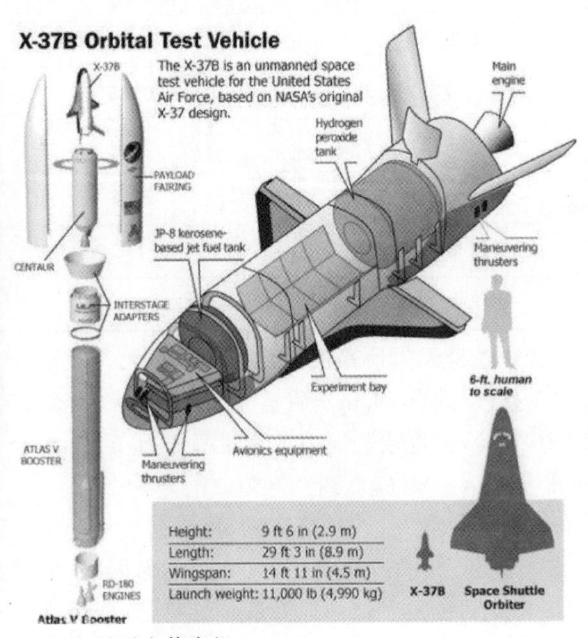

图 1－11 X－37B 空天无人侦察机

该机翼展 4.6 m,全长 8.8 m,机高 3 m,差不多相当于一辆卡车的大小,其载荷舱的尺寸约为 4.5 m,尾部有两扇竖尾翼,大小是航天飞机的 1/4,起飞质量超过 5 t。虽然美国对该飞行器讳莫如深，但专家相信该飞行器主要用于太空设备维修、捕获和摧毁敌国航天器和卫星、对地广域情报侦察。

X－37B 无人机一共进行了四个架次的飞行，分别如下：

1)2010 年 4 月 23 日，美国研制的人类首架太空战斗机 X－37B 从佛罗里达州卡纳维拉尔角空军基地，利用“阿特拉斯 5 号”火箭执行了此次发射任务。2010 年 12 月 3 日 X－37B 自主重返大气层，降落在美国加州范登堡空军基地，在轨时间为 224 天。

2)2011 年 3 月 5 日，X－37B 再次升空，于 2012 年 6 月 16 日在范登堡空军基地着陆，在轨任务时间为 469 天。

3)2012 年 12 月 11 日，X－37B 从卡纳维拉尔角空军基地成功发射。执行本次任务的 X－37B 与 2010 时发射的为同一架。2014 年 10 月 17 日 X－37B 自主返回着陆，累计轨道飞行时间为 671 天。

4)2015 年 5 月 20 日，X－37B 成功发射，2017 年 7 月 5 日自主返回着陆，累计轨道飞行时间为 781 天，打破了前一架次 X－37B 所保持的记录。

2. 以色列军用无人侦察机系统

以色列的无人机发展是在 20 世纪 60—70 年代引进美国“石鸡”军用无人机后，通过仿制和改进，并逐步发展起来的。早在 20 世纪 70 年代的中东战争中，以色列军队就用无人机诱骗埃及军队的地面防空火力，掩护己方的有人驾驶飞机，对埃军地面目标实施轰炸。以色列由于长期处于四面受敌状态，其军事技术的发展水平很高，尤其是在电子战设备和无人机方面已经不亚于美国[9]。

以色列在无人机战术运用方面经验丰富。在美国的技术支持下，以色列依靠其国内先进的工业技术和精良的制造工艺，在无人机的研发和制造方面积累了丰富的经验。以军装备的无人侦察机型号主要有“苍鹭”“竞技神”“侦察兵”“先锋”“猎人”“巡逻兵”和“搜索者”等，能满足各种层次的侦察和监视需求。同时，以色列的无人机凭借优良的性能赢得了世界多国的青睐，其出口对象甚至涵盖了美国、英国、法国等武器研发高水平国家。

“苍鹭”无人侦察机(见图 1－12)是 1993 年底由以色列飞机工业公司马拉特子公司计划研制的一款无人侦察机，主要用于实时监视、电子侦察和干扰、海上巡逻等任务，并于 1994 年 10 月进行首飞。“苍鹭”无人侦察机的研制周期非常短，仅为 10 个月，并于 1996 年底开始服役。“苍鹭”无人侦察机基本型长为 8.5 m，机高为 2.3 m，翼展为 16.6 m，起飞质量为 1 100 kg，最大平飞速度可达 240 km/h，飞行高度可达 10 000 m，续航时间约为 40 h。澳大利亚、法国、印度都引进“苍鹭”无人侦察机执行情报收集任务，并取得了不错的效果。发展型“苍鹭”TP(以色列空军称“埃坦”) 无人机是目前以色列最大的无人机，该机机身长 15 m，翼展 26 m，最大飞行速度 234 km/h，续航时间约 40 h，实用升限可达 13.7 km，有效载荷约 1 000 kg。“苍鹭”TP 无人机同时安装光电、红外传感器和合成孔径雷达，具备了全天候的侦察和监视能力。在 2008 年以军突袭加沙的“铸铅行动”中经历了实战检验，目前已经装备部队。

“竞技神”(Hermes，即赫尔墨斯)系列无人机的最新型号是“竞技神”900，如图 1－13 所示。其还包括“竞技神”180、“竞技神”450 和“竞技神”1500 等型号。其中，“竞技神”180 属于小型战术无人侦察机。“竞技神”450 则是以军主要的战术无人机平台，装备了基于 GPS 的自动飞行系统，能在7 km高度飞行，最大航时 20 h，机载侦察设备包括光电、红外和激光照射器、合成孔径雷达等,能够在小型防空武器射程之外起降执行侦察监视任务。“竞技神”900 和“竞技神”1500 同属战略级无人侦察系统,两者最大升限都在 10 km 左右,续航时间大于 40 h。“竞技神”900 作为最新型号,实现了可以快速换装有效载荷的模块化设计,并且全新的航电设备和超静音引擎使该机隐身性能大幅提升。

图 1-12 “苍鹭”无人侦察机

图 1-13 “竞技神”900 无人侦察机

3. 欧洲合作联合发展无人侦察机

欧洲通过广泛合作,集成各国先进技术使其无人机技术得到迅猛发展。其传统的侦察无人机主要依赖于进口美国、以色列等无人机研制大国的成熟产品,并将无人战斗机作为其重点发展方向,试图通过跨越式发展弥补与美国的差距。由法国领导,瑞典、意大利、西班牙、瑞士和希腊参与研制的“神经元”无人机于 2012 年 12 月 1 日进行了首次试飞,该机隐身性能突出,智能化程度高,是一种集侦察、监视、攻击于一身的多功能无人作战平台,能够通过机载数据链系统实现编队控制、信息融合、无人机之间的数据通信以及战术决策与火力协同,具有良好的技战术性能。2014 年 4 月,法国达索公司推出的宣传视频中,“神经元”无人机与阵风战斗机进行了编队飞行,如图 1-14(a)所示[10]。

英国军方于 2014 年 2 月 5 日宣布“雷神”无人机成功完成首次试飞,如图 1-14(b)所示。“雷神”作为一款隐身战斗机,据称可以实现超声速巡航。目前,以上各型无人机尚未装备部队,实际的技战术性能不得而知。

(a) “神经元”无人机与“阵风”战斗机编队飞行

(b) 英国“雷神”无人机

图 1-14 欧洲验证无人机

1.3.3 国内发展现状

国内从事无人机行业的早期以西北工业大学、北京航空航天大学、南京航空航天大学为主导，其他科研院所和相关企业协作参与。近几年中国的无人机主要由各大航天航空集团研制，主要包括中国航空工业集团有限公司、中国航天科工集团有限公司、中国航天科技集团有限公司。

T18无人侦察机，如图1-15所示，是由西北工业大学365研究所（西安爱生集团有限公司）研制的。该飞机利用固体火箭助推，零长发射，伞降回收。

“鹞鹰”中远程无人侦察机（见图1-16）是贵州航空工业（集团）有限责任公司研制的，采用轮式起降、全过程自动控制、视距/超视距链路、组合导航等技术，可同时搭载光电或雷达任务设备。

图1-15　T18无人侦察机

图1-16　“鹞鹰”无人侦察机

“长鹰”无人侦察机（见图1-17）是哈尔滨飞机工业集团责任有限公司与北京航空航空大学联合设计的一种具有隐身能力的中高空长航时无人侦察机系统。它可以携带一个相当大型化的光电吊舱，包括昼夜电视摄像机、红外摄像机等。

图1-17　“长鹰”无人侦察机

“翔龙”无人侦察机（见图1-18）是近期研发的新式战略型无人机，2006年在珠海航展上首次亮相。它的几何外形和尺寸、发动机位置、进气口排列以及翼型都与美国的RQ-4型“全球鹰”极其相似。“翔龙”无人机最大的特色在于它采取了罕见的连翼布局，这在中国飞机设计史上是一个大胆的突破。相信在不远的将来，在中国军事力量从数量化到质量化转型的高科技建军重要转变中，它会担任非常独特而重要的一环。

图 1-18 “翔龙”高空长航时无人侦察机

从总体上来说，国内无人机装备同发达国家相比仍有一定差距，还不能完全适应高技术战争的要求。制约国内无人机性能的技术瓶颈是发动机。

1.3.4 发展趋势

当前，各国军方无一例外地都把无人侦察机作为优先发展或采购的重点。这突出表明，无人侦察机作为一种信息战装备是当今军用无人机发展的主流。在未来陆、海、空、天、电五维一体的战争中，军用无人机的使用将会非常广泛，面临的挑战也异常严峻，因此迫切需要发展远、中、近程配套成族、系列发展的无人机装备，以满足不同战略、战役任务的需要。同时由于信息化技术、智能化技术和自动化技术的进步，“无人机兵团”将给未来高技术局部战争平添“智能-知识-信息”的色彩。

当前军用无人侦察机主要存在两个方面问题：首先是自主作战能力差，由于无人机执行任务时需要有人参与遥控，其自主作战能力有限，所以缺乏有人飞机所具有的灵活性和适应能力；其次是完成任务的有效性低，由于控制人员对无人机所处环境的了解必须借助远距离通信，而这种远距离通信又随时会被压制而中断，从而造成了人机之间无法及时、准确地交流信息，影响了无人机完成任务的有效性。为了克服这些不足，未来军用无人机需要在以下关键技术上取得不断改进和重大突破。

1. 远距离、长航时

现役无人机滞空时间短，飞行高度低，侦察监视面积小，不能连续获取信息，甚至会造成情报“盲区”，不能适应未来战争的需要。为此，各国目前都在研制超高空、长航时无人机。

2. 机身隐身化

新型军用无人侦察机将采用最先进的隐身技术。一是采用复合材料、雷达吸波材料和低噪声发动机。二是采用限制红外反射技术：在无人机表面涂上能吸收红外光的特制漆和在发动机燃料中注入防红外辐射的化学制剂，雷达和目视侦察均难以发现采用这种技术的无人机。三是减少表面缝隙：采用新工艺将无人机的副翼、襟翼等各传动面都制成综合面，进一步减少缝隙，缩小雷达反射面。

3. 传感器综合化

为增强军用无人机全天候侦察能力，目前先进的军用无人机上一般安装如下部分组成的综合传感器:①观察仪和变焦彩色摄像机;②激光测距机;③外传感器、能在可见光和中红外两个频段上成像的柯达CCD摄像机;④合成孔径雷达等。随着先进光电探测设备和信息融合技术的不断发展,未来军用无人机传感器综合化水平也将会更高。

4.智能化

智能化无人机就是让无人机有一定的"思考"能力,即最终有一定的独立作战能力,完全靠领航员在上百千米外用无线电信号控制无人机去做所有作战动作是不现实的。只要指令信号传输上有些微错误或偏差,或稍受干扰,失败将难以避免。

思　考　题

1.简述无人机系统按照航程进行分类的规则。

2.简述无人侦察机系统的组成及功用。

3.评介无人侦察机系统性能主要战技指标有哪些。

4.试分析突破国内军用无人机技术发展瓶颈的主要方向。

参考文献

[1] FAHLSTROM P G, GLEASON T J. 无人机系统导论[M]. 吴汉平,译. 北京:电子工业出版社,2003.

[2] 魏瑞轩,李学仁. 无人机系统及作战使用[M]. 北京:国防工业出版社, 2009.

[3] 樊邦奎. 无人机侦察目标定位技术[M]. 北京:国防工业出版社, 2014.

[4] 赵亚鹏, 曹彬才, 杨海鹏,等. 国外无人侦察机发展现状与趋势[J]. 飞航导弹, 2013(5):9-14.

[5] 莫骏超. 国外无人侦察机研究现状及关键技术[J]. 无人机, 2016(9):46-52.

[6] 张挺. 美国军用无人机发展概述[J]. 电光系统,2013(3):23-30.

[7] 搜狐. 美国波音公司推出新型幻影射线无人侦察机[DB/OL]. [2020-04-01]. http://news. sohu. com/20100513/n272105687. shtml.

[8] 环球武器. SR-72高超声速无人侦察机[DB/OL]. [2020-04-01]. http://weapon. huanqiu. com/the _ sr _ 72 _ hypersonic _ unmanned_drones.

[9] 高洪祥,单超. 国外无人侦察机的军事应用和技术发展[C]//2014(第五届) 中国无人机大会论文集. 北京:中国航空学会,2014:4.

[10] Taranis. 世界上最尖端的军用侦察无人机[DB/OL]. [2020-04-01]. http://www. Pcpop. com/doc/1/1139/1139823. Shtml.

第 2 章　无人侦察机体系结构

近年来，随着微电子技术、集成电路技术、图像处理技术、智能控制技术的不断发展进步，无人机技术也日渐成熟，无人机在现代战场中所扮演的角色也越来越重，任务所占的比例越来越大。无人机是个多系统多学科的详细工程，各分系统承担的功能综合，最终实现无人机侦察与应用。本章介绍无人机各分系统结构组成和使用，对实现无人机侦察运用是至关重要的。

2.1　飞行器系统

飞行器系统包括动力装置、飞机机体、发射与回收系统。它是实现无人侦察机系统战术技术指标的基本平台，用来保证无人机有足够的升力将任务载荷“托”到空中，并提供足够的动力将任务载荷运送到预定区域执行侦察任务。衡量无人侦察机最主要的战技指标包括航程（任务半径）、有效载荷、起飞质量、最大飞行速度、升限和续航时间等。根据完成任务能力和续航时间不同，无人侦察机可以分为低价近程无人机、近程无人机、中远程无人机及远程长航时无人机等。此外其技术指标分类见表 2-1。

表 2-1　无人侦察机系统技术指标与分类

指标	类别							
	低价近程无人机		近程无人机		中远程无人机		远程长航时无人机	
	微型	小型	战术	战役	低速	高速	低速长航时	高速长航时
任务半径/km	≤5	5～50	50～150	150～300	300～650	≤1 000	≥1 500	≥1 500
续航时间/h	≥1	≥2	≥2	≥6	≥12	≥10	≥24	≥24
实用升限/m	≤500	≥1 000	≥3 000	≥6 000	≥6 000	≥15 000	≥10 000	≥15 000
最大速度/（$\text{km}\cdot\text{h}^{-1}$）	40～60	40～100	150～200	200～300	200～300	≥600	300	≥600
发动机	电动	电动	活塞	活塞	活塞/涡桨	涡扇	涡桨/涡扇	涡扇

2.1.1　结构与布局

与有人机相比，无人机的结构布局种类更丰富。其主要原因是无人机不需要考虑人的适航要求，当尝试非常规的解决方案时经济风险比较小。飞机结构布局可分为三类[1]：①水平固定翼结构布局；②垂直旋翼结构布局；③混合式结构布局，它综合以上两类飞机的特点。

1. 水平固定翼布局

经过多年有人机的发展，水平起降飞机结构布局减至三种基本类型，这主要取决于飞机的升力/重力平衡和稳定与控制方法，即"后置水平安定面""前置水平安定面"和"无水平安定面"，其外形如图2-1所示。除少数早期无人机之外，所有类型的飞机其动力系统安置在机身后部。这释放了飞机的前部空间，方便任务载荷的安装，不会阻挡任务载荷的前向视场。

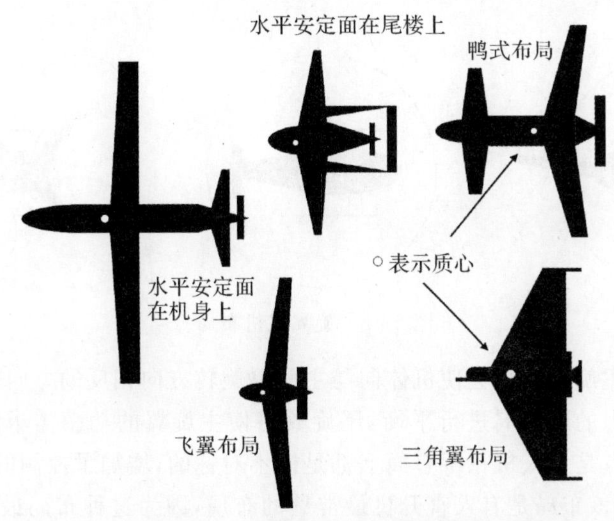

图2-1　水平起降飞机结构布局

(1)传统布局。主翼在前，控制面在后这是一种传统的布局，在目前的飞机中应用十分普遍。当前的高空长航时和中空长航时型无人机，即远程无人机都在机身后部安装了尾翼。这是因为要携带大设备和燃料完成所赋予的任务，需要较长机身提供这样的空间。双尾撑布局在中程和近程无人机中常见，这样，发动机作为推进系统安装在机翼后面，方便任务载荷在机身前部的安装。这也对发动机和螺旋桨起到了一定的保护作用。这种布局具有空气动力方面的优点，发动机和螺旋桨在飞机质心之后并接近重心，减小了飞机在俯仰和偏航方向上的惯性。螺旋桨接近尾翼，提高了气流流过升降航和方向舵时的操控效能，且由于惯性小，飞机对俯仰和偏航控制响应敏捷。这些优点使这种布局更流行。

(2)鸭式布局。鸭式布局飞机在机翼前面安装有水平安定翼，或水平稳定器。飞机的质心位于机翼之前，依靠前舵面产生向上的升力保持平衡，实现飞机水平方向气动稳定。鸭式布局的优点在于前后安定面都产生向上的升力，这比"后置水平安定面"飞机的气动效率更高。但缺点是方向稳定性不好，这是由于飞机的质心越靠后，尾翼的杠杆作用就不明显。为了延长尾翼力臂，多数鸭翼布局飞机用后掠式机翼，翼尖安装有垂翼。

(3)飞翼无尾布局。飞翼无尾布局包括三角翼飞机，机翼为后掠式的，翼尖的迎角比内侧翼面的迎角要小得多，这确保当机头抬升时，机翼升力中心向后移，使飞机返回原飞行姿态。无尾布局优点在于能大大降低雷达散射截面(Radar Cross Section，RCS)、减少机体质量和气动阻力，从而增加航程。但同时也带来了气动力方面的技术挑战，即需要设计新的操纵机构以产生足够的偏航力矩，代替被取消的垂尾，使无人机能实现高机动性和高敏捷性。

2. 垂直起降结构布局

根据旋翼转矩平衡手段的不同，布局有很多不同的类型，如图 2-2 所示。

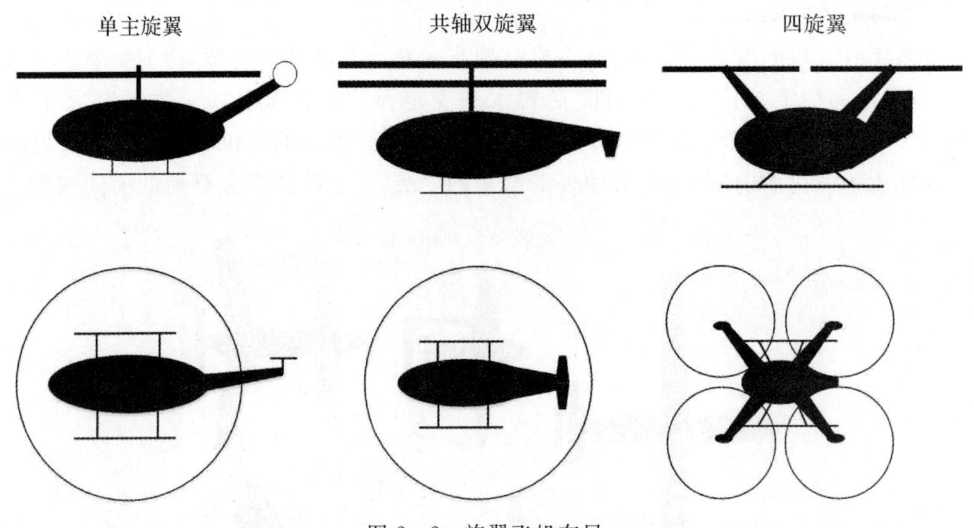

图 2-2 旋翼飞机布局

(1)单主旋翼。主旋翼转矩会使机体向与主旋翼旋转方向相反的方向转动，通常用一个较小的、能产生侧向推力的尾旋翼进行平衡，尾旋翼将使主旋翼的功率需求增加 10%。如前所述，该型布局有一缺点是无人机在所有面上都是极不对称的，增加了控制的耦合性和飞行控制系统算法的复杂性。该布局是有人直升机最常见的布局，因为这种布局最适合质量 600 kg～1 500 kg 的飞机，而该型飞机覆盖了大多数应用需求。多数垂直起降无人机生产商倾向于这种布局，原因是较多的无人直升机是由有人直升机改装而来。

(2)共轴双旋翼。该布局优点包括无人机具有近乎完美的空气动力对称性、紧凑(没有易损坏的尾旋翼)、动力效率高，以及针对不同用途，机体设计具有多样性。但是要求每个旋翼使用相同的动力单元、传动装置和控制子系统，自动飞行控制律也不比典型垂直起降飞机的复杂。另外，共轴双旋翼布局飞机由于其对称性，气流干扰的影响最小，在多数飞行模式下，几乎不受气流干扰的影响。

(3)多旋翼。这种布局的无人飞行器在民用市场开发了众多的产品，大大激发了民间使用无人机的热情，也降低了使用门槛。前文所讨论的所有类型布局是利用旋翼方向控制系统，周期性或协同性地改变旋翼桨叶的倾斜来控制飞机。设计多旋翼飞机的目的在于简化这种复杂性，去掉机械传动系统。其具体思想是将所有旋桨的倾斜角固定，通过改变每个旋翼的旋转速度来改变推力大小。每个旋翼由安装在其上的电动机单独驱动。

2.1.2 飞行原理

1. 升力产生的原理

飞行是一个相对简单并被人们广泛研究的现象。但飞行原理常常被人们误解。绝大多数有关升力的物理学解释都认为机翼横截面形状(即翼形)是产生升力的关键性因素。他们认为机翼的上表面是弯曲的，下表面是平坦的，因此当机翼与空气相对运动时，流过上表面的空气在同一时间内走过的路程比流过下表面的空气的路程远，所以在上表面的空气的相对速度比下表面的空气快。根据伯努利定理,流体对周围的物质产生的压力与流体的相对速度成反比。因此上表面的空气施加给机翼的压力小于下表面的,合力必然向上,这就产生了升力[2]。

很多有关升力的解释之所以强调翼型,是因为人们相信"飞越时间相等"这个原则。但这个原则错误地认为,无论气流是在机翼上方或是下方流动,都必须在相同时间内达到机翼后缘。由于气流在机翼上方流动得更远,因此它必须流动得更快。根据伯努利定理,这样才会产生升力。然而,在实际中,有些飞机是能够倒飞的。

喷气式发动机通过将气流吹向后方以产生推力,直升机旋翼通过将气流吹向下方以产生升力。同样,固定翼飞机的机翼可以通过将气流下引产生升力。喷气式发动机、螺旋桨、直升机旋翼、固定翼飞机的机翼都是利用相同的物理学原理工作的,即将气流朝反方向加速产生所需要的力。了解飞行原理最有力的工具就是牛顿三大定律。

牛顿第一定律:任何物体在不受任何外力的作用下,总保持匀速直线运动状态或静止状态,直到外力迫使它改变这种状态为止。

从飞行的角度来讲,如果一股气流运动方向发生突然改变(如气流碰到机翼时),一定也有另一种力作用其上。由于空气是一种连续流,因此作用在空气上的力通常表现为一种压力(即压强)差。如图2-3所示,气流到达机翼之前,明显上行,到达机翼后分开,并以轻微下行的角度离开。这种向下流动的气流就是下洗流,是产生升力的源泉。

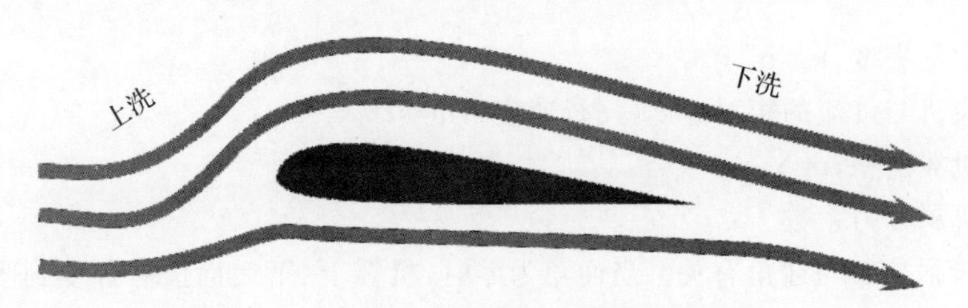

图2-3 具有升力的真实机翼周围的气流

牛顿第三定律:两个物体之间的作用力和反作用力总是同时发生作用,大小相等,方向相反,在同一条直线上。气流之所以在机翼处转弯,是因为机翼对其产生了一个作用力。根据牛顿第三定律,气流同时会对机翼产生一个大小相等、方向相反的作用力,这便是升力。

那么气流为什么在机翼上方转弯?在解释以上这个问题之前,先了解一下飞机在低速飞行(亚声速)时的气流状况。当飞机低速飞行时,机翼作用在气流上的力非常小,气流通常被认为是一种不可压缩的流体。这就意味着飞机在低速飞行时,气流可以保持恒定的体积,且气流之间不会相互分开形成间隙。接下来引入流线和边界层的概念。

(1)流线。流线是流动的空气粒子的运动路径。流线具有一定速度,流线之间存在压力和黏性。流线之间的黏度类似固体之间的摩擦程度。

由于各条流线具有不同的黏度,因此它们之间的"摩擦力"会使较慢的流线加速,使较快的流线减速。

(2)边界层。在机翼上方,流线速度会随着流线与机翼表面的距离增加而增加。这种速度快速变化的区域称为边界层(边界层距离变化带来的流线速度变化很有限,只存在与较短距离范围内,空客A380飞机机翼后缘边界层厚约为15 cm)。

边界层能量非常重要,因为较高的能量能使边界层沿着机翼表面保持较长时间的流动。

如果没有足够的能量来克服逐渐增加的压力，气流就会与机翼分离，导致机翼进入失速状态。在机翼表面平稳流动的气流叫作层流，混乱流动的叫作湍流。边界层湍流越多、越强烈，气流与机翼表面的摩擦阻力越大。因此，现代机翼设计总是尽可能地将层流保持至机翼后部。

此时回过头来分析气流在机翼上方转弯问题。边界层的气流的速度比自由流速度更快。根据前文分析，流线因为机翼表面的压力降低而向下偏转，于是气流发生转向，机翼上方的空气压力逐级降低。这种逐级降低的压力是机翼上升力产生的基础。

2.升力大小衡量

牛顿第二定律：$F=ma$，即力等于质量乘以加速度。此时需要使用这一定律的其他表达形式，来解释机翼、火箭等飞行器的升力的产生。

根据牛顿第二定律，计算火箭发动机的推力等于单位时间喷出的气体量与气体速度的乘积；机翼上升力的大小与单位时间内机翼迫使转弯的气流量及下洗流垂直速度有关。

要想增加机翼上的升力，有两种方法：一是增加机翼迫使转弯的气流量，二是增加下洗流垂直速度。增加转向气流量可以通过增加机翼的面积来实现。而增加下洗流垂直速度有两种方法，一种是增加飞机速度，另一种是增大飞机的迎角。

根据风洞和其他方法试验结果表明，机翼产生升力的大小可表示为[3]

$$L=\frac{1}{2}\rho V^2 SC_L \tag{2-1}$$

式中，ρ——空气密度，kg/m^3；

V——飞机与气流的相对速度(飞行速度)，m/s；

S——机翼面积，m^2；

C_L——机翼升力系数。

机翼的压强分布与迎角有关。当迎角为零时，机翼上、下表面虽然都受到吸力，但总的空气动力合力 R 并不等于零。随着迎角的增加，上表面吸力逐渐变大，下表面由吸力变为压力，于是空气动力合力 R 迅速上升，与此同时，翼型上表面后缘的湍流区也逐渐扩大。在一定的迎角范围内，R 是随着迎角 α 的增加而上升的。但当 α 增大到某一程度，再增加迎角，升力不但不增加，反而会迅速下降，这种现象叫作“失速”。失速时对应的迎角就叫作“临界迎角”或“失速迎角”。

由于 R 是随 α 的增加而上升的，那么它在垂直迎面气流方向上的分力——升力 L，也应具有相似的变化规律。为了研究问题方便，采用无因次的升力系数 C_L，即

$$C_L=\frac{L}{1/2\rho v^2 S} \tag{2-2}$$

升力系数曲线一般如图 2-4 所示。在图上可以看到，曲线的横坐标表示迎角 α，纵坐标表示升力系数 C_L。飞机上不仅机翼会产生升力，平尾和机身也可以产生升力，其他暴露在气流中的某些部分(如尾撬等)也可以产生少许的升力。不过除了机翼以外，其他部分产生的升力都是很小的，而且平尾的升力又经常改变方向，忽向上忽向下。因此通常用机翼的升力来代替整个飞机的升力。换句话说，机翼的升力就是整架飞机的升力。

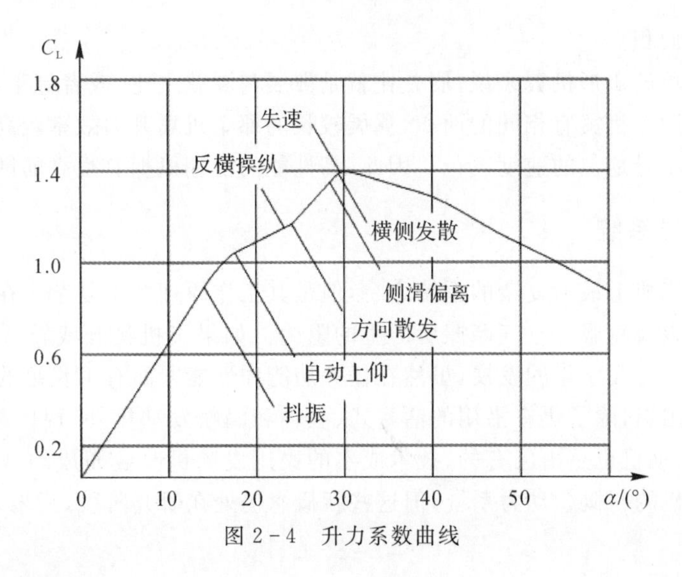

图2-4　升力系数曲线

3.阻力的大小衡量

物体在空中运动不一定会产生升力，但总会产生阻力。阻力由两部分组成：一部分是由于物体的前后压力不同而产生的，称为压差阻力；一部分是由于空气黏性作用而产生的，称为摩擦阻力。

计算阻力 D 的大小所用的公式与计算升力的方法相似。物体阻力的大小与物体的形状、大小、相对气流的速度 V、空气的密度 ρ 等有关，可用如下公式表示：

$$D=\frac{1}{2}\rho V^2 SC_D \tag{2-3}$$

式中，S——物体最大横截面面积或表面积，m^2；

C_D——物体的阻力系数。

注意：当面积 S 用横截面面积或表面积计算时，阻力系数不同。一般给出的 C_D 值要标明使用的是什么参考面积。利用式(2-3)计算的阻力系数，多数是根据风洞试验得出，已经把摩擦阻力和压差阻力估算在内。

4.升力效率

功率是做功的效率，用更简单的术语表示，功率即是燃油消耗的速率[2]。涉及飞行的功率，与人们对发动机的需求及飞机性能的限制有关。下面介绍两种形式的需要功率。第一种为诱导功率，这是与升力产生相关的功率。它等于飞机转换给气流以产生升力所需要的能量的速率。第二种是干扰阻力功率。它等于气流冲击飞机损失的功率。飞机的总需用功率就是诱导功率与干扰阻力功率之和。

由于机翼的升力与单位时间内的转向气流量及下洗流垂直速度成正比，因此诱导功率与机翼升力及下洗流垂直速度成正比。

阻力与飞机碰撞气流失去的能量有关，它与飞机速度成正比。干扰阻力功率与速度的三次方成正比。即飞机速度增加2倍，干扰阻力功率就会增加8倍。

升力效率与产生一定升力的诱导功率的大小有关。产生一定的升力需要的诱导功率越低，升力效率就越高。提高升力效率最有效的方法是增加转向气流量，从而要求的下洗流垂直速度越小，诱导功率也越小。增加转向气流量可以通过增加机翼的面积来实现。增大翼展或翼弦来增大机翼面积。

对于一个简单的矩形机翼来说，展弦比就是翼展与翼弦之比，或者等于翼展的二次方除以机翼面积。如果两个机翼有相同的面积，翼展较长的那个机翼升力效率较高。一般来说，滑翔机以诱导功率占主导地位的速度飞行。因此，高性能的滑翔机拥有很高的展弦比。

2.1.3 推进系统

推进系统是飞机上最为复杂的系统之一，但是其工作原理并不复杂。在飞行中，飞机需要动力来获得升力以及克服与空气摩擦所产生的阻力。如果飞机爬升或转弯的话，则需要更大的动力。无人机经过几十年的发展，虽然在任务功能和性能方面有了长足的进步，但相应的动力系统并未推陈出新，除了仍在沿用的活塞式、涡轴和涡喷发动机外，现代新型无人机开始采用的涡扇、涡桨发动机也是由已有的、技术成熟的民用发动机改装而成的。当前，虽然出现了一些可用于无人机的新概念动力系统，但这些新概念仍处在研究阶段，距未来应用还需要很长的时间[4-6]。

1.活塞发动机

活塞发动机是无人机使用最早、最广泛的动力装置。从现有在役无人机动力装置的情况来看，活塞发动机适用于低速、中低空的侦察、监视无人机及长航时无人机，飞机起飞质量较小，一般为几百千克。无人机用活塞式发动机单台功率在几千瓦到几十千瓦之间。适用速度不超过 300 km/h，高度不超过 8 000 m。

(1)往复式活塞发动机。往复式活塞发动机机距今已有一百多年的发展历史，它的机构和性能已达到相当完善的程度，但是人们并未停止对它的深入研究和不断改进。因此新颖的、高性能的往复式活塞内燃机仍在不断地被研制出来，往复式活塞内燃机近年来研究的主要方向是提高动力性和经济性。在民用上，排气净化指标已成为与动力性和经济性并列的性能指标，在航空上，内燃机的轻量化成为与动力性和经济性并列的性能指标，也是目前发展的主要目标。目前，中小型无人机多数采用这种动力系统。

活塞在气缸内往复四个行程(相当于曲轴旋转两周)完成一个工作行程的发动机称为四行程(四冲程)发动机。其四个活塞行程分别是:进气行程、压缩行程、膨胀行程(做功行程)和排气行程。活塞航空发动机大多是四冲程发动机，它是人们目前普遍认为比较可靠和高效的发动机，但其机械结构复杂，在往复运动中会引起相当大的振动，噪声大。

二冲程发动机综合了四冲程发动机中的几个过程，发动机曲轴每转一转，活塞上、下往复两个行程完成一个循环。活塞向上死点移动时油/气混合物被吸入曲轴箱，同时在活塞的另一面，前一循环的燃烧废气从排气口排出，如图 2-5 所示。二冲程发动机机械结构较简单，但稳定性稍差。

(2)旋转式活塞发动机。振动是电子设备及敏感的光电电子系统的致命危害，同时也是 UAV 系统可靠性不足的主要原因。如果发动机活塞的往复运动及循环过程能减少一些，将直接减弱振动。旋转式活塞发动机(又称转子发动机)是朝这个方向迈出的重要的一步。这种发动机具有质量轻、尺寸小、可靠性高和振动小等优点。在 20 世纪 80 年代后期发展迅速，在相同功率范围内，转子发动机质量仅是往复活塞发动机的 1/2，因此可以取代往复活塞式发动机。

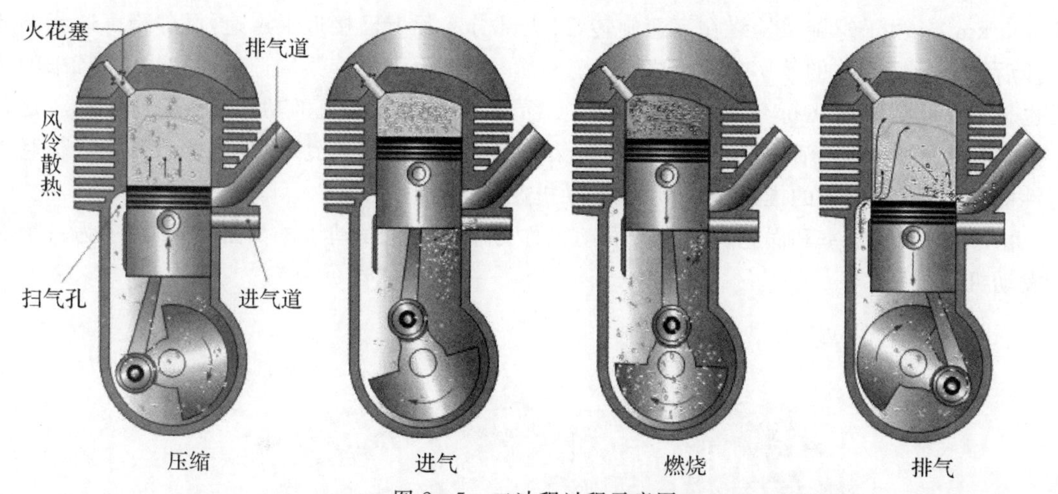

图2-5　二冲程过程示意图

转子发动机的工作原理基于在一个两瓣形静子内的三边形转子的转动。转子在其静子内转动，并使其3个顶点与静子保持接触。定子是在定圆外沿圆周滚动的动圆半径上一点的轨迹所形成的椭圆弧段。转子的每个面都完成一个与四冲程发动机相同的四冲程循环：吸气、压缩、燃烧及排气，如图2-6所示。循环在转子的一个回转中完成，因而可以把单组转缸发动机看作三缸发动机。可以看出，这里没有往复运动，因此振动很小。在转子的一端通常有一个和转子同心的内齿轮，它绕一个装在机箱端盖上的小行星齿轮转动。

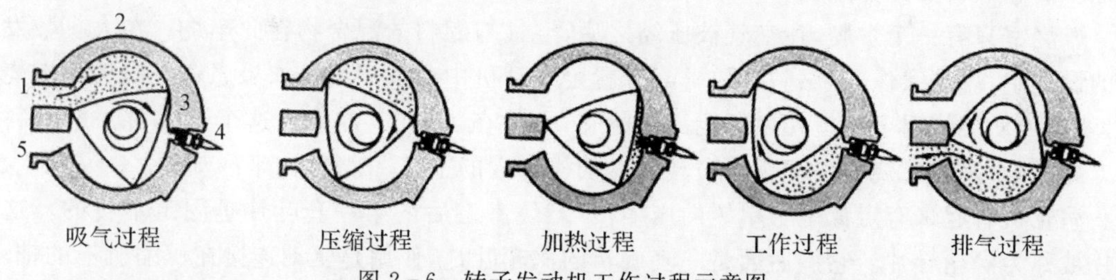

图2-6　转子发动机工作过程示意图

为确保转缸发动机能可靠工作，必须对转子进行完善的密封，既需要边缘密封又需要顶点密封。边缘密封有点类似于活塞的密封环，尖顶密封由一些滑片组成。在离心力向外推着它们靠紧燃烧室壁，有时会用一些弹簧辅助支承这些滑片以防颤动，转子发动机为无人机提供了几乎无振动的动力，同时随着新设计、新材料的使用，这种独特的密封变得更成熟，继而使转缸发动机变得非常可靠。

2. 涡轮发动机

在第二次世界大战以前，所有的飞机都采用活塞式发动机作为飞机的动力，这种发动机本身并不能产生向前的动力，而是需要驱动一副螺旋桨，使螺旋桨在空气中旋转，以此推动飞机前进。这种活塞式发动机＋螺旋桨的组合一直是飞机固定的推进模式，很少有人提出过质疑。到了20世纪30年代末，由于战争的需要，飞机的性能得到了迅猛的发展，飞行速度达到700～800 km/h，高度达到了10 000 m以上，但人们突然发现，螺旋桨飞机似乎达到了极限，尽管工程师们将发动机的功率越提越高，从1 000 kW到2 000 kW甚至3 000 kW，但飞机的速度仍没有明显的提高，发动机明显感到“有劲使不上”。这个问题就出在螺旋桨上，当飞机的速度达到 800 km/h,由于螺旋桨始终在高速旋转,桨尖部分实际上已接近了声速,这种跨声速流场的直接后果就是螺旋桨的效率急剧下降,推力下降,同时,由于螺旋桨的迎风面积较大,带来的阻力也较大,而且,随着飞行高度的上升,大气变稀薄,活塞式发动机的功率也会急剧下降。这几个因素合在一起,使得活塞式发动机加螺旋桨的推进模式已经走到了尽头,要想进一步提高飞行性能,必须采用全新的推进模式,喷气发动机便应运而生。

由压缩机、燃烧室和涡轮机组成的发动机称为燃气涡轮发动机。如图 2-7 所示为一个涡轮发动机组成图。

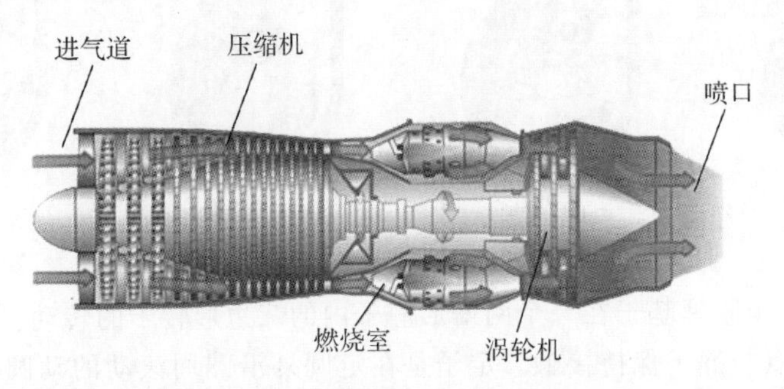

图 2-7　涡轮发动机组成图

压缩机在涡轮发动机中有两个功能。第一是要像一个单向阀门那样,始终朝向一个方向将空气推入燃烧室,防止燃烧的气体被风吹到发动机的前面。第二是增加压力和空气密度,以保证燃油和氧气能充分燃烧。

燃烧室只有一个炉膛,在空气被压缩之后,空气与燃料的混合物在此燃烧。在大多数发动机的设计中,燃烧室像一系列“罐”一样,分置于发动机中心轴周围。如果想获得最佳的燃烧效率,就必须使燃烧温度保持在尽可能高的状态,一般在 1 500℃左右。这个温度对一般材料来说太高了,必须使燃烧室冷却。而喷气式发动机吸入的空气 75%是用来冷却的。

涡轮机看起来有点像一个单级的压缩机,燃烧室之后的第一套叶片是固定不转的。这些叶片被称为涡轮导片。它们后面是一套旋转的涡轮叶片,作用是驱动连接在压缩机上的轴。

涡轮机与压缩机的作用相反,当空气通过每一级涡轮时,发生膨胀与冷却,自身能量被转移。涡轮机的数量必须与压缩机的数量相同,但各自所拥有的级数不同。因此,一台拥有两个压缩机的喷气式发动机,其低压与高压部分将有两台涡轮机,每一台涡轮机都有一个独立的轴驱动其中的一台压缩机。

按照出口燃气可用能量的利用方式不同,燃气涡轮发动机可分为 4 类:涡轮喷气发动机、涡轮风扇发动机、涡轮螺旋桨发动机和涡轮轴发动机。

(1)涡轮喷气发动机。现代涡轮喷气发动机的结构由进气道、压气机、燃烧室、涡轮和尾喷管组成,战斗机的涡轮和尾喷管间还有加力燃烧室。从产生输出能量的原理上讲,喷气式发动机和活塞式发动机是相同的,都需要有进气、加压、燃烧和排气这 4 个阶段,不同的是,在活塞式发动机中这 4 个阶段是依次进行的,但在喷气发动机中则是连续进行的,气体依次流经喷气发动机的各个部分,就对应着活塞式发动机的 4 个工作位置。

空气先进入的是发动机的进气道,当空气流过压气机时,压气机工作叶片对气流做功,使气流的压力、温度升高。经过燃烧室燃烧后,涡轮前的燃气能量大大增加,涡轮出口处的压力和温度都比压气机进口高很多,发动机的推力就是由这一部分燃气的能量产生的。从涡轮中流出的高温高压燃气，在尾喷管中继续膨胀，以高速沿发动机轴向从喷口向后排出。这一速度比气流进入发动机的速度大得多，使发动机获得了反作用的推力。

(2)涡轮风扇发动机。自从惠特尔发明了第一台涡轮喷气发动机以后，涡轮喷气发动机很快便以其强大的动力、优异的高速性能取代了活塞式发动机，成为战斗机的首选动力装置，并开始在其他飞机中得到应用。但是，随着喷气技术的发展，涡轮喷气发动机的缺点也显现出来，那就是在低速下耗油量较大，效率较低，使飞机的航程变得很短。如何才能同时提高喷气发动机的热效率和推进效率，也就是怎样才能既提高涡轮前温度又至少不增加排气速度呢？答案就是采用涡轮风扇发动机。

为了优化喷气式发动机的效率，人们希望在尽可能低的速度下，使大量的空气加速以产生所需的推力。涡轮喷气式发动机的特性限制了其能够处理的空气量，打破该限制的办法就是推出涡轮风扇发动机。涡轮风扇发动机是在涡轮喷气发动机的基础上增加了几级涡轮，并由这些涡轮带动一排或几排风扇，风扇后的气流分为两部分，一部分进入压缩机(内涵道)，另一部分则不经过燃烧，直接排到空气中(外涵道)。由于涡轮风扇发动机一部分的燃气能量被用来带动前端的风扇，因此降低了排气速度，提高了推进效率。

围绕核心机在外部流动的空气与通过核心机在内部流动的空气之比称为涵道比。当今典型的发动机拥有的涵道比约为8，这意味着围绕核心机在外部流动的空气量是通过核心机在内部流动的空气量的8倍。如果在理想情况下，尾喷气与来自风扇空气具有相同速度，那么涵道比为8恒量，90%的推力来自于风扇，而10%的推力来自于涡轮喷气式发动机排出的气体。

(3)涡轮螺旋桨发动机。涡轮螺旋桨发动机与涡扇发动机相同，因为过高的旋转速度，螺旋桨不能直接连接到涡轮轴上，需要用减速器或减速齿轮来降低螺旋桨的旋转速度。在较低的速度下，涡轮螺旋桨发动机比涡轮风扇发动机更有效率。

由于螺旋桨的直径较大，转速远远低于涡轮，只有大约1 000 r/min，为使涡轮和螺旋桨都工作在正常的范围内，需要在它们之间安装一个减速器，将涡轮转速降至十分之一左右后，才可驱动螺旋桨。这种减速器的负荷重，结构复杂，制造成本高，它的质量一般相当于压气机和涡轮的总质量，作为发动机整体的一个部件，减速器在设计、制造和试验中占有相当重要的地位。

(4)涡轮轴发动机。涡轮轴发动机出现得较晚，但已在直升机和垂直/短距起落飞机上得到了广泛的应用。涡轮轴发动机于1951年12月开始装在直升机上作第一次飞行。那时它属于涡轮螺桨发动机，并没有自成体系。以后随着直升机在军事和国民经济上使用越来越普遍，涡轮轴发动机才获得独立的地位。

涡轮轴发动机同涡轮螺桨发动机相似。它们都是由涡轮风扇发动机的原理演变而来，只不过后者将风扇变成了螺旋桨，而前者将风扇变成了直升机的旋翼。除此之外，涡轮轴发动机也有自己的特点：它一般装有自由涡轮(即不带动压气机，专为输出功率用的涡轮)，而且主要用在直升机和垂直/短距起落飞机上。

3.电池动力

目前很多微小型无人机采用电池动力，相比于油动无人机，其显著特点是操作维护简单，使用方便，机动灵活，高原性能优越。目前电动无人机推进系统主要都是由锂电池、电子调速器、电机和螺旋桨构成的。

(1)电子调速器(ESC)。电子调速器简称电调，如图2-8所示，接收飞控的信号来驱动电机运转，对于不同类型的电机需要采用不同的电调来搭配，配合电调的无刷电机(有外转式或内转式)用于驱动多轴飞行器飞行。其过程是电调将直流电转化为三相交流电，交流电通过线圈产生磁场，吸引永磁体运转。磁场变化的速度决定了电机的速度。

图 2-8　电子调速器与无刷电机

为了保持运转，电调必须有它自己的“大脑”——一个小的 CPU 内部程序。这个程序可以根据使用模型姿态类型的不同而快速调整。因此很多电调需要利用固件刷新自己的设备，不同的制造商生产了很多不同版本的电调固件，有些制造商或者代理商会提供已经刷好固件的电调。

(2)电机。电机(motor)俗称马达，其任务是为飞行器在空中的飞行提供动力。电机可分为两大类：无刷电机和有刷电机。飞行器的电机应该是无刷电机，一个主要因素是有刷电机不如无刷电机效率高；另一个很重要的因素是电机的尺寸，更大的电机一般来说更重，但是多轴飞行器并不止携带一个电机。无刷电机有两种分类：内转子电机和外转子电机。内转子电机的电机机座固定不动，转子电机的主轴转动，通常转速较高，但是转矩小；外转子电机的内部主轴固定不动，外壳转动，通常转速较低，转矩大。

电机有一个非常重要的评价指数——KV 指数。KV 指数指的是每伏特每分钟电机的转数，例如给一个 1 000 KV 数的电机通入 1 V 的电压，那么它在 1 min 内转动的圈数就是 1 000 转，当把电压提升到 2 V 的时候，它也会随之提升到 2 000 r/min。最常见的电池类型有 3S (11.1 V)或者 4S(14.8 V)，S 数指的是电芯串联数目，而每个电芯固定电压是 3.7 V。对于这两种类型的电池来说，1 000 KV 的电机输出转速将是 11 100 r/min 和 14 800 r/min。

选择合适转速大小的电机有两个关键因素，一个是飞行器的尺寸，另一个是电机带动的螺旋桨的尺寸。举个例子，如果装在一台飞行速度快的飞行器，那么就需要配置一个高转速的电机及小尺寸的螺旋桨，但是如果装在一台负重较大的飞行器，那么需要的配置和前者正好相反。

(3)锂电池。锂电池如今用途广泛，是为各种电子设备供电的不二之选，因为锂电池能够提供更高的放电速率，而且质量更轻，受到了各行各界的青睐。

如图 2-9 所示的锂电池标识着几个重要参数，下面阐述其含义：

5 000 mA·h 指的是电池电量。C 数是电池的一个十分重要的指标，它的意义是在一个小时之内衡量电池放电速率的快慢，C 数越大，放电速率越快；图中 25C/50C 是指该电池最大放电电流是容量的 25～50 倍。例如，标有 25C 的 5 000 mA·h 的电池，最大放电电流就是 25×5 000 mA=125 A。6S1P 指的是电池的串、并联情况，6 个串联 1 个并联，6 个 3.7 V 电池组串联为22.2 V。

图2-9　锂电池

2.2　飞行控制与导航系统

无人机飞行控制系统一般由传感器子系统、控制与管理计算机、伺服作动子系统组成。根据功能要求和系统配置的不同传感器子系统，可包括飞行器位置/速度（地速）传感器，如GNSS接收机、惯性导航设备或其组合；空速、高度传感器，如大气机、动/静压传感器等；姿态/航向传感器，如惯性导航设备、垂直陀螺和磁航向传感器等；角速率传感器，如角速率陀螺等。伺服作动子系统包括控制副翼、升降舵、方向舵、发动机节风门和其他机构按要求进行偏转的舵机及其控制器。

自动飞行使用自动控制系统代替驾驶员，因此自动控制系统中必须包括预选线框内三个部分相对应的装置，并与飞行器组成一个闭环控制系统。自动飞行的原理如下：飞机偏离原始状态，敏感元件感受到偏离方向和大小，并输出相应信号，经放大、计算处理，操纵执行机构（称为舵机）使控制面（例如升降舵面）相应偏转。由于整个系统是按负反馈原则连接的，其结果是使飞机趋向原始状态。当飞机回到原始状态时，敏感元件输出信号为零，舵机及与其相连的多面也回到原位，飞机重新按原始状态飞行。由此可见，自动控制系统中的敏感元件、放大计算装置和执行机构可代替驾驶员的眼睛、大脑神经系统与肢体，自动地控制飞机飞行，这三部分是飞机自动控制系统的核心，称为自动驾驶仪（Autopilot），如图2-10所示。总之，自动飞行的基本原理就是自动控制理论中最重要、最本质的“反馈控制”原理。

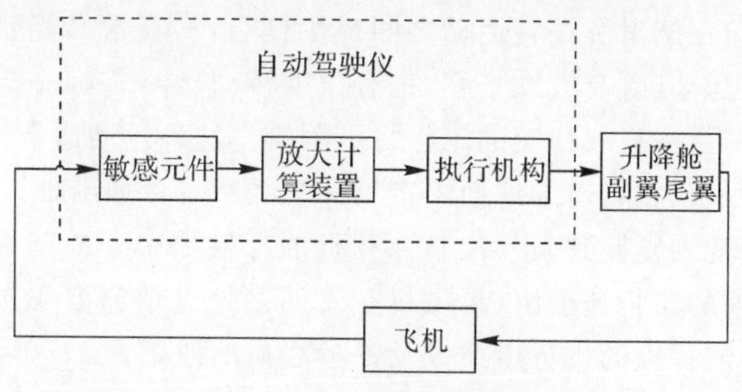

图2-10　自动驾驶仪控制飞机

在目前条件下，无人机通常还是通过“人在回路”的半自主控制的，通过地面控制站人员发送控制指令对无人机执行任务过程进行必要的干预。

2.2.1　控制与稳定性

无人机自动控制系统[1]主要实现对飞机的控制与稳定性。无人机控制与稳定性性能取决于飞机的结构布局类型和所要求的飞行特性。控制可定义为实现目的方法,以引导无人机达到指定的位置、方向和速度。而稳定性是飞机保持以上飞行状态的能力,控制和稳定性在系统内部是相互耦合的。

1. 水平起降飞机

水平起降飞机的基本飞行参量有飞行方向、水平速度、高度和爬升率。飞行方向(或航向)通过方向舵和副翼的偏转进行组合控制;水平速度通过发动机推力调整和升降舵的偏转来控制;给定高度下的爬升率通过升降舵偏转和发动机推力变化的组合来实现。图 2-11 给出了一架典型的水平起降飞机的气动控制舵面的结构布局。

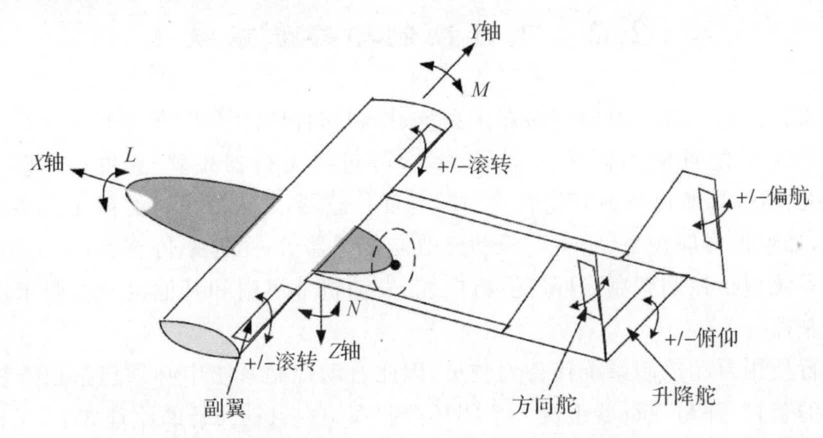

图 2-11 水平起降飞机气动控制舵面

其他水平起降飞机的结构布局只是采用了特定的布局,如“飞翼式”无人机结构布局,利用“升降副翼”同向偏转实现俯仰控制,差动偏转实现滚转控制。

如果希望维持航向的工作更简单,就应该选择具有空气动力学稳定特性的布局形式,空气动力学结构布局稳定的一般要求是飞机具有水平尾翼和垂直尾翼,在俯仰和偏航上提供“风向标”稳定性;机翼上反角在侧滑和滚转运动之间提供耦合,实现滚转稳定。但其也有不利的一面:飞机会随气流一起运动(既有线性平移,也有角度转动),即受阵风影响。这样一来,类似保持机载相机对地面固定目标视线稳定的工作将更困难。这种运动通常包括相对地球的线位移和角转动,这使得保持机载相机对准地面固定目标视线稳定更加困难。

飞行之前,将任务规划复制到飞行控制计算机的存储器中。最基本的规划可由一系列的“航程点”和航程点之前的飞行速度组成,飞机在飞回基地之前需要飞越这些航程点。对于复杂一些的规划,还包括航程点的飞行模式以及任务载荷的使用。

如果操控员通过无线电通信控制飞机(直接或中继),则规划的任务可能被覆盖,如对目标执行更详细的人工控制下的监视。此外,在飞行过程中还可以更新任务规划。

无人机的起飞和着陆可由任务规划的初始部分和终端部分控制,或由人工控制,对原任务规划进行覆盖。目前许多无人机系统都采用人工控制起飞和着陆,原因是在侧风影响下实现自动起飞、降落还比较困难的。

2. 单主旋翼直升机

如前文所述，大多数有人驾驶直升机都属于这类直升机。主要原因是中小尺寸直升机需求远大于大型直升机。单主旋翼(SMR)结构布局适合于中小型直升机，而纵列式旋翼结构布局更适合于大型直升机。SMR直升机的动力学控制配置框图如图2-12所示。

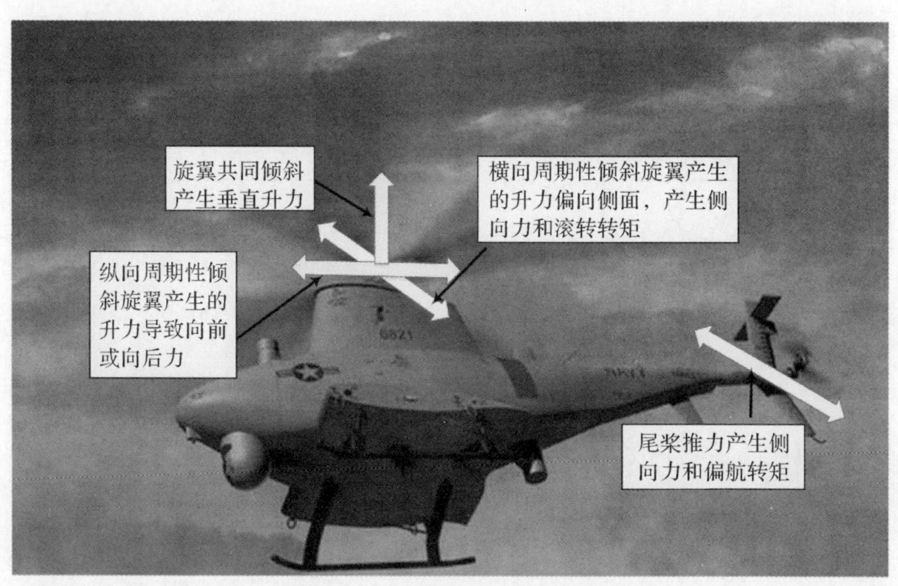

图2-12　SMR直升机控制

目前多数无人直升机制造商更倾向SMR无人机，因为这是一项成熟、可接受的技术。利用飞行控制系统代替飞行员及其附属设备，将现有小型载人直升机改装成无人机。这种方法减少了开发费用，避免了开发一种全新机型和系统所面临的风险。

确保单主旋翼直升机有足够的可控性和稳定性是较为复杂的，主要原因是由于直升机自身的不对称，而固定翼飞机本质是对称的，表现在以下几点。

(1)直升机爬升要求旋翼叶片共同地增加倾斜度，这反过来又要求发动机输出更大的功率。在正常情况下，这样做一般是没有问题的，但是更大的输出功率意味着更大的旋翼转矩，如果控制不当，将会使飞机迅速地朝着主旋翼旋转的相反方向旋转。这样就要求尾旋翼产生的推力必须增加，以平衡飞机的转动。但侧向力的增加会使飞机侧向运动，也可能引起飞机滚转。为了防止这种情况发生，主旋翼必须向侧向力增量的相反方向倾斜。在有人直升机上，飞行员通过学习和多次的训练，加之人的感知和本能，就能够应对这种情况。对于无人直升机飞行控制系统，必须设计正确的控制算法，使其能够精确、稳定地飞行。

(2)在前向飞行中，旋翼在低的一侧产生侧向振动会增加，将会产生侧向力，这必须在这个侧向力的相反方向，施加周期性的倾斜加以修正。该修正值的大小随直升机前向速度和飞机质量的不同而不同。类似地，就需在基本的无人直升机飞行控制系统中增加适当的修正算法。

(3)为了抵制直升机盘旋时的侧向飞行效应，必须施加侧向周期性的倾斜，这样尾旋翼将会产生非常强的“风标”效应，这个效应必须通过调整尾旋翼的倾斜度才能精确地修正。同样，在无人直升机飞行控制系统中也要加入相应的修正算法。

3. 多旋翼飞行器

多旋翼飞行器是通过调节多个电机转速来改变螺旋桨转速，实现升力的变化，进而达到飞行姿态控制的目的。

以四旋翼飞行器为例，其动力学控制如图 2－13 所示，在电机 1 和电机 3 逆时针旋转的同时，电机 2 和电机 4 顺时针旋转，因此当飞行器平衡飞行时，陀螺效应和空气动力扭矩效应全被抵消。

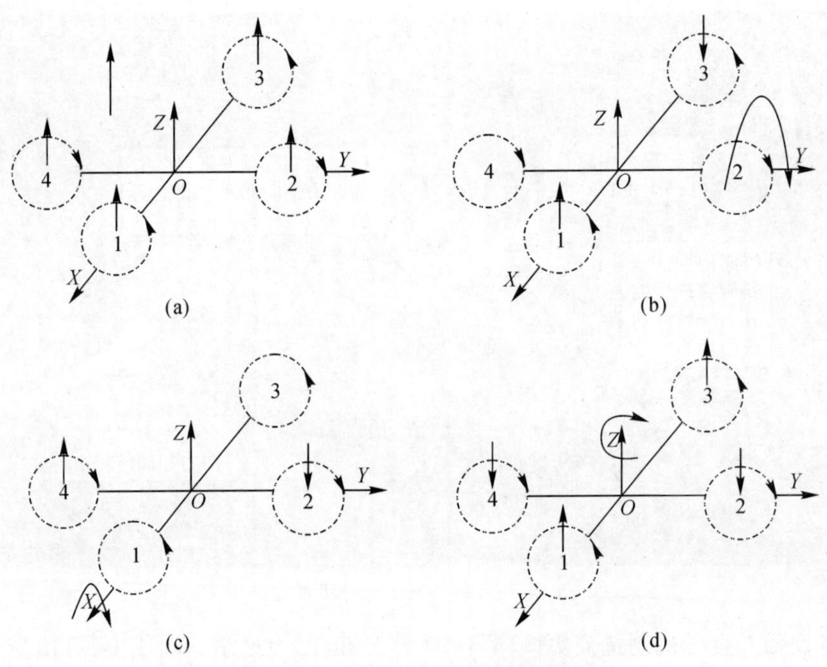

图 2－13　多旋翼飞行器姿态控制

(a)垂直运动；(b)俯仰运动；(c)滚转运动；(d)偏航运动

(1)垂直运动，即升降控制。在图 2－13(a)中，两对电机转向相反，可以平衡其对机身的反扭矩，当同时增加四个电机的输出功率，旋翼转速增加使得总的拉力增大，当总拉力足以克服整机的质量时，四旋翼飞行器便离地垂直上升；反之，同时减小四个电机的输出功率，四旋翼飞行器则垂直下降，直至平衡落地，实现了沿 OZ 轴的垂直运动。

(2)俯仰运动，即前后控制。在图 2－13(b)中，电机 1 的转速上升，电机 3 的转速下降，电机 2、电机 4 的转速保持不变。由于旋翼 1 的升力上升，旋翼 3 的升力下降，产生的不平衡力矩使机身绕 OY 轴旋转。

(3)横滚运动，即左右控制。如图 2－13(c)所示，与俯仰运动原理相同。

(4)偏航运动，即旋转控制。在图 2－13(d)中，当电机 1 和电机 3 的转速上升，电机 2 和电机 4 的转速下降时，旋翼 1 和旋翼 3 对机身的反扭矩大于旋翼 2 和旋翼 4 对机身的反扭矩，机身便在富余反扭矩的作用下绕 OZ 轴转动，从而实现飞行器的偏航运动。

2.2.2　导航系统

无人机导航系统就是实现无人机从起始点引导到目的地过程，从而实现无人机自主飞行。对于侦察型无人机，要使无人机能够精确感知自身位置是很必要的，是实现目标精确定位的前提。目前，无人机常利用惯性导航与卫星导航系统组合的复合式导航系统，实现无人机定位以及区域导航。

1. 惯性导航系统

惯性导航系统[7](Inertial Navigation System，INS)不依赖于外部输入，又称为自主式导航系统，是一种复杂的航位推算系统，由运动敏感装置(如陀螺和加速度计)和计算机组成。运用牛顿力学原理，惯性导航通过构建一个与机体固联的惯性平台，从而根据加速度计测量的惯性加速度计算在某惯性参考系下的速度和位置，根据陀螺仪测量所得的角速度计算机体相对于惯性平台的姿态角，从而只需要加速度计和陀螺仪满足一定的精度要求，就可以在不需要外部信息的情况下获得机体相对于惯性参考系的速度、位置和姿态角。

陀螺仪和加速度计是惯性导航系统中核心测量器件。现代高精度的惯性导航系统对所采用的陀螺仪和加速度计提出了很高的要求，陀螺仪的漂移误差和加速度计的零位偏值是影响惯导系统精度最直接和最重要的因素，因此如何改善惯性器件的性能，提高惯性组件的测量精度，特别是陀螺仪的测量精度，一直是惯性导航领域研究的重点[7]。

不同于高精度、体型巨大的平台惯性导航设备，当前的趋势是采用捷联式惯性导航系统，将加速度计和陀螺仪直接安装在载体上，在计算机中实时计算姿态矩阵，即计算出载体坐标系与导航坐标系之间的关系，从而把载体坐标系的加速度计信息转换为导航坐标系下的信息，然后进行导航计算。由于其具有可靠性高、功能强、质量轻、成本低、精度高及使用灵活等优点，已经成为当今惯性导航系统发展的主流。特别是近 20 年来快速发展的微机电系统(MEMS)器件，已经可以将捷联惯导系统的体积缩小到几立方厘米的量级。捷联惯性测量组件(Inertial Measurement Unit，IMU)是捷联惯导系统的核心组件，IMU 的输出信息的精度在很大程度上决定了系统的精度。

在长航时(HALE)和远程系统长航时(MALE)飞行时，位置精度是一个关键的问题，无人机自身定位精度直接影响对目标侦察和定位效果。因此除非在飞行过程中能够采用某些形式的数据更新，否则单纯的惯性导航是无法胜任中远程、长航时无人侦察机的使命任务。最常用的方法就是采用惯性导航和 GPS 组合导航方式完成无人机远距离对目标区域侦察的任务。

2. 全球卫星导航系统

无人侦察机主要依靠机载光电探测系统对地面或空间的目标进行识别、测量，并结合无人机载机的导航信息，给出目标的准确位置，以便实施战场指挥或军事打击。由于目标定位过程中需要使用到无人机载机的导航信息，因此，为了提高目标定位的准确性，必须采用高精度的无人机载机定位技术。同时，无人机在执行目标侦察、军事打击任务时所处的工作环境恶劣，要求无人机装载的导航定位系统必须具备极强的自主性和可靠性。目前，最常用的是基于全球卫星导航系统(Global Navigation Satellite System，GNSS)的组合式导航方式实现无人机定位以及区域导航。

GNSS 全球卫星导航系统包括美国的 GPS、中国的 COMPASS、俄罗斯的 GLONASS 及欧盟的 Galileo。此外还有区域性卫星导航系统，如日本的准天顶(QZSS)，印度的 IRNSS 等。GNSS 一般提供了两种定位服务模式，一是标准定位服务，二是精密定位服务。以 GPS 为例，其标准定位服务的水平定位精度为 10 m。精密定位服务的水平定位精度为 3 m。GPS 定位精度随接收机的位置和卫星的几何位置关系的不同而不同。

如前所述，无人机自身定位精度是一个关键因素。那么卫星导航系统是如何定位，又是如何提高定位精度的呢？下面介绍全球卫星导航系统定位基本原理。

(1)三角测量。全球定位系统的构思是利用远在太空的卫星作为参考点为地球上的位置定位,通过非常精确地测量出到三颗卫星的距离,利用三个距离为半径作圆交于一点,就可以计算出物体在地球上任意的位置。

(2)距离测量。如何测量物体与三颗卫星的距离呢?实际上可以归结为"速度乘以时间等于距离"的数学问题。在卫星导航系统,时间是比较棘手的问题,需要精确的时钟来衡量卫星信号传播到接收器所花费的时间。卫星和接收机使用的是一种叫作"伪随机码"的数据。

1)测量到卫星的距离是通过测量无线电信号从卫星到达地物所用的时间获得的。

2)为了进行这样的测量需要假设:卫星和接收器都在完全相同的时间产生相同的伪随机码。

3)通过比较到达接收器的卫星的伪随机码与接收器的数据码,可以决定其达到物体所花费的时间。

4)用光的速度乘以传播的时间即可得到距离。

(3)精确的时间——原子钟。在卫星上,时间几乎是精确的,因为卫星上有非常精确的原子钟,但是对于在地面上的接收机,无论是卫星还是接收机,都必须精确同步的伪随机码,才能保证系统时间的精确。如果接收机需要原子钟(需要花费 5 万～10 万美元),那么全球定位系统将是一个艰难的技术,因为没有人能够负担得起。

(4)解决接收机时间的误差。然而得益于额外的测量,每个 GPS 接收机从本质上拥有了类似于原子时钟一样精确的时间系统。任何时间偏移会影响我们所有的测量,因此接收机在寻找一个与其有关的校正因子,然后从所有的时间测量都减去它,从而使得他们都相交于一个点。

假设卫星 i 的空间位置已知为(X_i,Y_i,Z_i),而接收机的空间位置是位置的为(X,Y,Z),接收机到卫星 i 的距离为 P_i,由于接收机时间偏差引起的误差而引入的校正因子 q。由接收机到 3 颗卫星的距离可以得到三个方程,如下:

$$\left.\begin{aligned}(X_1-X)^2+(Y_1-Y)^2+(Z_1-Z)^2+q&=P_1^2\\(X_2-X)^2+(Y_2-Y)^2+(Z_2-Z)^2+q&=P_2^2\\(X_3-X)^2+(Y_3-Y)^2+(Z_3-Z)^2+q&=P_3^2\end{aligned}\right\}\tag{2-4}$$

但是 4 个未知数(X、Y、Z、q)却只有三个方程,很明显无解,很直观的解决方法就是再加入一个方程,校正因子的问题就迎刃而解了,这就是引用第四颗卫星的原因:

$$\left.\begin{aligned}(X_1-X)^2+(Y_1-Y)^2+(Z_1-Z)^2+q&=P_1^2\\(X_2-X)^2+(Y_2-Y)^2+(Z_2-Z)^2+q&=P_2^2\\(X_3-X)^2+(Y_3-Y)^2+(Z_3-Z)^2+q&=P_3^2\\(X_4-X)^2+(Y_4-Y)^2+(Z_4-Z)^2+q&=P_4^2\end{aligned}\right\}\tag{2-5}$$

因此一般卫星导航接收机必须有至少四个通道(channels),以便它可以同时进行四个距离测量。随着伪随机码作为时间同步的凭据,以及额外的第四次测量的技巧得到了精确的同步的实现,这样就可以得到需要精确衡量地物与卫星的距离。对于三角测量工作,不仅需要知道距离,还需要知道卫星确切的位置。

(5)卫星的位置。

1)因为利用卫星作为参考物进行距离测量,所以必须知道他们精确的位置。

2)GPS 卫星的轨道处于高轨道,位置相对十分稳定和非常明确的。

3)同时地面会严密监测卫星轨道的微小变化。

4)轨道的偏差信息将会被发送到 GPS 卫星,卫星再将这些信息将随着时间信号而广播给用户。

(6)误差改正。

前文提到利用光速乘以电磁波信号的传播时间就可以计算出接收机到卫星的距离。但是光只有在真空中速度才是恒定的。在大气中,由于 GPS 信号穿过含有带电粒子的电离层,然后通过对流层中的水蒸气,它的速度将受到影响,这就产生了与由不精确的时钟引起的同样的偏差。有许多方法可以减少这种误差。其中利用差分定位技术,可以有效提高定位精度。一般包括位置差分、伪距差分、相位平滑伪距差分和载波相位差分。以 GPS 为例,标准 GPS 与差分 GPS 误差对比见表 2-2 所示。

表 2-2　全球定位系统的误差源与定位精度　　单位:m

以米为单位的典型误差	标准 GPS	差分 GPS
卫星钟差	1.5	0
轨道误差	2.5	0
电离层	5.0	0.4
对流层	0.5	0.2
接收机噪声	0.3	0.3
多路径效应	0.6	0.6

目前较多无人机上配置载波相位差分技术(RTK)双天线进行惯性/卫星组合导航,用以提高无人机姿态测量精度。配合使用 RTK 配置的高精度导航系统,结合无人机上的自身惯性导航系统,可以有效提高无人机解算自身位置和姿态的精度,从而提高对目标定位的精度。通过将 RTK 移动端输出的位置和姿态测量数据,接入无人机自身惯性导航系统,进行数据融合,可以解算出高精度的无人机的位置和姿态。

3. 无线电跟踪系统

对于短程无人机(飞行距离为 80～100 km)而言,无线电跟踪是一种成熟的技术。尤其是应用于山区战场侦察和地面攻击,或者短程的海防,如沿海岸的侦察。这都需要由控制站和飞行器之间的无线电视距保持。

窄波束上、下行数据链信号携带有时间信息,地面控制站和飞行器上的计算机利用此时间信息计算它们之间的距离。地面控制站的水平接收天线使其能够在方位上锁定并跟踪飞行器,并向飞行器发送指令信息。

地面控制站和飞行器之间无线电链路断开后,通过程序扫描可以重新建立链路。如果不能重新建立链路联系,飞行器依靠自身携带的惯性导航系统使其能够返回到控制站附近。在估计到达时间后,选择两种回收方式,一种是使用自动着陆程序,另一种是采用低频全向无线电系统,与飞行器重新建立联系,控制其安全着陆。

4. 航迹推算导航

利用上述任何一种导航技术进行定位,无人机控制器可控制无人机到达其飞行范围内的任一点,具体控制方法如下:

(1)直接控制。人工操纵控制台面板,实时发送指令到无人机飞行控制系统,控制无人机执行机构，从而控制其飞行速度、高度和航向。同时观察无人机光电任务载荷下传的图像及相关地图，了解飞行进程。

(2)输入指令到无人机飞行控制系统，控制无人机以一定的航向、速度和高度飞行，直到有新的指令输入，解除当前的飞行方式，无人机位置将在显示器上显示。

(3)输入可见航程点坐标，航程点可在起飞前或起飞后提供。

方法(2)和(3)允许无人机在无线电静默期间飞行，减少了控制者集中精力的必要性。根据飞行任务，控制器有可能切换到方法(1)，执行当前任务。随着现代先进导航技术的发展和自动化技术的引进，可预先规划任务或在线更新飞行计划，在飞行过程中，操作员更能将注意力集中在捕获目标和解释无人机收集到的信息，而不是关注飞行航迹。随着自动化技术更多地应用，未来系统有可能基于操作员下达的任务，自动生成飞行航线和搜索模式等。

2.3 地面控制与数据链路系统

2.3.1 地面控制站体系结构

地面控制站(GCS)是整个无人机系统的“神经中枢”，是无人机系统的实现人机交互的接口，是无人机控制系统中“人在回路”的核心设备。无人机的发射和回收可由主控站或通过附属卫星控制站进行控制。卫星地面站通过无线电或电缆(光缆)与控制站进行数据通信，与无人机之间有直接的无线电链路通信。在控制站上，操控员通过通信系统的上行链路向无人机上传控制指令，控制飞行航路或重新规划的飞行航路，并对无人机携带的各种任务载荷进行直接控制。无人机通过下行数据链实时地或按指令要求回传遥测信息和图像信息给指控员，回传信息通常包括任务载荷获得的数据、无人机上各子系统的状态(监控数据)、飞行高度、空速和相对地面位置等。典型无人机系统体系结构如图 2-14 所示。该体系结构给出了控制站与各子系统之间接口和数据流配置。

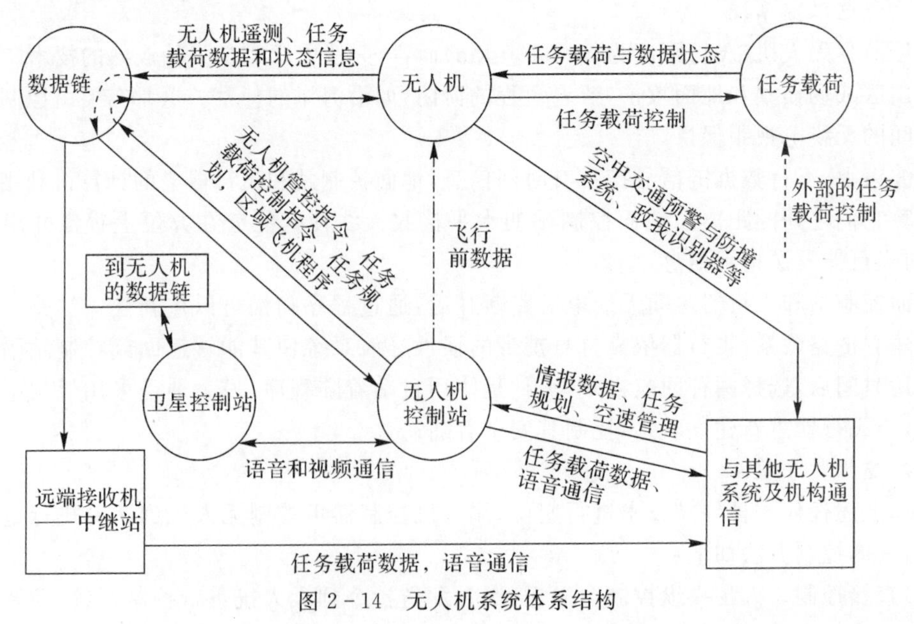

图 2-14　无人机系统体系结构

控制站要完成以上全部功能,必须由一些子系统构成。这些子系统取决于设定任务的范围和类型,以及所控无人机的特性。一般情况下,这些分系统包括以下几种。

1. 无人机飞行控制单元,飞行状态显示单元,飞行参数记录装置

飞行控制单元与无人机自动飞行控制系统相连接,实现人工实时遥控或选择并激活机载已存储的飞行程序。一个程序飞行可能是:控制无人机沿给定半径以一定的速度沿陆地网格参考点飞行,对感兴趣点进行侦察。在任务规划中插入网格参考点,并考虑观察点周围地形以及相应时刻太阳相对于该点的位置,以便从最有利的方向观测,获取最佳的图像效果。

适合于旋翼无人机的飞行程序是引导无人机在指定点上空盘旋,进行侦察或完成相应任务;也可以在某点上空盘旋以可控的速率下降,实现着陆;或者下降到接近地面,进行核生化样本的大气采样,然后再爬升到指定高度。

2. 任务载荷子系统

主要完成对机载任务设备类型的识别,对相应任务设备进行调整和控制,包括任务设备状态和数据(图像和其他类型数据)的显示和存储。

3. 通信链路的地面(编码器、发射机和接收机等)部分及相应的操作控制设备

如天线的升降、天线人工或自动控制、必要情况下频率切换等。还包括监视器部分,主要显示通信状态,通信链路实现控制站与无人机之间通信,一般希望天线安装在控制站上,以使导线的长度最小,但为了更好地发射和接收无线电波,必要时也将天线安放在适当的地点,在丘陵或山区该地点一般在山顶或接近山顶的地方。在军事应用中,除非地面控制站较小,并采取了隐蔽措施,其位置对敌方是暴露的,易受到攻击。解决方法是将天线安装在小型移动、不易被探测的平台上,可放置适当的位置上,通常称之为遥控地面终端(RGT)。但不利的一面是需要在该平台上安装水平测定系统及与地面控制站联系的地面通信系统(如光缆通信系统)。很多应用需要测定地面控制站和遥控地面终端的位置坐标,并输入到任务计算机中。

4. 导航显示装置

导航显示装置用于监控无人机的位置和飞行航迹,以及必要的数据计算。

5. 地图显示装置与计算机

主要完成任务规划和必要的任务计算;存储保留先前的任务飞行航迹,以便在将来必要时重现;列出可选择的无人机飞行程序。

6. 与系统中其他系统操控员联系的通信子系统

可获取天气状态数据,接收任务要求,发送从无人机获得的数据给其他用户。

由于无人机系统具有复杂性,所以这些子系统在控制站内可以设置成独立单元,或将一些单元集成作为子模块。控制站与飞机一样,大小形状不一,需要根据执行的任务的数量和特殊性配置合适的人员。控制站从由便携式计算机和三脚架支撑天线组成的微型或小型手抛式无人机的简单控制站,到近程或中程无人机系统的全地域移动控制站,再到中高空长航时无人机系统功能全面的综合中心控制站。下面将给出一些典型控制站。

2.3.2　典型地面站及功能

1. 便携式地面控制站

小型无人机“沙漠鹰”Ⅲ系统使用一种便携式的地面控制站,带有通信系统和天线,如图 2-15 所示。“沙漠鹰”背负式控制站无人机和控制站可在背负式箱内,或装在小型手提箱内。

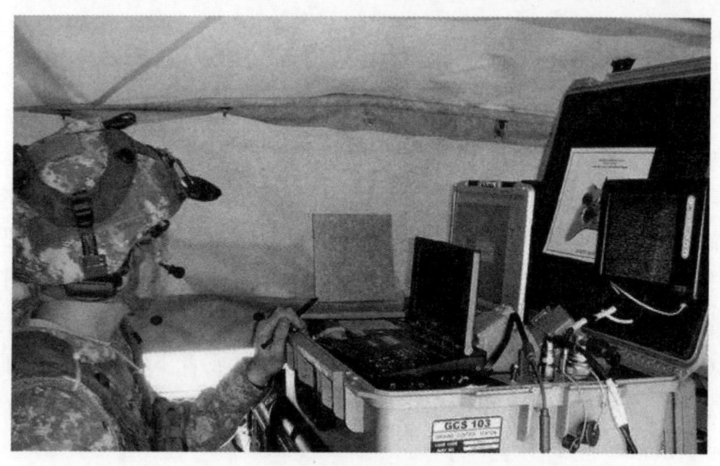

图 2-15 “沙漠鹰”无人机系统地面控制站

天线安装在三脚架上，该三脚架高度可在较大范围内调整，或放置在最远离控制站 100 英尺的建筑物上。

地面控制站集成了图形化用户界面(GUI)和触摸屏式笔记本电脑，使操控员方便地输入以地图为基础的航路点，并使用常用的那些按键。“沙漠鹰”Ⅲ无人机软件也采用数字地形高程数据(DEM)及地形等高线，以支持其他额外任务。数字地形高程数据信息在发射时上传到无人机上，用于在数据链中断、非视距通信情况的告警。当无人机在变化的战术环境中重新规划任务时，任务信息被立即更新。

一种可选设备是远程视频终端，它可与地面控制站并行工作，也采用背负式结构，可接收显示来自无人机的图像，也可以让前线的作战单元接收来自无人机的图像。

2. 近程无人机小型地面控制站

这类无人机系统通常是斜轨发射或垂直起降，除了在发射和回收阶段对控制的特殊要求外，这两类系统的地面控制站性能和要求都是类似的。

近程无人机系统地面控制站通常是移动的，安置在越野车辆上。安装在车上的模块化控制台及地面控制站终端软件界面如图 2-16 所示。

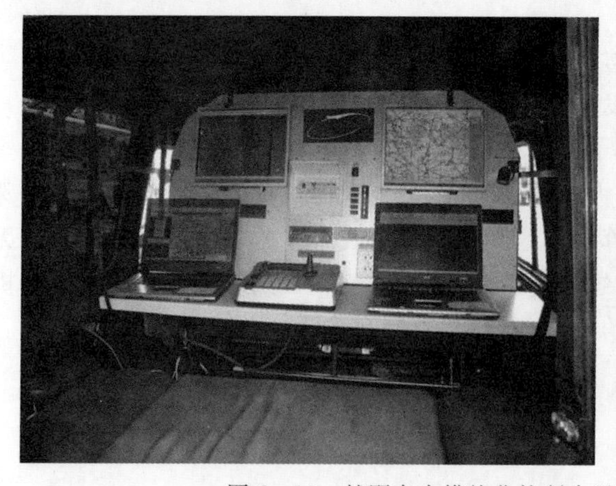

图 2-16 越野车内模块化控制台及中小型地面控制站显示界面

界面大致分为以下三个部分：

(1)界面左侧为飞行姿态状态显示区域,主要以数字数据显示当前飞行模拟的各项姿态状态数据。

(2)界面右侧主要为飞行姿态参数及地图显示区域,以图形化的方式显示当前飞行姿态及飞行地图、航线等导航信息。

(3)界面下部为飞行控制操作区域,用于对运动平台进行控制。

3. 中远程无人机系统地面控制站

中程无人机系统地面控制站通常是移动式的,安装在车辆或拖车上,以便在跑道附近适当的地点放置。“赫尔姆斯”450 无人机采用车载式地面控制站如图 2-17 所示。

图 2-17　“赫尔姆斯”无人机地面控制站承载车和内部布局

中远程无人机通常在跑道或硬化的路面上通过轮式滑跑起飞,必须装置完成滑跑获得起飞速度、起飞等阶段的控制。当前该阶段及回收阶段的控制都是由操控员完成的,通常都是沿着操控员视线方向进行,除非是采用伞降回收。对于滑跑起飞和回收的自动化控制目前已经取得了进展。

中远程无人机地面控制站设备与近程无人机系统控制站的设备总体相似,但考虑到操控员较长的值班时间(常大于 30 h 飞行),控制站提供了更大的活动空间和更高级的系统操纵界面。同时,对于较复杂的机载任务载荷,有可能需要额外的操作人员,还需要一个专业的图像编辑员、系统指挥员。指挥员负责全面的指挥,发挥综合作用。

另外由于远程、大型无人机可携带广泛的图像传感器,包括可见光、红外及合成孔径雷达成像设备,这些图像可以独立显示,也可以融合显示。这就要求系统具有更强的计算能力,更多的监视器和记录装置。

2.3.3　数据链路

1. 系统组成

如前文所述,无人机系统的地面控制站与无人机之间的通信系统主要由“上行链路”和“下行链路”组成,上行链路传输操控人员的命令和指令到无人机(或者多个无人机)上,下行链路传输无人机的状态数据到控制站,或者其他卫星接收站。这些数据还包括任务载荷状态和图像数据。通信系统在无人机系统中显得非常重要，没有通信系统，无人机就退化为靶机，将失去多功能、应用广泛的特点。通信系统的性能指标包括下面两个主要参数：

(1)数据率。它是每秒通过通信信道传输数据的数量，单位是每秒比特数(bit/s)。

(2)带宽。它是通信信道最高频率与最低频率的差值。带宽宽度给定了频率范围，单位一般是 MHz 或 GHz。

无人机数据链基本组成如图 2-18 所示。系统由地面设备和机载设备组成。地面设备也称地面数据终端(GDT)，包括由天线、遥控发射机、遥测接收机、视频接收机和终端处理机构成的测控站数据终端，以及操纵和监视设备。机载设备也称机载数据终端(ADT)，包括机载天线、遥控接收机、遥测发射机、视频发射机和终端处理机等。

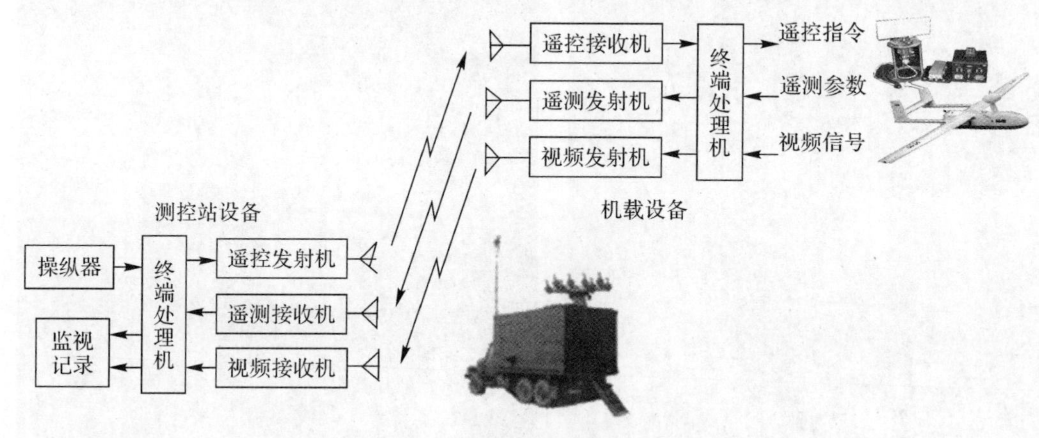

图 2-18　无人机数据链基本组成

2. 系统功能

数据链有以下几种典型功能：①对无人机及机载任务设备的遥控；②对无人机及机载设备的遥测；③对无人机的跟踪定位；④对无人机侦察信息的实时传输与处理。

(1)遥控。遥控是无人机数据链必备的功能，用于实现对无人机和任务设备的远距离操作。来自地面操纵台或操纵器的指令和数据，经编码、上行(测控站到无人机)无线信道传输和解码，送给机上飞行控制计算机(或直接)对无人机和任务设备实施操作。

遥控对于无人机来说非常重要，对其可靠性、抗干扰和抗截获能力等应给予充分重视。遥控指令和数据的传输一般在较低码速率下进行，保证足够的信道电平并不困难。提高设计余度可以增加遥控的可靠性，通过扩频或跳频以及数据加密能增加遥控的抗干扰和抗截获能力。

(2)遥测。遥测是了解无人机状态和对其实施遥控的必要监测手段。来自机上飞行控制计算机或直接来自机上各部分的遥测数据(包括飞行状态传感器的数据和机载设备状态的检测数据)，经编码、下行(无人机到测控站)无线信道传输和解码，传回到测控站，通过数据综合显示，能够实时观察无人机的飞行状态，以及任务设备的工作状态。操纵人员借助这些数据可以方便地对无人机及其任务设备进行操纵，完成各种任务。借助下行遥测信道，还可以实现测控站天线对无人机的跟踪，测出无人机的方位角。通过遥测传回的测距码，与发送的测距码进行比对，能够完成无人机相对测控站的斜距测量。根据方位角和斜距，再利用遥测传回的高度数据，就能够确定无人机相对测控站的位置。

(3)跟踪定位。跟踪定位是指连续和实时地提供无人机的位置数据。这既是操纵无人机的要求，也是对侦察目标进行定位的需要。

对于能自主飞行的无人机，利用遥测将机上导航定位数据实时传回测控站，就可实现对无人机的跟踪定位。然而，在有些不能完全依赖机上导航定位的情况下，则需要由测控站对无人机进行测角和测距，确定无人机与测控站的相对位置，再结合测控站本身的位置，就可实现对无人机的跟踪定位。有时还可以将机上导航定位数据和测控站测量数据融合，这种组合定位方法既增加了余度，又有利于提高定位精度。

(4)信息传输。无人机信息传输就是通过下行无线信道向测控站传送由机载任务传感器所获取的视频侦察信息。视频侦察信息分图像侦察和电子侦察两种。图像侦察信息的信号形式因图像传感器类型不同而有所区别，有电视摄像机的模拟或数字电视信号，有成像雷达或行扫式摄像机的图片数据信号。电子侦察信息则是带限模拟信号。

当前，用于无人机唯一实用的通信媒介是无线电，完成无人机与其操控者之间的通信，通信方式可以是直接传输，也可通过卫星或其他方式中继传输。

3. 无线电通信系统

电磁波通常用作无线传输载体，它位于红外谱之下，频率范围在 3 Hz(极低频 ELF)～3 GHz(超高频 UHF)，通常被认为是真正的无线电频率，见表 2-3。因为这些频率在低空沿着地球曲率可以折射，将地球有效半径(E_{er})提高了 4/3 倍。频率高于这个范围，在 3 GHz～300 GHz(超高频 SHF 到极高频 EHF) 之间的称为微波，尽管能够搭载无线电或雷达信号，但是由于不能折射，只能工作于视距传输方式。

表 2-3　无线电谱表

波段名称	缩　写	定义波段	频　率	波　长	典型应用
极低频	ELF	1	3～30 Hz	100 000～10 000 km	潜艇通信
超低频	SLF	2	30～300 Hz	10 000～1 000 km	潜艇通信
特低频	ULF	3	300～3 000 Hz	1 000～100 km	坑道内通信
甚低频	VLF	4	3～30 kHz	100～10 km	心脏监护
低频	LF	5	30～300 kHz	10 km～1 km	调幅广播
中频	MF	6	300～3 000 kHz	1 km～100 m	调幅广播
高频	HF	7	3～30 MHz	100 m～10 m	业余无线电
甚高频	VHF	8	30～300 MHz	10 m～1 m	TV Broadcast
特高频	UHF	9	300～3 000 MHz	1 m～100 mm	电视、电话、空空通信，双路无线电
超高频	SHF	10	3～30 GHz*	100～10 mm	雷达，区域网*
极高频	EHF	11	30～300 GHz*	10 mm～1 mm	天文学*

* 注：这些是微波频率，也用于民用服务。

有时需要传输高速率数据，特别是将图像传感器的图像传输到地面控制站或其他接收站。只有较高频率的无线电才能够完成此类传输，这自然地就要求发射端天线与接收端天线之间不能有阻挡，要进行直线的视距传输。这就需要在选择工作频率时进行权衡，低频无线电具有较好的、较可靠的传播特性，但会使通信数据率降低；高频无线电可以具有高数据传输速率，但要求直线传输，通常还要求信号传输的功率较大。

UHF 频率在 1 GHz～3 GHz 之间，在大多数应用环境中，是一个较好的折中频段。但是由于民用领域应用的扩大，如电视传播，它利用了 UHF、VHF 频段，频率管理部门要求通信系统应使用更高的频率，达到 5 GHz 的 SHF 微波波段或更高。

无人机与地面控制站之间无线电视距传输的有效距离可以根据几何关系简单计算得到，其推导过程如图 2-19 所示，对于典型无线电频率，有效地球半径(E_{er})可取为 8 500 km。

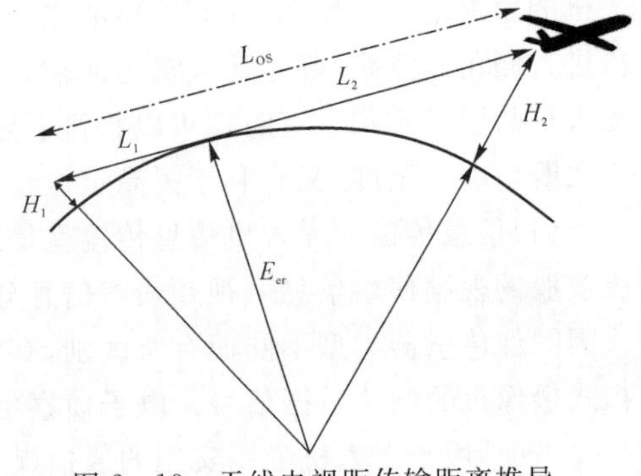

图 2-19　无线电视距传输距离推导

$$L_1^2 = (E_{er} + H_1)^2 - E_{er}{}^2 \tag{2-6}$$

$$L_1 = \sqrt{[(2E_{er}H_1) + H_1^2]} \tag{2-7}$$

$$L_2 = \sqrt{[(2E_{er}H_2) + H_2^2]} \tag{2-8}$$

$$L_{OS} = L_1 + L_2 \tag{2-9}$$

$$\text{视距作用距离} = \sqrt{2(E_{er})H_1 + H_1^2} + \sqrt{2(E_{er})H_2 + H_2^2} \tag{2-10}$$

式中：H_1，H_2 为天线和无人机的高度。对于微波高频率无线电，真实地球半径约为 6 400 km，而对于电频无线电，E_{er}=8 500 km。

一架无人机工作在相对较低的高度(0～1 000 m)，采用无线电波，作用距离如图 2-20 所示。可以看出，利用地面车辆安装高度为(2～4 m)的天线，无人机飞行高度为 1 000 m，无线电作用距离只比 130 km 多一点。为了实现更大的作用距离(如 600 km)，计算出飞机的高度将超过 20 000 m。为了获得更远的作用距离，需要利用卫星或另一架无人机充当中继站。一般来说，云层多在 300 m 高度，为了使光电成像设备有效工作，无人机需要在云层下飞行，这样无线电的有效作用距离即使在平地上也只有 50 km 多一点。因此，对于中近程无人机，有时也需要利用中继方式传输。

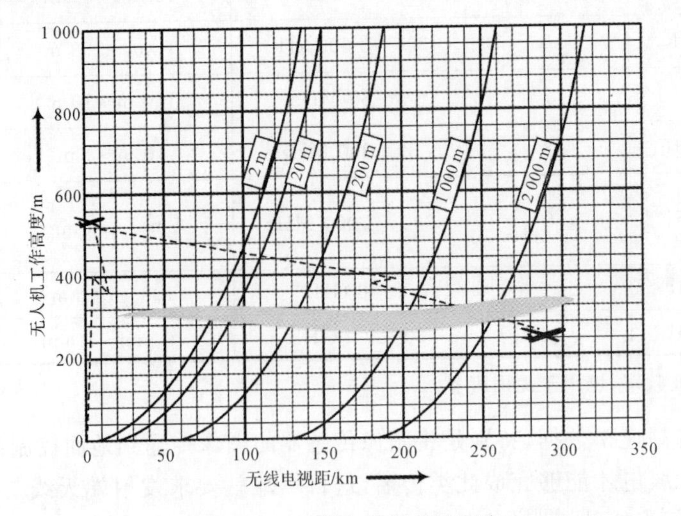

图 2-20　无线电视距传输距离

思　考　题

1. 请根据飞行器升力的经验公式推导满足什么样的条件，飞行器才能安全起飞？

2. 列举无人侦察机系统典型的结构和布局，试分析不同结构布局的无人侦察机系统的性能区别。

3. 简述高空长航时无人侦察机系统典型结构和布局，并分析原因。

4. 图 2-21 中所示是一款什么类型发动机，为了提高无人机飞行效率，目前常用的做法是什么？并简要分析原理。

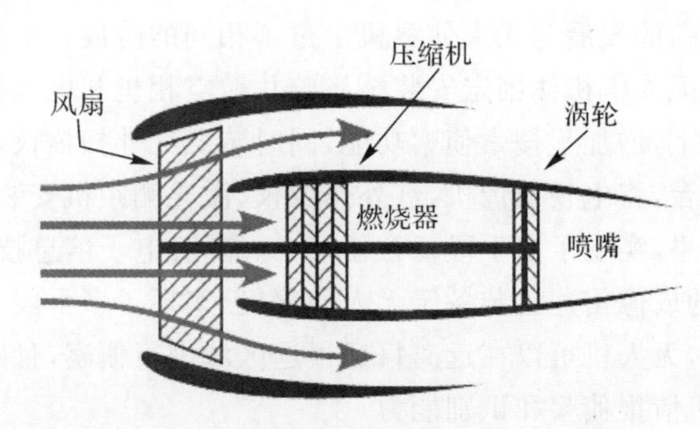

图 2-21　思考题 4 图

5. 目前无人机的推进系统主要有哪几类？简要分析各类推进系统的优、缺点。

6. 试从控制与稳定性角度分析无人侦察机大多都是固定翼常规布局的。

7. 简述典型的无人机控制系统的组成，并分析无人侦察机执行侦察任务过程中，发挥的作用。

8. 无人机导航系统主要有哪些方式？执行侦察任务的无人机的导航系统有什么要求？

9. 为什么说无人机地面控制站是无人机"人在回路"控制系统中的核心设备？

10. 军用无人机上行和下行数据链路一般有哪些要求？

11. 试计算当无人机飞行在 5 000 m 高度时，理想情况下无线电视距通信最大传输距离。

参考文献

[1] REG A. 无人机系统：设计、开发与应用[M]. 陈自力，董海瑞，江涛，译. 北京：国防工业出版社，2013.

[2] DAVID F A，SCOTT E. 认识飞行[M]. 韩莲，译. 北京：航空工业出版社，2011.

[3] 朱宝鎏. 无人飞机空气动力学[M]. 北京：航空工业出版社，2008.

[4] 倪行强，李新民. 发展中的长空时无人机动力装置[J]. 国际航空 ，1995(6)：66-69.

[5] 李美金，黄顺洲，黄红超，等. 军用无人机动力装置分析[J]. 无人机 ，2006(1)：99-101.

[6] 高玉龙. 航空发动机发展简述及趋势探索[J]. 现代制造技术与装备，2018(7)：222-224.

[7] 百度. Princeinnn[DB/OL]. [2020-04-01]. https://wenku.baidu.com/view/c6f7a32669dc5022aaea00a6.html.

第3章 机载成像侦察载荷系统

无人机侦察任务载荷的发展与无人侦察机走过了相同的阶段。根据当时的技术水平和军事需求，在起步阶段，在无人机机体固定安装感光胶片航空相机和电视摄像机；在第二阶段，将电视摄像机装载于转台上，增加了搜索侦察功能，同时装载红外扫描仪，增加了夜间侦察能力；现阶段采用光轴稳定平台，将电视摄像机、红外热像仪、激光测距机安装在稳定平台中，增强了侦察定位梢度和图像效果，实现了多手段复合侦察[1]。随着电子信息技术的发展，具备在全天时、全天候条件下工作的成像雷达也装备于无人侦察机，实现了多手段图像复合侦察。特别是由于成像雷达工作特性，无人机可以在远离目标很远区域进行侦察，且图像分辨率与距离远近无关，极大提高了无人机情报侦察和识别能力。

3.1 机载光电侦察载荷

光电侦察载荷作为一种传统的侦察手段，具有以下优点[2]：

(1)探测精度高。光电系统的信息或能量载体是光辐射，它位于电磁频谱的高端，同等尺寸条件下其波长比一般微波小4个数量级左右，因此具有极高的角分辨力、距离分辨力和光谱分辨力。

(2)抗电磁干扰能力强。日益恶化的电磁环境，会对工作频率在300 GHz以下的雷达效能的发挥造成影响，因此在强电磁对抗环境中，光电侦察可以担负主要侦察任务。

(3)以被动侦察为主，隐蔽性好，不容易被敌方探测，作用范围相对较大。

(4)信息直观、清晰、可视化，目标识别能力强，体积小，质量轻，适装性好。

(5)工作频段齐全，目前已横跨红外、可见光、紫外等光频段。

但光电载荷也有其缺点，例如波长短易受不良天候条件的影响，易受地理环境的遮挡、阻断等，这些情况将随着光电子技术的进步逐步得到改善。

综上所述，光电侦察技术具有其特有的优点，然而地形条件、气候条件仍然在不同程度上影响光电侦察装备效能的发挥，因此应根据具体的战场环境结合使用其他侦察手段，以获取最佳侦察效果。

3.1.1 光电成像传感器

光电成像类传感器最早用于无人机侦察设备，作为一种传统的侦察手段，光电成像侦察具有图像直观、分辨率高的优点。无人机光电成像传感器目前主要包括可见光或红外照相机、摄像机。近几年，机载高光谱成像传感器在一些特殊场景和环境中发挥着重要的应用，但目前还不是无人侦察传感器的主流。

1. 可见光与红外传感器

可见光侦察设备工作波长在 0.4 μm～0.7 μm，这是人眼可以看到的光线，来自太阳并经不同物体以不同的频率(颜色)反射，提供了物体电磁波信息。光线经玻璃镜头聚焦到感受器上，形成可在监视器上播放的图像信号，或者调制到无线电载波上，用以发送到接收站。可见光传感器，按波段可分为全色和彩色传感器；按空间分辨率可分为普通和高分辨率传感器；按工作照度可分为昼间和低照度传感器。如图 3 - 1 所示为彩色可见光传感器图像。

图 3 - 1　无人机机载可见光彩色图像

红外或热辐射，其波长较长，在 0.7 μm(近红外)～1 000 μm(远红外)的谱段上。对于热成像设备，只有两个谱段有明显效果，分别是 3～5 μm 和 7～15 μm，通常分别称为短波红外和长波红外，这两个谱段的红外在辐射过程中被空气中水分子吸收的能量最小，它为红外提供了一个窗口，通过该窗口热传播的效率最高。此外，红外传感器按像元数量和成像扫描方式可分为点传感器、线阵传感器和凝视传感器。

一般中大型无人侦察机热成像设备工作波长都在 8～14 μm(长红外)，这是由于长波红外可以较好地穿透含有其他颗粒的空气，如烟尘中的炭。长波红外成像性能好，但造价高。这是由于成像时要求热辐射通过镜头聚焦到探测器上，这种探测器是用锗制成的，锗是一种稀缺、贵重的材料。相对于短波红外，其设备造价远高于小型低性能的短红外设备，短波红外热成像多用于微型无人机上。但是随着短波红外成像性能的研究不断深入，这种状况逐渐得到改变，短波红外成像设备性能不断提高，性价比优势逐步体现。短红外传感器图像如图 3 - 2 所示。

2. 光电成像传感器硬件及指标

目前机载光电成像传感器主要是 CCD(Charge coupled Device，电荷耦合器件)相机和 CMOS(Complementary Metal Oxide Semiconductor，互补金属氧化物半导体)相机[4]。

CCD 和 CMOS 两种图像传感器的感光原理是一致的，二者的区别在于感光后对光生电荷的处理上。CCD 是用电压势阱来约束和收集光生电荷，然后逐行转移串行读出，因此一般芯片采用的电压高，供电复杂，读出速度受限制。而 CMOS 是像素内有电压比较电路，收集的光生电荷量直接被转换成电压信号的强弱，然后采用与内存访问相同的方式进行行列选择读出。

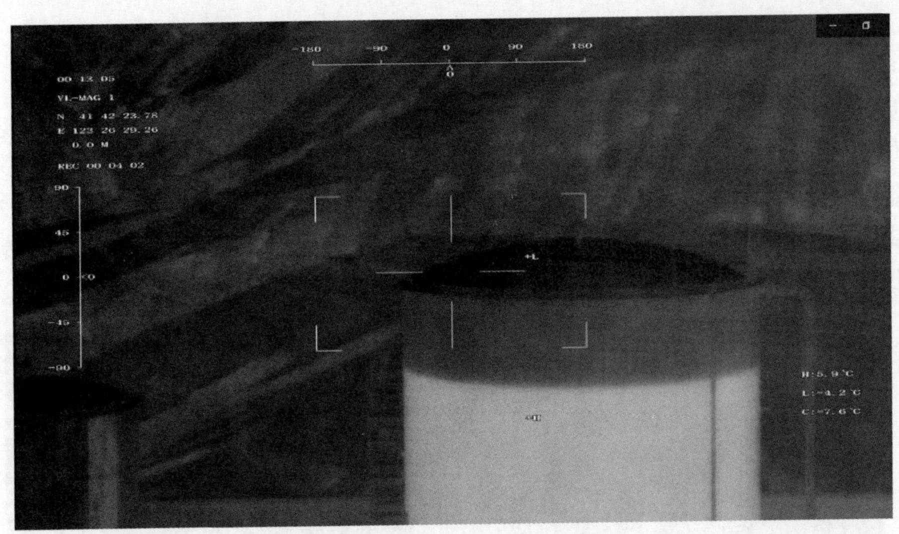

图 3-2　无人机机载短波红外图像

CCD 与 CMOS 在大部分性能指标上已很接近，它们都满足大部分的应用要求，在正常光照条件下，两者的图像几乎没有视觉可感受到的区别。但是当用 CMOS 光敏成像时，其暗电流的电子热噪声随时间的累积效应要比 CCD 大，即当曝光时间较长时，CMOS 成像的信噪比会降低。因此在光照条件不足，目标弱小、成像质量要求高、曝光时间相对长等条件下，CCD 相机仍比 CMOS 相机占有优势。目前无人机上的相机仍大多使用 CCD。

光电成像设备常见的硬件指标如下：

(1)相机分辨率(camera resolution)。相机分辨率是指光敏传感芯片的像元总数或行列数，通常等价于最终获得的数字图像的像素数 $M\times N$，其中 M 是行方向像素数，N 是列方向像素个数。也有用总像素数直接表达的，例如 200 万像素、1 000 万像素。这是摄像机最主要的性能指标。

(2)感光像元尺寸(pixel size 或 cell size)。感光像元尺寸是传感器阵列中的感光像元的宽度和高度大小。现在常用的 CCD 摄像机的感光像元尺寸多为 3～16 μm，例如常用的摄像机感光像元尺寸有 6.7 μm×6.7 μm 和 9.0 μm×9.0 μm，12 μm×12 μm，16 μm×16 μm 等尺寸。CMOS 的像元尺寸通常更小。

(3)传感器芯片面积和成像尺寸(sensing area)。传感器芯片面积定义为感光成像区域的宽度乘高度，如 6.4 mm×4.8 mm。通常将像元尺寸乘以像元个数(像机分辨率中的 N 或 M)即得到光敏芯片(靶面)的尺寸和面积，也称为 CCD 或 CMOS 的靶面尺寸。

常有用英寸表示靶面尺寸的习惯，这是延续早期摄像管成像靶面的定义而来，即用成像靶面的对角线长度来衡量，如 1/2′、1/3′、1/4′、2/3′等，但实际上只有中间部分的靶面能有效成像。许多商用相机按此惯例标注，例如 1/2′和 1/3′尺寸的 CCD 芯片的实际成像面积分别为 6.4 mm×4.8 mm 和 4.8 mm×3.6 mm。

(4)摄像机帧频(velocity)。摄像机帧频(速度)是指摄像机每秒能拍摄的图像帧数，单位为帧/秒(frame per second，fps)。它是摄像机的重要指标之一，常规摄像机的帧频为 25～30 fps。通常 200 fps 以上相机称为高速摄像机。对于高动态事件的记录，要用高速摄像机。目前分辨率 1 k×1 k，帧频 1 000 或 2 000 fps 已成为高速摄像机的主流。通常分辨率高的摄像机由于数据量大而帧频会降低，可以通过降低图像分辨率提高帧频，因此通常要说明在什么分辨率下的帧频。

(5)光敏感度(sensitivity，光灵敏度)。光敏感度是光敏传感器对景物光强转化为电信号，并进一步转换成数字灰度值的能力，是光敏传感器品质的重要参数之一。光敏感度的定义、指标较复杂，它有两种物理意义和多种表达方式。

一种是指图像传感器所能感知的最低辐射功率(或照度)，即当输出信号的信噪比为 1 时，传感器的最低辐射功率(或照度)，单位可用瓦(W)或勒克斯(Lux)表示。

另一种是表示图像传感器的光电转换能力，与响应灵敏度(响应率)的意义相同。对于给定尺寸的传感器芯片，其光敏感度用单位光功率所产生的信号电流表示，单位可以为纳安/勒克斯(nA/Lux)、伏/瓦(V/W)、伏/勒克斯(V/Lux)、伏/流明(V/lm)。

3.1.2　激光传感器

激光雷达和激光测距/目标指示器均是利用所发射的激光信号经目标反射后被接收系统接收，实现对目标的测量及成像跟踪，是主动式传感器系统[3]。

激光雷达是以激光波束为信息载体的雷达[6]，它通过多个或连续的激光波束扫描测量地面物体的三维坐标，可以生成高精度的数字地面模型 DEM、等高线图及正射影像图等数据影像。不仅可以精确测距，而且能高精度提取目标形状和动态特征，实现对目标的精确测速和精确跟踪。目前机载激光雷达中的低空短距离(几百米)扫描系统的质量只有十几千克，能实现厘米级精度，如图 3-3 所示。

图 3-3　激光雷达生成的 DEM 点云图像

激光测距与雷达测距在原理上是完全相同的，在测距点激光发射机向被测目标发射激光脉冲，激光脉冲穿过大气到达目标，其中一小部分激光经目标反射后返回测距点，并被测距仪上的探测系统接收。

测出从激光发射时刻到反射光被接收时刻的时间间隔 t，根据已知光速，即可求出被测目标的距离 R 为

$$R = 1/2ct \tag{3-1}$$

式中，c 为光速。

可见，激光测距仪的任务就是准确地测定时间间隔 t。当不考虑大气中光速的微小变化时，测距精度 ΔR 主要是由测时精度 Δt 确定的。

实际脉冲激光测距仪是利用时钟晶体振荡器和脉冲计数器来测定时间间隔 t 的。时钟晶体振荡器用于产生固定频率的电脉冲振荡，脉冲计数器的作用是对晶振产生的电脉冲个数进行计数。设晶体振荡器产生的电脉冲频率为 f，则脉冲间隔 $T=1/f$。若从激光脉冲发出时刻脉冲计数器开始计数，到反射光被接收时刻停止计数，设这段时间内脉冲计数器共计得脉冲个数为 m，则可计算出被测目标的距离为

$$R = 1/2cmt \tag{3-2}$$

相应的测距精度为

$$\Delta R = \frac{1}{2}cmt = \frac{c}{2f} \tag{3-3}$$

可见，脉冲激光测距仪的测距精度由晶振的频率决定，常用激光测距仪的晶振频率有 15 MHz、30 MHz、75 MHz 和 150 MHz 等，与其相对应的测距精度分别为±10 m、±5 m、±2 m 和±1 m。晶振的频率愈高，测距精度就愈高，但随之而来的，不仅是计数器技术难度的增加，而且要求激光脉冲的宽度愈窄，激光器的难度也会增加。

激光雷达及激光测距/目标指示器的优点是分辨率高、抗干扰能力强、隐蔽性好；但缺点是激光受大气及气象影响大，由于激光束窄，难以搜索和捕获目标。

3.1.3 光电载荷成像原理

光电成像与测量是通过对光电成像系统拍摄的图像进行分析计算，测量出被测物体在三维空间中的几何参数和运动参数的一种测量手段。拍摄的图像是空间物体通过成像系统在像平面上的反映，即三维空间物体在像平面上的投影。数字图像每个像素的灰度反映了空间物体表面对应点的光强度，而该点的图像位置对应于空间物体表面的几何位置。实际物体位置与其在图像上的位置的相互对应关系，由成像系统的几何投影模型或称成像模型所决定。成像模型是光电测量的最重要数学基础之一。

1. 中心透视投影

光电成像过程是从三维空间向二维空间(图像)的映射。这种从高维空间向较低维空间的映射关系就是投影。光电成像系统是一种中心投影，投射线会聚于一点。如图 3-4 所示，投射线的会聚点 S 称为投影中心，相平面为投影面，SaA，SbB 等为投射线。A、B、C、D 为物点，a、b、c、d 称为投影点。摄像机成像设备的成像规律近似满足中心投影。

图 3-4 成像系统中心投影示意图

相机将三维世界中的坐标点(单位为米)映射到二维图像平面(单位为像素)的过程能够用一个几何模型进行描述。这个模型有很多种,其中最简单地称为针孔模型,有的书中称为中心透视投影模型。针孔模型是很常用,而且有效的模型,它描述了一束光线通过针孔之后,在针孔背面投影成像的关系。在本书中通常用一个简单的针孔相机模型来对这种映射关系进行建模。

假设物体表面的反射光或发射光都经过一个"针孔"点而投影在像平面上。此投影中心或针孔称为光心(也称为摄影中心),物点、光心和对应像点在一条直线上,即满足光的直线传播的条件。图 3-5 是中心透视投影模型成像,也就是小孔成像原理示意图。针孔模型主要由光心、成像面和光轴组成。中心透视投影模型中光心到像面的像距称为焦距 f,物距 Z 等于光心到物体的距离。根据中心投影的成像过程,物点 P 到光轴的距离 z 与对应像点 p 到光轴的距离 f 之间满足:

$$Z/f = X/X' = Y/Y' \tag{3-4}$$

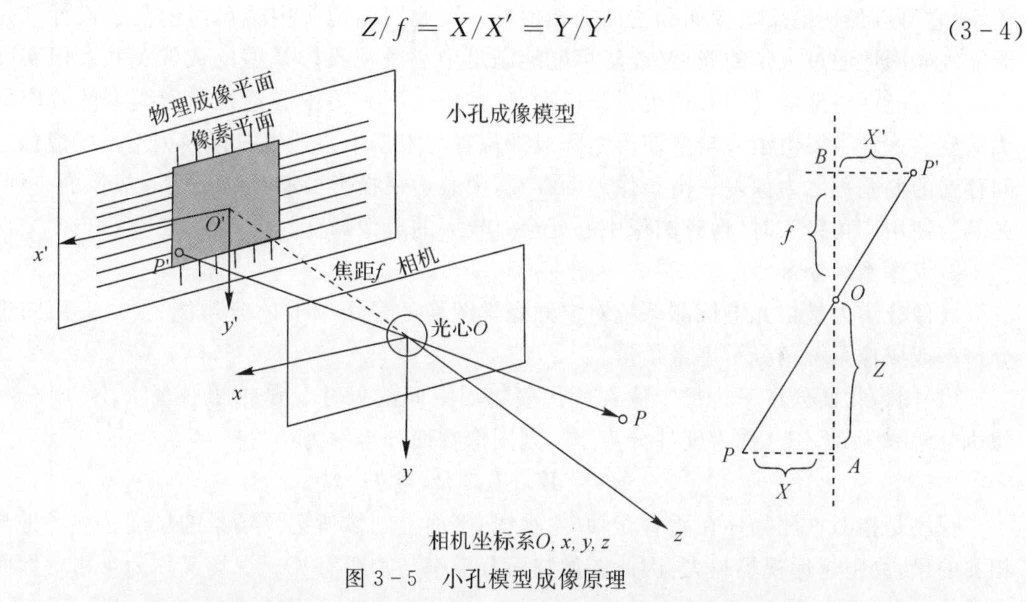

图 3-5　小孔模型成像原理

式(3-4)为中心投影的基本关系式。显然这是相似三角形的线性关系。

小孔成像由于透光量太小,实际成像需要很长的曝光时间,很难得到清晰的图像,没有实际应用价值。实际成像系统都是使用透镜组组成镜头,可以透过大量光线并能聚集光线,从而缩短曝光时间和获得清晰的图像。根据几何光学的基本原理,理想的凸透镜成像光路如图 3-6 所示,其中物平面到透镜中心的距离为物距 U,清晰成像的像平面到透镜中心的距离为像距 V,透镜焦距为 f_s,三者满足下面的高斯成像公式[4]:

$$\frac{1}{U} + \frac{1}{V} = \frac{1}{f_s} \tag{3-5}$$

$$f_s = \frac{UV}{U+V} \tag{3-6}$$

可见,当物距 U 远大于像距 V 时,有 $f_s \approx V$,可以用像距来近似焦距。也就是说,只有当透镜模型的物距远大于焦距和像距时,透镜成像模型与中心透视投影模型中焦距的含义近似一致。正因为如此,在采用中心透视投影模型描述成像关系的摄像测量任务中,如果有较高的精度要求,一般不能直接取镜头的标称焦距作为成像模型中的焦距,而要采用通过像机参数标定得到的焦距值。关于像机标定的原理将在后续章节中进行详细介绍。

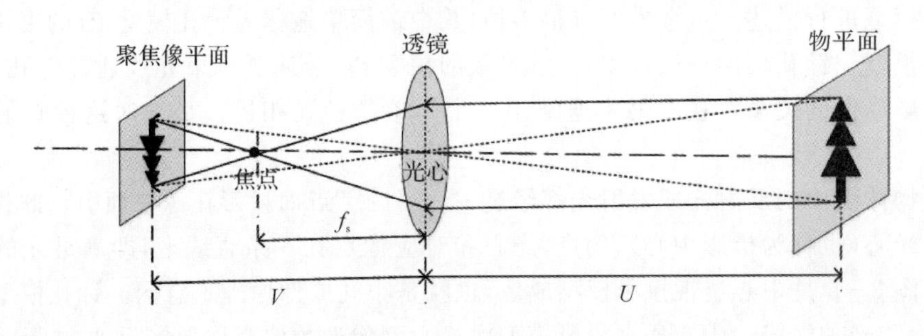

图 3-6 透镜成像光路

在中心透视投影模型中,物、像、物距、像距(焦距)之间存在由相似三角形联系起来的几何关系,它可以最佳地反映像面和物面的相似性。因此实际镜头中透镜组的复杂设计都是为了既能大光圈地通过大量的光,又能尽可能地满足中心透视投影模型的成像关系。但实际成像系统不可能严格地满足中心透视投影模型,这种镜头不满足中心透视投影模型的效应称为镜头畸变。这种主要由镜头畸变使得实际成像位置与根据中心透视投影模型给出的成像位置之间存在的偏差称之为像差。由于像差的存在,中心透视投影模型只能是实际成像的一种近似。尤其当使用广角镜头时,远离图像中心处会有较大的成像畸变。

2.成像系统分辨力

成像分辨力是指光电探测系统对空间光学图像的最小细节的分辨能力,一般用图像物面分辨率或成像系统角分辨率来衡量。

(1)图像物面分辨率。每个像素所代表物面空间的尺寸。设拍摄视场大小为 $W\times H$,摄像机分辨率为 $M\times N$(称为硬件分辨率),则图像物面分辨率为

$$R_x = W/M,\quad R_y = H/N \tag{3-7}$$

视场是指对被测物体在垂直光轴(主视线)平面上图像所记录场景的尺度。视场是与物距相关的量,物距越远视场越大,因此图像物面分辨率与物距有关。视场又称为景物对像面的放大系数(magnification)。

在无人机飞行高度不变的情况下,图像大小和视场变化主要利用相机的镜头来实现的。下面简要介绍以下镜头的主要参数。

1)焦距 f。焦距决定了摄取图像的大小,用不同焦距的镜头对同一位置的某物体摄像时,配长焦距镜头的摄像机所摄取的景物占屏幕显示的像素较大,反之,配短焦距镜头的摄像机所摄取的景物占屏幕显示的像素较小。

2)光圈 $F=f/D$。F 代表光圈,f 为焦距,D 为镜头实际的有效孔径,F 标注在镜头光圈调整圈上,标称值为 $F1$,$F1.4$,$F2$,$F2.8$,$F4$,$F5.6$,$F8$,$F11$,$F16$,$F22$,$F32$,$F44$,$F64$ 等序列值。F 值越小,光圈越大,到达摄像机靶面的光通量就越大。

3)视场角 FOV。镜头的视野范围,分为水平和垂直视场角。焦距影响视场角,焦距越大视场角越小,焦距越小,视场角越大。可见光的镜头是由高质量光学玻璃制成,大部分都使用了放大镜头,典型镜头的视场变化从广角 45×60°到远景 1×1.3°。热成像设备的镜头通常使用 30×40°通用镜头,根据控制指令可以变化达到 15×20°。

(2)角分辨率。角分辨率又称为瞬时视场角(IFOV),是指传感器内每个像元的受光角度

或观测视野。设成像系统的两个方向视场角度为 $\alpha\times\beta$,则成像系统角分辨率为

$$A_x = \alpha/M,\quad A_y = \beta/N \tag{3-8}$$

在镜头焦距与光敏芯片面积或像元尺寸确定后像机的视场角就确定了,从而角分辨率就确定了。因此成像系统角分辨率与物距无关,是系统本身的参数。

(3)图像物面分辨率与角分辨率的关系。对于具体的测量对象,当视场、物距一定时,可以通过提高摄像机分辨率 $M\times N$ 像元数的途径来提高图像物面分辨率。而对于摄像机分辨率确定的情况,只能通过减小拍摄视场,即增加焦距或减小物距的方法来提高图像物面分辨率。对于固定镜头焦距的成像系统,提高成像系统角分辨率的途径是提高摄像机分辨率,或减小光敏芯片面积。因此,摄像机分辨率是直接与成像系统分辨率有关的一个重要指标。图像物面分辨率是决定摄像测量精度的最重要因素。例如航空或卫星图像上的一个像素可能代表地面上的几平方米、甚至几十平方米的大小,此时基于该图像的测量精度也只能达到对应的量级。

(4)地面(空间)分辨率。地面(空间)分辨率是指遥感图像上能够详细区分的最小单元的尺寸或大小,是用来表征影像分辨地面目标细节的指标。地面分辨率的计算公式为

$$R = \alpha H/f \tag{3-9}$$

式中,R 为地面分辨率;a 为探测器像元间距;H 为轨道高度;f 为焦距。对于一个相机镜头,f 可以通过下面公式求得:

$$D = f/F \tag{3-10}$$

其中,D 为镜头口径;F 为光圈数。联立式(3-9)和式(3-10)可以得到:

$$R = \alpha H/DF \tag{3-11}$$

"全球鹰"无人机的EO/IR系统是由雷神(Raytheon)公司提供。EO系统采用商用1 024×1 024像素的柯达数字式硅电荷耦合器件(CCD)摄像机,像元尺寸为11 μm×11 μm,红外系统采用第三代IR传感器,是由该公司公共模块前视红外(FLIR)系统衍生的640×480像素、3～5 μm的锑化铟探测器。EO/IR系统共用的光学系统焦距为1 750 mm,口径当280 mm。图3-7为"全球鹰"无人侦察机在位于近20 000 m高空,斜距22.6 km对美国的"中国湖"海军兵器试验基地拍摄的可见光和红外图像,可见光和红外图像对地分辨率分别是0.12 m和0.05 m,几何定位精度为20 mCEP(Ciraular Emor Probable,圆概率误差)。

图3-7　"全球鹰"无人机拍摄的可见光与红外图像

3.2　机载光电探测转塔

现代机载光电侦察载荷大多发展成光电成像系统,具备对目标监视、检测、识别能力的光电成像系统是现代无人机机载侦察载荷的需求。中大型无人机侦察载荷发展成光电探测转塔,通常包含多种传感器,例如用于飞行控制、监视、侦察的昼用电视成像系统;用于夜间飞行

控制以及目标探测的红外热像仪；用于获取目标信息的激光测距仪、激光照射系统。红外、可见光相机/摄像机、激光测距/照射器等多种探测器综合进转塔形式的多轴陀螺稳定平台（万向支架）内的无人机多任务光电探测转塔。各种探测器都有自己独特的优点和缺点以及应用范围。例如，电视摄像机具有较高的分辨率和彩色图像，但仅适用于昼间，而前视红外最适于暗夜探测目标，二者相结合就可以取长补短，能够昼夜 24 小时执行监视和侦察任务。但是电视摄像机和前视红外都是无源成像探测器，它们不能测量目标距离，如果与激光测距器和激光照射器这种有源精确制导设备相结合，就在无源探测系统的基体上升级为精确定位和武器瞄准系统。如图 3-8 所示为“捕食者”无人机上的 EO/IR 转塔。

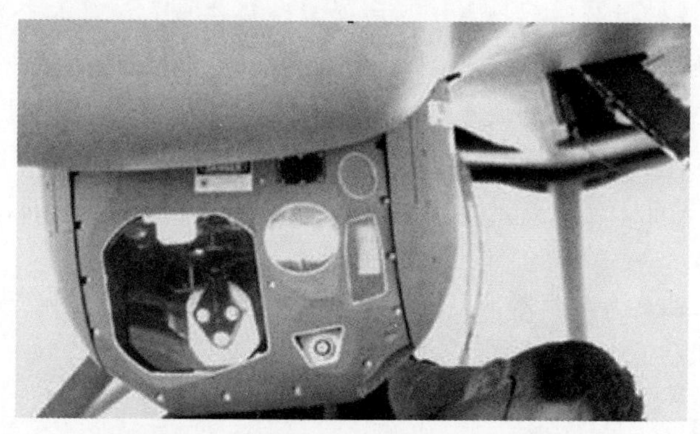

图 3-8 “捕食者”无人机 EO/IR 转塔

3.2.1 转塔结构组成

光电探测转塔通过接受无线电遥控系统和数据传输系统的指令，操纵其转向，探测器及平台和稳定系统都包括开有 1 个或数个光窗的保护罩。光电探测转塔一般首先利用宽视场观察较大区域检测目标，通过收窄视场进行放大或飞近目标，使目标图像的像素点更多，为识别提供条件。最后，通过进一步放大图像、收窄视场或飞临目标更近，完成目标辨别。中大型无人机造价高、质量重的设备，不管是光电成像、热成像都需要更大、更重、更贵的无人机，这种大型无人机将在侦察区域外飞行，以提高战场生存能力。

机载光电探测转塔的结构通常包括以下几个组成部分[8]，如图 3-9 所示。

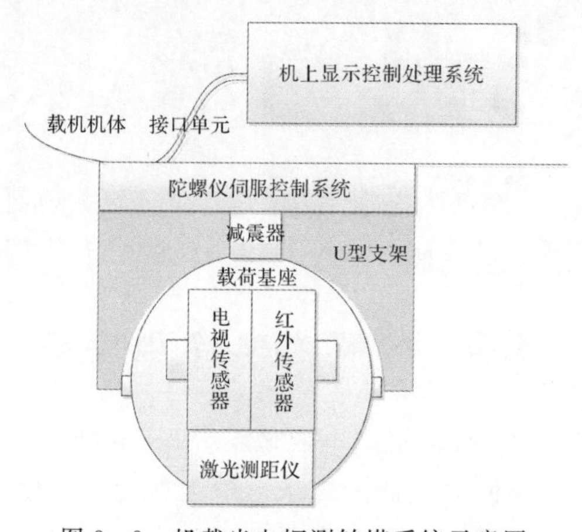

图 3-9 机载光电探测转塔系统示意图

1. 光电载荷

光电载荷主要包括：可见光传感器、红外传感器和激光测距机等。目前，光电载荷向着高分辨率、高灵敏度、高精度、多功能、小体积、高可靠性等方向发展。

2. 机械框架

机械框架结构直接影响了光电探测转塔的整体结构设计和承载能力。光电探测转塔的框架结构形式主要有两框架两轴稳定、三框架三轴稳定、四框架两轴稳定等，具体据稳定精度、搜索范围的要求而定。无人机的机载光电侦察平台通常选择两框架两轴稳定，该框架是航空侦察平台中使用最多的一种，是较为成熟的技术。两框架中，方位框安装在基座上，俯仰框安装在方位框上，必须保证各轴（方位轴、俯仰轴、光轴）的轴线相互垂直。由于制造、装配工艺的限制，各轴系之间存在的误差会造成平台的指向误差和影响轴系间的控制特性。

3. 伺服控制系统

光电跟踪伺服控制系统是一个由光电探测、信号处理、控制系统等几部分组成的复杂设备。它的主要功能是根据传感器送来的目标位置偏差信号的大小及方向控制伺服电机，减小偏差，实现对目标的光电闭环自动跟踪。伺服控制系统主要包括：驱动电机、电机驱动与控制电路、测角元件、陀螺仪和图像跟踪器等。其中，控制器负责操纵、驱动电机，目前光电侦察平台中广泛使用数字化电机控制；测角元件是一种通过光电转换将输出轴上的机械几何位移量转换成脉冲或数字量的传感器，通过测量各轴系的速度和角度，形成速度和位置控制回路；陀螺仪和图像跟踪器是光电侦察平台实现稳定控制的关键设备，陀螺仪可以提供各轴在惯性空间的角速度，而图像跟踪器通过分析目标在图像中的像点位置，通过调节摄像机指向，保证目标位于视场中心。

光电探测系统具备三种基本的功能：稳定跟踪功能、引导功能和目标定位功能。

（1）稳定跟踪功能。载体的位置和姿态变化会造成光学设备的光轴指向不稳定。光电侦察平台的稳定跟踪要能隔离载体姿态运动和其他干扰力矩所造成的光轴在惯性空间内的抖动，以保证获取清晰的图像；同时根据图像跟踪器输出的信号，形成稳定跟踪控制回路，隔离相对运动的干扰，保持目标处于视场中心，实现目标精确跟踪。

（2）目标引导功能。引导过程是利用其他测量手段预先获取地面目标的坐标，结合载机自身位置和姿态角，计算出目标相对光电侦察平台的距离、方位角、高低角参数，驱动摄像机运动，使目标进入跟踪视场内，进而引导光电侦察平台在小范围内逼近目标，提高搜索目标的效率。

（3）目标定位功能。目标定位与目标引导的过程是相反的。目标定位是已知目标的距离信息、光电侦察平台光轴指向信息以及载体的导航信息，计算目标的经纬度及高程的过程。

3.2.2　定位功能原理

机载光电探测转塔搭载多种光电传感器，利用对目标区域的成像和跟踪识别，采用一定的算法，就可以实现对目标的位置和运动参数测量。根据是否主动发射信号源，无人机光电探测转塔可分为主动探测和无源测量两种。主动探测是用激光测距仪通过测量目标相对无人机的距离得到精确的目标相对位置和相对速度；被动测量是用可见光/红外成像测量传感器测量，基于摄影测量的方法实现目标的位置、形状和轮廓的测量。

1. 有源目标探测方法

无人机在目标定位过程中，侦察图像和遥测信息经数据链系统传输至地面站显示，操纵手通过操纵杆及其他指令控制稳定平台和摄像系统搜索侦察目标，当感兴趣的目标出现在画面上时，可以锁定并跟踪目标，使目标处于画面中心，冻结图像并将飞机平台的航空姿态测量数据、飞机接收 GNSS 等组合导航信息、机载光电侦测平台自身的视轴位置、机载光电侦测平台的激光测距值发送至地面站计算机，地面计算机通过一系列的坐标变换，计算出目标位置和运动参数[9]。

单架无人机光电有源目标探测工作流程是由机载导航模块、激光测角测距模块、成像模块和定位模块共同作用完成的。导航模块是基于 INS、GNSS、RTK 和 CNS 等相互融合的组合导航，该模块可以获得高精度的无人机姿态角与位置信息；测角测距模块利用机载光电平台上的激光测距仪和测角器分别测得无人机与目标的相对距离和相对方位角、俯仰角；成像模块通过光学系统的凝视让目标始终位于视场中心，然后利用前两个模块的传感器获得的相关参数，通过一系列的方程解算，得到目标的位置和运动参数，通过定位模块输出，如图 3-10 所示。目前，较为成熟的有源目标定位测速算法包括距离-角度目标定位法、基于多航迹点测距值的目标定位算法、基于状态估计的目标定位方法，将在本书第 5 章对其进行详细阐述。

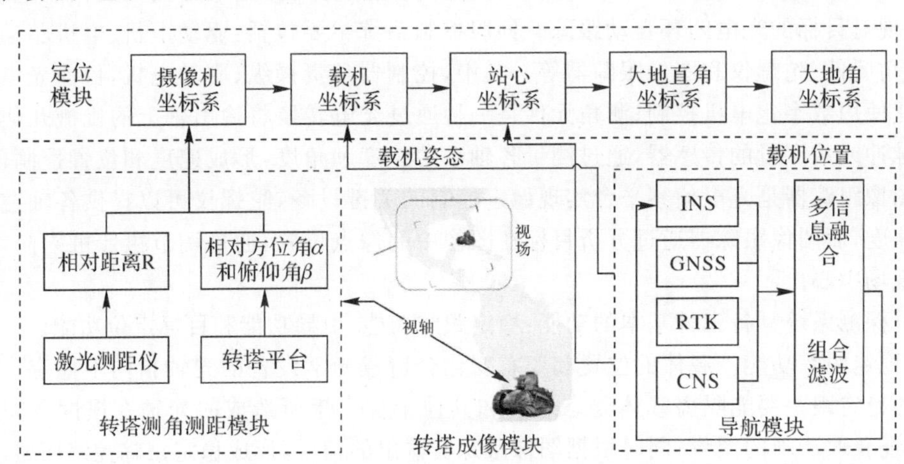

图 3-10　无人机光电有源目标探测原理

2. 无源目标测量方法

利用摄像机、照相机等对动态、静态景物或物体进行拍摄得到序列或单帧数字图像，再应用数字图像处理分析等技术结合各种目标三维信息的求解和分析算法，对目标结构参数或运动参数进行测量和估计的理论和技术。国内外许多人也把摄像测量的技术方法称为光学测量或简称光测。

如图 3-11(a)所示，如果被测物面与相机光轴垂直，即与像面平行，根据中心透视投影关系，显然目标及其所成的像满足相似关系，只相差一个放大倍数。因此只要从图像上提取所需目标的几何参数，与实际放大倍数相乘，就能得到空间物体的实际几何参数。再结合序列图像的时间轴信息，可以得到物体的运动参数。当物体在同一平面内分布，但是此物体平面与摄像机光轴并不垂直时，若已知光轴与物平面的夹角，可以先通过角度坐标变换，将图像校正成像面与物面平行的情况，使两者满足相似关系。

常见的二维平面测量主要有物体二维几何位置、尺寸、形状、变形测量、位移和速度的测量。其基本原理是利用单幅图像进行目标几何参数测量，或利用不同时刻在同一角度拍摄的图像，测量图像目标的变化和运动参数。在二维平面摄像测量中，放大倍率的确定至关重要。

如果物平面内能够提供某个方向上某对象的已知尺寸，则可以得到目标在物平面该方向上的几何或运动参数与目标成像之间的比例关系，完成测量。最常用、简单的方法是在测量物面上放置带有绝对尺度量的标尺或参照物，构造前述的已知尺寸，同幅图或事后拍照此标尺或参照物，得到此平面测量放大倍率。

对于目标三维定位，在单站单摄像机的情况下，摄像点、像点和物点成一条射线；在没有其他约束条件下，物点只能确定在这条射线上，但无法确定具体位置。因此对于无人机光电测量来说，需要多个站点对同一区域拍摄成像，来约束光轴实现目标三维定位，如图 3-11(b)所示。将在本书第 6 章中对此定位算法进行详细阐述。

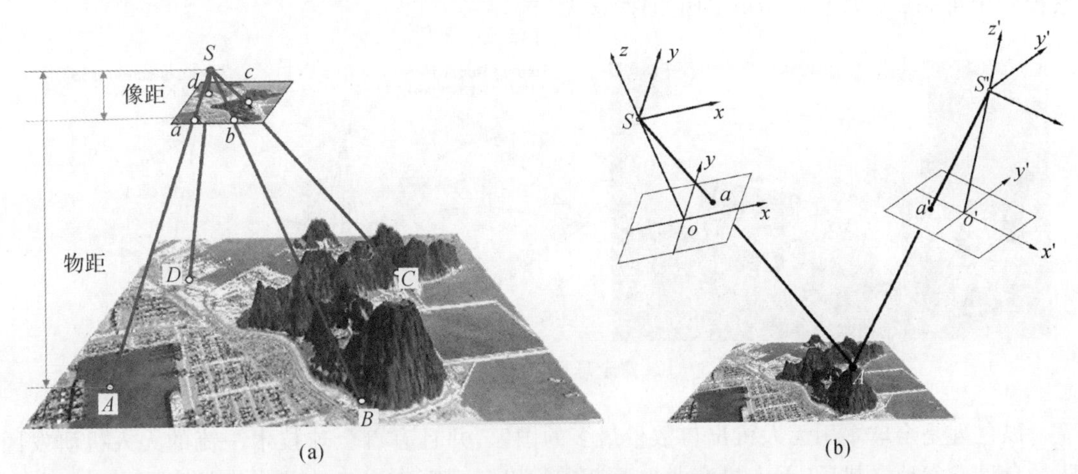

图 3-11　无人机光电无源目标测量原理

(a)单摄像机目标测量；(b)多站点摄像机目标测量

3.2.3　光电转塔种类

目前有一些生产商可以提供多种不同类型的多光电探测转塔，表 3-1 统计了当前无人侦察机载光电类侦察设备主要配置情况[10]。

表 3-1　无人侦察机载光电类侦察设备主要品种系列

<table>
<tr><td colspan="2">品种系列</td><td>微型光电</td><td>小型光电</td><td>中型光电</td><td>大型光电</td></tr>
<tr><td colspan="2">载机</td><td>超近程无人侦察机</td><td>近程无人侦察机</td><td>中程无人侦察机</td><td>远程无人侦察机</td></tr>
<tr><td colspan="2">装载方式</td><td>单设备装载</td><td colspan="2">单设备装载或组合装载</td><td>组合装载</td></tr>
<tr><td colspan="2">主要设备</td><td>电视设备/红外设备</td><td colspan="3">电视/红外/激光测距机/指示器/相机</td></tr>
<tr><td>识别距离</td><td>电视</td><td>≥2</td><td>≥2.5</td><td>≥5</td><td>≥10</td></tr>
<tr><td>km</td><td>红外</td><td>≥1.5</td><td>≥2</td><td>≥4</td><td>5</td></tr>
<tr><td colspan="2">主要用途</td><td colspan="4">目标成像侦察、监视、定位、火力校射和毁伤评估等</td></tr>
</table>

1. 国外先进光电转塔

现阶段美国服役中的一些具有代表性的无人机光电转塔有：雷神(Raytheon)公司为捕食

者系列无人机研制的MTS(多谱目标获取系统)-A/B光电吊舱、FLIR公司的多频谱传感器Star SAFIRE系列侦察转塔和BRITE Star系列瞄准转塔等[10-11]。

目前最为先进的“全球鹰”无人机[12-13]的EO/IR系统由雷神公司提供,安装在机头下方,如图3-12所示。EO系统采用商用1 024×1 024像素的柯达数字式硅电荷耦合器件(CCD)摄像机,红外系统采用第三代IR传感器,是由该公司公共模块前视红外(FLIR)系统衍生的640×480像素、3~5 μm的锑化铟探测器。系统可提供可见光(0.4~0.8 μm)和IR(3.6~5 μm)波段的双波段覆盖。探测距离28 km。万向架可滚转±80°,或在俯仰和偏航方向运动±15°。它可稳定到3 mrad。在广域搜索模式下,一天可覆盖104 000 km^2范围搜索,在单点侦察模式中可完成1 900个4 km^2的范围搜索。

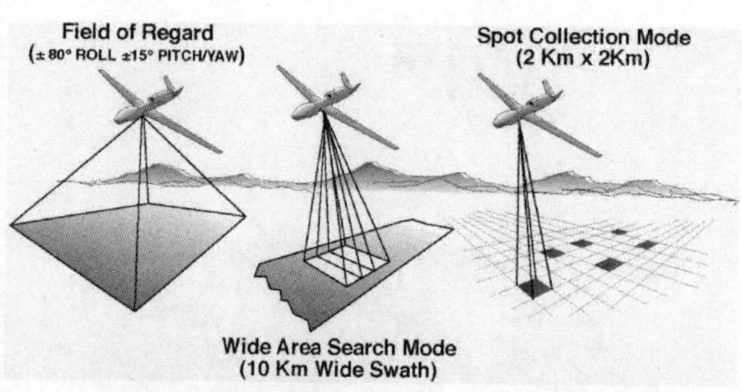

图3-12 “全球鹰”无人机EO/IR系统

以色列是全球军用无人机出口数量最多的国家,并且有着全球技术一流的无人机研发团队。自贝卡谷地之战后,无人机产业也逐渐成为以色列军工出口的几大支柱产业之一。美国Business Insider网站曾报道,以色列出口的军事无人机占无人机出口总量的61%。无人机产业的蓬勃发展带动了机载光电转塔产业,以色列的机载光电转塔的研发技术也走在世界前列。其代表性的产品包括:CONTROP精密技术有限公司研发的ContropESP-600C、IAI(Israel Aerospace Industries)公司研发的POP系列嵌入式吊舱和多任务光电转塔MOSP等[14-15]。

表3-2为目前国外几款具有代表性的先进无人机机载光电转塔的基本情况。

表3-2 国外先进无人机机载光电转塔

光电转塔	MTS-B	Star SAFIRE HD	MOSP3000	POP300D-HD
研制公司	美国雷神公司	美国诺斯罗普·格鲁曼公司	以色列航空航天工业公司	以色列航空航天工业公司
传感器载荷	红外/可见光CCD、人眼安全激光测距机、激光指示器、激光光斑跟踪仪、多波长传感器、近红外和彩色可见光摄像机	红外传感器、电视传感器、微光传感器、人眼安全激光测距仪、夜视镜兼容宽覆盖激光照明器、激光指示器	红外传感器、昼夜彩色变焦摄像机、连续变焦热成像摄像机、激光指针、护眼激光测距仪、激光指示器、激光测距取景器	高清红外传感器、高清连续变焦彩色日间电视、双波长人眼安全激光指示器/测距仪、激光瞄准器、自动视频跟踪器

续　表

光电转塔	MTS-B	Star SAFIRE HD	MOSP3000	POP300D-HD
规格	直径:56 cm 质量:105 kg	直径:38.1 cm	直径:36 cm 质量:30～35 kg	直径:26.4 cm 质量:小于 20 kg
装备应用	MQ-1 捕食者 B 型无人机	MQ-8B“火力侦察兵”无人直升机	“猎人”无人机、“搜索者”无人机	RQ-7B“影子 200”无人机
介绍图				

2. 国内先进光电转塔

国内的航空侦察技术研究起步晚，20 世纪中后期才开始研制航空侦察系统，最初是仿制苏联航空相机。受制于红外、激光技术的不成熟，我国机载光电转塔的性能与世界先进转塔相比仍有一定的差距。20 世纪 80 年代，JZ-8 装载了我国首批航空侦察吊舱，光电载荷为 KA-112 侦察相机(美)。中航 607 所在这一期间利用第一代热成像组件研制成功国产低空导航吊舱，成功获得了国内第一张红外夜视导航图像，这是国内光电吊舱的一个突破[16-17]。

随着我国经济技术实力的不断增强，近年来我国在机载光电平台的技术研究上也取得了很大的进步和突破，无人机机载光电平台也逐渐发展起来。特别是在平台尺寸小型化、携带载荷类型多样化、平台稳定精度精准化方面。香港彼岸科仪有限公司生产的“天眼”系列机载吊舱，载有红外热像仪、可见光摄像机、CCD 照相机光电载荷，其中 SKY EYE 4M 稳定性能 50 μrad，直径 40 cm，高 59 cm，质量仅为 24.2 kg，如图 3－13 所示。

2017 年军民融合会展上，中航工业集团洛阳电光设备研究所研发的“龙之眼”330 型系列无人机光电吊舱公开亮相[18]，如图 3－14 所示，该吊舱系统内部集成了一台高性能制冷红外热像仪和一台高清可见光传感器以及定位定姿系统(POS 系统)，高 51 cm，直径 33 cm，质量小于 32 kg。特别是“龙之眼”12 的研制成功使国产无人机具备了媲美“捕食者”无人机定点清除的能力，是国产无人机光电平台发展的重大突破。

图 3－13　SKY EYE 4M

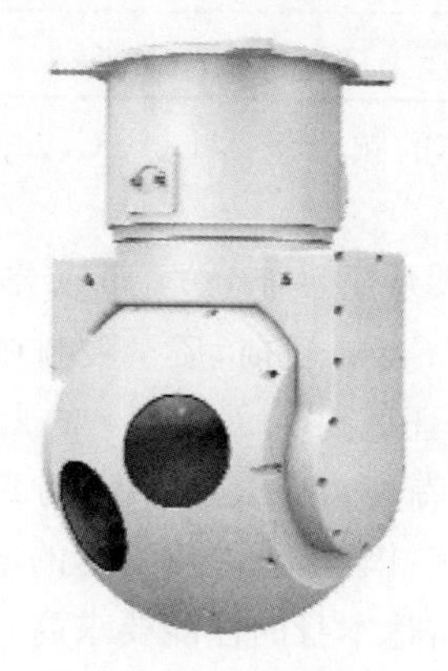

图 3－14　龙之眼 330

3.3 机载成像雷达侦察载荷

合成孔径雷达(Synthetic Aperture Radar,SAR)作为一种工作于主动探测方式的微波成像遥感系统,自 20 世纪 50 年代出现以来,一直是雷达遥感领域的发展热点,具有高分辨率、远探测距离、探测范围大,可全天候、全天时、不受云雾雨雪遮挡等优势,是实现对地观测不可或缺的重要手段。

SAR 载荷与无人机相结合有利于无人机遥感系统整体性能的发挥。具有主动探测特点的 SAR 设备的应用,弥补了光电载荷设备的不足,使无人机系统具备了全天候、全天时的探测能力。SAR 载荷的高分辨率、大探测范围的特点,使得无人机系统具有更高的工作效率,在便于应用的同时降低了成本。SAR 的远探测距离、侧向观测等特点,有利于无人机远离目标进行探测,避免危险、提高生存能力。当前,SAR 已成为无人机态势感知传感器领域的主流配置。

3.3.1 机载 SAR 种类

空间分辨力是衡量雷达性能的关键指标之一。分辨力越高,雷达所能提供的目标信息就越多,从而对军用和民用的作用越大。机载 SAR 经过这些年的发展,应用范围也越来越广,雷达技术不断地走向成熟,表 3-3 介绍了当前无人侦察机机载雷达种类[10]。

表 3-3 无人侦察机载雷达类侦察设备主要品种系列

品种系列	小型 SAR	中型合成孔径/动目标显示雷达	大型合成孔径/动目标显示雷达	超宽带 SAR	干涉 SAR
载机	近程无人侦察机	中程无人侦察机	远程无人侦察机	—	—
地面最高成像分辨率	0.3~0.5 m			≤1 m	≤1 m
最大作用距离	≥5 km	≥20 km	≥30~100 km	—	—
主要用途	固定目标成像侦察、监视、定位、毁伤评估、地面动目标显示等			伪装、隐蔽目标成像侦察等	三维成像侦察等
高程精度不低于 5 m					

SAR 工作的频段包括 L、S、C、X、P、Ku 等波段。其中目前机载 SAR 工作的主要波段为 X、Ku 等波段。

机载 SAR 从质量上分类,可以分为四个级别:200 kg 以上级、50~100 kg 级、10~30 kg 级和 10 kg 以下级。目前,质量限制在 20~50 kg 之间、电源功率限制在 1 kW 以内、雷达的探测距离又要保证达到 30 km 以上的无人机雷达成为各国研制的重点对象。

无人机载荷能力有限,各种任务载荷的电力分配管理非常苛刻,机内空间狭小,对于雷达散热要求很高。因此,无人机雷达的电源设计尽量追求较低的功率要求。大型高空无人机的载荷能力强,雷达本身的性能要求高,因此,雷达电源通常在 10 kW 以上。中空无人机在追求 20 km~30 km 的雷达作用距离时,对电源的要求通常在 1 kW 左右。

1. 高空高速无人机载 SAR

目前，国外典型的先进高空高速无人机载 SAR 系统是美国研制的“全球鹰”系统。“全球鹰”无人机平台由诺思罗普·格鲁曼公司研制，最大飞行高度可达 20 km、续航时间可达 35 h 以上、最大飞行速度为 640 km/h。装载在该型无人机上的 SAR 系统由雷神公司研制自 1992 年研制以来经历了 3 代更新，最新的是 MP-RTIP(Multi-Platform-Radar Technology Insertion Program)雷达，如图 3-15 所示，其具体性能见表 3-4 所示[20]。

图 3-15　MP-RTIPSAR

表 3-4　典型无人机载 SAR 技术性能表

技术参数	MP-RTIP	Lynx	TUAVR	Nano SAR_C
工作波段	X	Ku	Ku	X
天线形式	二维有源相控阵	抛物面	电扫阵列天线	电扫阵列天线
工作模式	条带/聚束/GMTI/ISAR	条带/聚束/GMTI	条带/聚束/GMTI	条带/聚束/GMTI
分辨率	条带 1 m 聚束 0.3 m	条带 0.3 m 聚束 0.1 m	条带 1 m 聚束 0.3 m	条带 0.3 m 聚束 0.1 m
最大作用距离	300 km	25～55 km	4～14 km	1～3 km
测绘带宽	12 km(1 m) 40 km(2 m) 80 km(3 m)	934 m(0.3 m)	0.8～2.4 km	—
GMTI	7 km/h	10 km/h	—	—
质量	—	56 kg	29 kg	1.2 kg

针对海上应用，美国海军在 MP - RTIP 的基础上升级改造形成 MFAS(Multi-Function Active Sensor)雷达。MFAS 雷达仍然采用 2 维相扫机制，能够在一次飞行中覆盖 7×106 km^2，从使用角度考虑有对海、对地两种模式，具备 SAR、逆 SAR(ISAR)、海面搜索功能。2014 年以后开始陆续增加海上运动目标检测(MMTI)、气象、敌我识别功能。MFAS 雷达于 2011 年底在 GulfstreamⅡ飞机上进行了飞行试验，2012 年交付美国海军使用，装载平台为“全球鹰”的衍生机型 MQ - 4C Triton。

2. 中高空无人机载 SAR

目前，先进中高空无人机“捕食者”A、B 的机载 SAR 系统使用的是由通用(GA)公司和美国能源部 Sandia 国家实验室开发的 LynxSAR，有多种配置方案[22]。Lynx 系统工作在 Ku 波段，采用抛物面与 3 轴稳定平台、集中发射工作体制，最高分辨率为 0.1 m，质量小于 56 kg。后来公司采用小型化电子设备、复合材料天线及安装机构等手段，将 Lynx I(52 kg)的质量降低到 LynxII(34 kg)，而性能没有任何降低，搭载在“捕食者”C 型上，如图 3 - 16 所示。其具体性能见表 3 - 4。

图 3 - 16 LynxⅡSAR

此外，通用原子公司与 Sandia 实验室在 Lynx 系列雷达基础上，完成了双波束 Lynx 改进。在 Lynx 基础上实现了两个不同相位中心的波束，采用空时自适应处理方法在主波束杂波背景中对运动目标进行检测，能够精确跟踪慢速运动目标、提高定位精度[23-24]。

3. 战术型无人机载 SAR

TUAVR 战术型无人机载 SAR 是 Te SAR 的升级型，由诺格公司研制，是专为美国陆军 Shadow200 战术监视和目标截获无人机设计的 SAR，如图 3 - 17 所示。TeSAR 工作在 Ku 波段，采用单轴电扫阵列天线，方位向电子控制扫描，双轴机械转动平台控制方位与横滚向转动，方位向转动范围为±135°、横滚向转动范围为－15°～75°。Te SAR 于 1996 年生产，1998 年交付使用并进行了轻量化改进。轻量化的 TeSAR 即 TUAVR(Tactical Unmanned Aerial Vehicle Radar，战术无人机雷达)系统，装载在 Shadow200 战术无人机上。TUAVR 技术指标见表 3 - 4。TUAVR 质量低于 30 kg、耗电小于 500 W，发射机采用新型的微波功率模块，方位向扫描范围扩大到 360°。TUAVR 于 1998 年开始研制，2001 年 3 月在无人机上试飞成功，同年装备部队[24]。

4. 小型无人机载 SAR

小型无人机载 SAR 系统典型的由美国的微型 SAR 制造商 ImSAR 在 2008 年测试的

Nano SAR 雷达，如图 3 - 18 所示，其质量仅有 0.9 kg，X 波段，在 1 km 距离上能提供35 cm分辨率，大小仅像鞋盒一般，就连质量只有 18 kg 的美国“扫描鹰”(ScanEagle)无人侦察机也能够搭载，而且生产成本也大为降低。Nano SAR 可用于探测被雾或云层遮挡的海面小型舰船以及进行过伪装的卡车、坦克和其他车辆。截至 2013 年底 Im SAR 公司又开发出了 Nano SAR_B 和 Nano SAR_C，进一步提高了作用距离与分辨率。Nano SAR 系统技术指标见表 3 -4。

图 3 - 17　TUAVR SAR

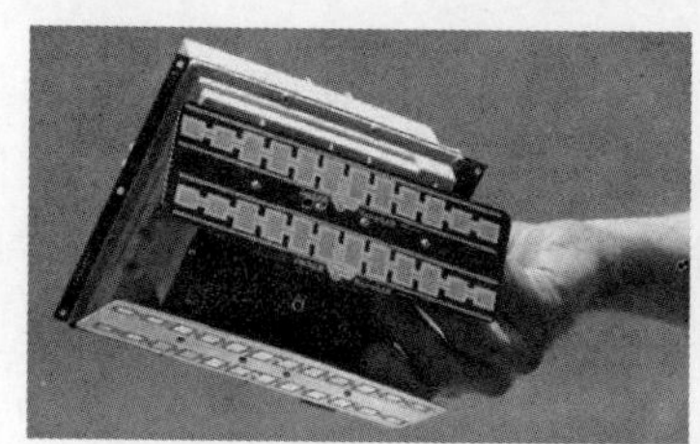

图 3 - 18　Nano SAR

3.3.2　SAR 成像原理

真实孔径雷达的方位向分辨率由天线方位向波束宽度和天线到目标的距离决定，在波束宽度一定的情况下，天线到达目标的距离越远，分辨率越差。这就给远距离航空航天遥感高分辨率成像带来了很大的困难。距离向分辨能力与目标信号回波延迟时间决定的。脉冲宽度越窄分辨率越高，俯角越小，距离分辨率越高。为了达到远距离高分辨率的要求，脉冲宽度必须非常窄，且功率要高，这就要求硬件系统必须在非常短的时间内达到很大的发射功率，为系统实现带来了难度。为此高分辨率雷达一般采用后期处理得到窄脉冲性质宽带信号。

SAR 是一种利用微波进行主动探测成像的雷达，它主要利用多普勒效应，通过雷达平台的运动(或目标的运动，逆合成孔径雷达 ISAR)在短时间内积累的方式来实现将多段较短雷达天线合成为较长天线的目的，即孔径合成，从而提高方位向分辨率；同时利用数字信号处理将宽带信号脉冲压缩的方式提高距离向分辨率，获得较高分辨率的 SAR 图像。如图 3 - 19 给出了正侧视 SAR 方位向及距离向示意图，图中阴影部分为雷达波束照射区域，随着雷达平台的匀速直线运动，测绘带将为一条带状区域。测绘带内沿雷达运动的方向即为方位向，而与方位向垂直的方向即为距离向。

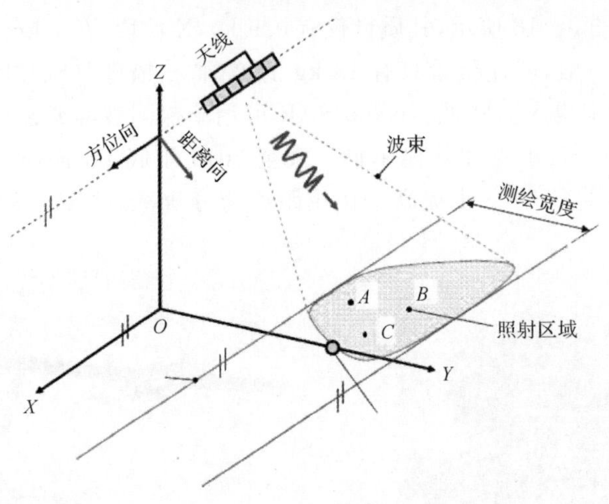

图 3-19　SAR 成像原理

SAR 的距离向分辨率是指雷达能够区分的同一方位不同距离的两个目标的能力，而方位向分辨率是指多能区分的不同方位同一距离的两个目标的能力。如图 3-19 所示，若 AB 为 SAR 所能区分的同一方位向两目标的最小距离，则此距离即为距离分辨率大小。同样道理，若 BC 为所能区分的同一距离向两目标的最小距离，此距离即为方位分辨率大小。

1. *方位分辨率*(azimuth resolution)

(1)聚焦式 SAR 方位分辨率。一副很长的线阵天线之所以方位分辨率较高，是因为发射时线阵上的每个阵子同时发射相干信号，形成了很窄的发射波束；在接收时，每个阵子又同时接收回波信号并在馈线上同相叠加，形成窄波束接收。相控阵天线就是通过天线阵分布单元接收到的信号叠加起来来获取窄波束的，与此类似，若真实孔径的小天线相对于目标运动，使得雷达天线能在等间隔的位置上发射、接收相干脉冲信号，对接收的相干脉冲信号进行记录并适当处理的话，就能够对来自同一目标单元的回波信号进行叠加，从而获得窄波束。从效果来看，它等效于等间隔的天线阵元在空间上合成了一个长的实孔径天线，因而可以获得高分辨率。

通常称点目标横向穿过雷达波束的时间为合成孔径时间 T_s。合成孔径长度 L_s 的最大值决定于天线运动过程中所能接收到的来自同一目标单元的回波位号的最大作用范围，它等于真实天线的波束所能覆盖的最大范围，如图 3-20 所示。

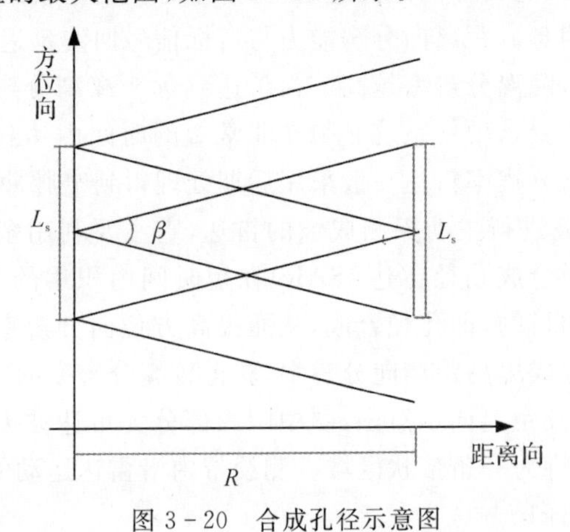

图 3-20　合成孔径示意图

真实孔径为 D 的 SAR 的最大合成孔径长度 L_s 可表示为

$$L_s = \frac{\lambda}{D}R \tag{3-12}$$

式中，λ 为天线辐射电磁波的波长；D 为天线的真实孔径；R 为雷达与目标之间的斜距。若雷达平台的运动速度为 v，则合成孔径时间为合成孔径长度有以下关系：

$$L_s = v \times T_s \tag{3-13}$$

在一个合成孔径时间内，只有一个目标点总是在雷达波束的照射范围内，也就是只有一个目标点总是有回波信号，因此，雷达只有飞过两个合成孔径时间，才能完整地照射一个合成孔径长度的区域。

合成孔径的有效半功率波瓣宽度近似于相同长度的实孔径半功率波瓣宽度的一半，这是因为 SAR 的发射和接收是共用一副天线，雷达信号的行程差是双程差，从而进一步锐化了波束。合成孔径的半功率波束宽度为

$$\beta_{0.5} = \frac{1}{2} \times \frac{\lambda}{L_s} \tag{3-14}$$

可见，等效的合成孔径长度越长，雷达波束就越窄，方位分辨率就越高。

对于聚焦式 SAR，需要补偿同一目标回波的相位差，完成信号的同相叠加，那么可以在最大合成孔径长度范围内进行信号的积累。这时，取 $L_s = \frac{\lambda}{D}R$，则可以得到雷达的方位向分辨率为

$$\rho_a = \beta_{0.5} \times R = \frac{1}{2} \times \frac{\lambda}{L_s} \times R = \frac{D}{2} \tag{3-15}$$

由式(3-15)可得，聚焦式 SAR 的方位分辨率只与天线尺寸有关，与距离和波长无关。这一特性表明，SAR 对照射区内不同位置上的目标能做到等分辨率成像，并且从理论上来说，分辨率的精度可以达到理论极限值 $D/2$。但是，实际系统因存在各种相位误差，方位分辨率远远达不到理论值。

(2)非聚焦式 SAR 方位分辨率。对于非聚焦式 SAR，在未补偿各个位置接收的回波信号相位差的情况下完成信号的积累，可以想到，既然对各种不同位置的回波信号不进行相位调整，那么相应的合成孔径的长度就要受到一定的限制。

设 L_s 为非聚焦合成孔径长度，超过这个长度范围的回波信号相对相位差太大，如果让这样的回波信号与 L_s 范围内的回波信号相加，那么信号能量不会加强反而可能会下降。通常，如果两个矢量的相位差超过 $\pi/2$(对应的波程差为 $\lambda/8$)，那么它们的和矢量幅度可能小于原矢量的幅度，如图 3-21 所示。

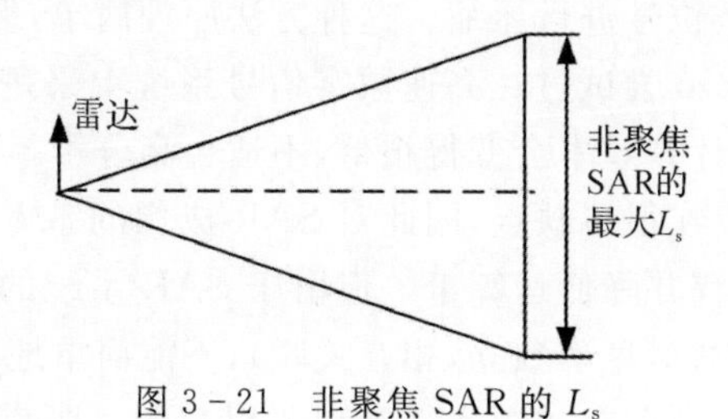

图 3-21　非聚焦 SAR 的 L_s

因此，非聚焦式 SAR 的合成孔径长度为

$$(R_o + \lambda/8)^2 = (L_s/2)^2 + R_o^2 \tag{3-16}$$

即：

$$\lambda(R_o + \lambda/16) = L_s^2 \tag{3-17}$$

由于 $R_o \gg \lambda/16$，所以可得：

$$L_s \approx (\lambda R_o)^{1/2} \tag{3-18}$$

由此可得，非聚焦型 SAR 的方位向分辨率为

$$\rho_a \approx \frac{1}{2}(\lambda R)^{1/2} \tag{3-19}$$

非聚焦式 SAR 的方位向理论分辨率与工作波长和目标到雷达的距离有关，当雷达的作用距离很大时，非聚焦式 SAR 的方位向分辨率比聚焦式的方位向分辨率差的多，但是，比起真实孔径成像雷达的方位向分辨率，非聚焦式的方位向分辨率还是有很大改善的。

2. 距离向分辨率(range resolution)

垂直飞行方向上的分辨率，也就是侧视方向上的分辨率，如图 3-21 所示。成像雷达系统通过发射长时间带宽积的线性调频脉冲信号，采用脉冲压缩技术处理接收到的回波信号来实现距离向的高分辨率，且距离向分辨率的大小取决于发射信号的带宽。

下面从脉冲压缩的角度说明距离分辨率。假设发射的线性调频脉冲信号表示为

$$\psi(t) = \mathrm{rect}\left(\frac{t}{T_p}\right)\exp\left[\mathrm{j}2\pi\left(f_c t + \frac{1}{2}\gamma t^2\right)\right] \tag{3-20}$$

式中，T_p 为发射信号的脉冲宽度；f_c 为载波的中心频率；γ 为调频斜率。则信号的带宽为 $B=T_p \times f_c$，时间带宽积为 $D=B \times T_p$。经过傅里叶变换可以得到信号的幅频特性及相频特性，当信号的时间带宽积 D 远大于 1 时，根据脉冲压缩理论，可以得到压缩后输出信号的包络为

$$\sqrt{B \times T_p}\,\frac{\sin[\pi B(t - t_0)]}{\pi B(t - t_0)} \tag{3-21}$$

将其半功率波瓣宽度作为信号的主瓣，可以证明，经压缩调解后，信号的脉冲宽度为 $T_0 = 1/B$，因此线性调频信号的脉冲压缩比为 $r = T_p/T_0 = T_p \times B$，等于该信号的时间带宽积。

邻近目标的距离分辨率为

$$\rho_r = \frac{cT_0}{2} = \frac{c}{2B} \tag{3-22}$$

可以得出，成像雷达系统的距离向分辨率只与发射信号的带宽有关，发射信号的带宽越宽，距离向的分辨率越高。

3. SAR 成像处理算法

点目标回波是后向散射系数与雷达系统函数的二维卷积，因此直接的方法就是在时域中采用二维匹配滤波器对回波位号进行压缩。这种方法原理简单，但运算量非常大，早期只能通过光学处理实现。后来 Ccnzo 尝试过在高速数字信号系统上采用二维移变滤波算法，但随着分辨率的提高，这种方法的计算效率会变得很低，不适合高分辨率 SAR 成像。

由于直接的二维处理存在很多缺点，因此对 SAR 成像的基本思路是：将二维处理分解为两个一维处理，简化处理过程并降低运算量。但由于 SAR 系统的特点，回波信号的距离向和方位向之间存往耦合(二者的信息不独立，相互关联)，不能简单地分开来。

这种耦合是由回波信号中存在的距离徙动现象引起的。距离徙动产生的原因是 SAR 载机平台和目标间的相互运动，下面将有具体介绍。只要消除了距离徙动，就可将二维处理分解

成距离向和方位向两个一维处理的级联。因此，距离徙动校正(Range Migration Correction，RMC)是 SAR 成像处理中的一个关键问题，直接影响着运算量和成像的质量。

由此可以得出结论：SAR 成像处理，就是通过距离徙动校正，将距离向和方位向分开处理的过程。距离向和方位向处理均为脉冲压缩。所有的 SAR 成像处理算法，都依据这个思路，不同点就在于采用不同的方法来实现这三个步骤，需要不同的运算量，得到质量不同的成像结果。常用的成像算法有距离多普勒算法(Range-Doppler，RD)、二次距离压缩算法(Second Range Compression，SRC)、Chirp Scaling 算法(CS)、波数域算法($\omega-k$)和频谱分析算法(Spectra Analysis)。

RD 算法是经典、传统的成像算法，目前在正侧式 SAR 中仍然广泛使用。其距离徙动校正是在距离向压缩后的 RD 域中，利用插值实现：SRC 算法是对 RD 算法的改进，提高了分辨率；CS 算法适合于大斜视角、宽测绘带情况下的 SAR 成像。它利用在频域乘上相位校正因子来完成距离徙动校正，避免了插值运算：波数域算法将信号变换到二维频域，利用 STOLT 变换完成距离徙动校正和方位向聚焦，是 SAR 二维移变滤波器的最优实现。谱分析算法将谱估计引入到 SAR 成像处理中，减少了方位向处理的运算量，改进了信噪比和分辨率。这些成像方法的运用，都有力地推动了 SAR 技术的发展。

3.3.3　SAR 成像特点

SAR 是主动式侧视雷达系统，且成像几何属于斜距投影类型。SAR 图像与光学图像两者之间最大的区别是：可见光图像可充分显现地物与目标的顶部几何形状与几何尺寸，而 SAR 图像中的地物与目标的形状、大小、色调是随入射雷达波的波长、极化方式、入射角、物体或目标的停放方向、介电常数等要素的变化而变化的，且难以充分显现地物与目标的整体形状和几何尺寸。因此，SAR 图像地物目标判读解译要难于可见光图像地物目标判读解译。因而 SAR 图像地物目标判读解译要充分运用 SAR 成像机理和地物与目标的材质、结构、几何形状、布局等因素。在 SAR 图像地物与目标判读解译中应关注：地物雷达波长、探测方向、入射角、极化方式、地物介电常数。

1. *后向散射系数*

SAR 图像上的信息是地物目标对雷达波束的反映，主要是地物目标的后向散射不同形成的图像信息。反映 SAR 图像信息的灰度值主要受后向散射系数的影响，而影响后向散射系数的主要因素分为两大类：

(1)雷达系统的工作参数：包括雷达传感器的工作频率、波束入射角和极化方式等。

(2)地物目标的特性：包括电导率、介电常数和形状结构等。

1)SAR 工作频率。当电磁波在介质中传播时，由于介质的吸收和体散射，电磁波会发生衰减，使得电磁波信号减弱以至消失，而不能探测到所要探测的地物与目标。但一些薄层(非金属)的低损耗介质(如塑料膜等)对于长波段成像雷达而言则几乎是透明的，因此 SAR 可对置于低损耗介质下的目标成像，实现穿透现象。图 3－22 是一幅伪装隐藏车辆的 SAR 图像，通常，光学防伪装材料、工程塑料、玻璃钢等材料对微波是透明的，可认为是完全穿透。依据雷达的这一特性，可判明机场停机坪遮阳棚内(遮阳棚棚顶材料为非金属质等材质)是否停放有飞机等目标或类似此类材质建成的仓库内的目标。

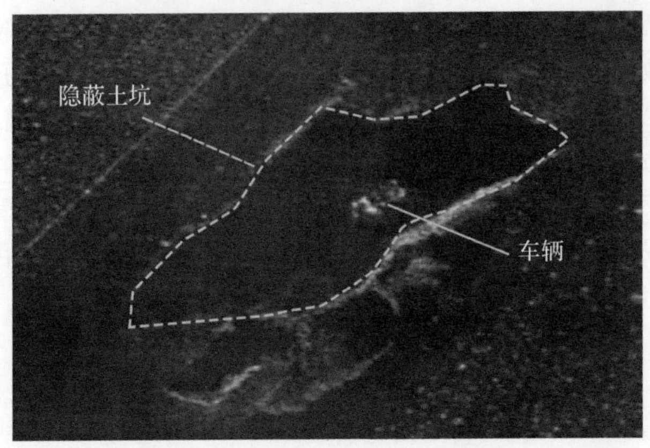

图 3-22　伪装隐藏车辆的 SAR 图像

合成孔径雷达成像不依赖光照，而是靠自身发射的微波，能穿透云、雨、雪和烟雾，具有全天时、全天候成像能力。电磁波理论确定，电磁波的波长越短，电磁波的粒子性越强，直线性、指向性也越强。可见低频率的微波雷达比高频率的微波雷达穿透能力强，即 L 波段的微波雷达穿透能力强于 X 波段的微波雷达，如图 3-23 所示。

X 波段

L 波段

图 3-23　不同波长的穿透能力 SAR 图像

2）SAR 入射角。入射角也叫视角，是雷达波束与垂直表面直线之间的夹角。微波与表面的相互作用是非常复杂的，不同的角度区域会产生不同的反射。低入射角通常返回较强的信号，随着入射角增加，返回信号逐渐减弱。

3）SAR 极化方式。雷达发射的能量脉冲的电场矢量，可以在垂直或水平面内被偏振。无论哪个波长，雷达信号可以传送水平（H）或者垂直（V）电场矢量，接收水平（H）或者垂直（V）或者两者的返回信号。雷达遥感系统常用四种极化方式：HH、VV、HV、VH。前两者为同向极化，后两者为异向（交叉）极化。

极化是微波的一个突出特点，极化方式不同返回的图像信息也不同。返回同极化（HH 或者 VV）信号的基本物理过程类似准镜面反射，比如，平静的水面显示黑色。交叉极化（HV 或者 VH）一般返回的信号较弱，常受不同反射源影响，如粗糙表面等。

雷达系统的工作参数中的极化方式对雷达波束响应的影响比较大。一般情况下，自然地物对HH极化产生较强的回波信号，因此，地形测绘和资源调查一般选择HH极化SAR图像；地表比较粗糙（如树木、农作物等）区域，回波信号与入射角无关，HH和VV极化方式区别不大；对于光滑的地面（水体等），HH极化比VV极化回波强度低；对于建筑物，HH极化的回波强度通常大于VV极化方式；一般情况，交叉极化（HV和VH）的回波强度比同极化（HH和VV）低很多。

因此，地物目标对雷达波束的后向散射作用是很复杂的，SAR图像散射特征可以简单归纳为以下几点：

a)图像亮度代表后向散射强度；

b)像元内表面越粗糙，后向散射越强；

c)光滑表面镜面反射，后向散射很弱；

d)与散射体的复介电常数有关，含水量越大，后向散射越强。

4)地物目标的介电属性。地物目标的介电属性也影响雷达的后向散射，表3-5描述了不同物质介电属性形成散射系数量级。

表3-5　不同物质介电属性形成散射系数

序　号	散射系数量级/($dB \cdot m^{-2}$)	典型场景
1	＞20	大型车辆、舰船
2	0～20	人工建筑物、城市区域
3	－10～0	森林区域
4	－20～－10	农作物、粗糙地表
5	＜－20	光滑面、水面、道路、干燥土地

2. *多普勒效应*

前文提到，合成孔径雷达正是利用多普勒效应得到了方位向的高分辨率的能力。航空SAR成像雷达是运动的，目标是静止的（反之则是逆合成孔径雷达）。但是当场景中存在运动目标的情况下，就会使得运动目标在SAR图像中出现位置偏移和图像散焦的现象。当目标仅存在沿雷达飞行方向的运动，目标只会产生散焦现象，否则目标运动会同时产生偏移和散焦现象。对运动目标的速度和方向进行判定。

如图3-24所示，一般情况下运动的目标（如火车、汽牢、舰船等）在运行轨迹（如铁轨上运行的火车、公路上运行的汽车等)将生成无回波反射的黑色图像,而运动目标则脱离运行轨迹并在运行轨迹的左侧或右侧生成模糊图像。在SAR图像中,铁路轨道多呈强回波或中强回波的白色或浅灰色图像,在运行的火车与合成孔径成像雷达发生多普勒效应后,火车会在偏离轨道的一侧生成白色的模糊图像,而轨道上运行的火车则成为无回波反射的黑色图像[25]。

根据图3-25所示目标运动与雷达运动方向之间的关系,火车2向远离雷达方向运动,其模糊图像先于轨道出现,火车1向靠近雷达方向运动,其模糊图像后于轨道出现。目标的径向速度越大,位置偏移也越大。

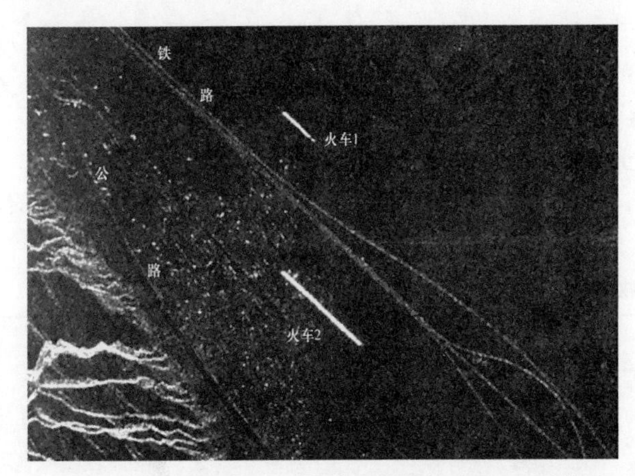

图3-24 高速运行的火车多普勒效应SAR图像

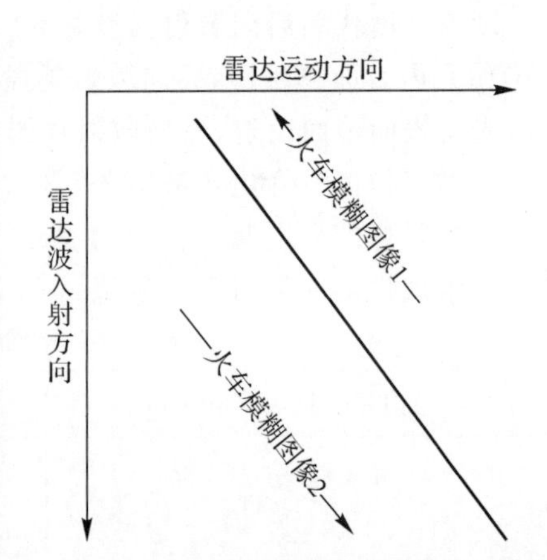

图3-25 运动目标与雷达运动关系示意图

3.成像模式

目前主流的机载SAR主要有两种成像模式,分别是条带模式(strip map)和聚束模式(spot light)。

(1)条带模式。当运行条带模式时,雷达天线可以灵活的调整,改变入射角以获取不同的成像宽幅。如图3-26所示为“捕食者”无人机Lynx雷达试验飞行时拍摄的1 m条带SAR图像。

图3-26 1米分辨率条带模式SAR图

(2)聚束模式。聚束式工作模式,是指在SAR飞行过程中,通过调整天线波束的指向,使波束始终“聚焦”照射在同一目标区域。由于实行了“聚束”手段,增加了SAR在方位向的合成孔径时间,等效地增加了合成孔径的长度,根据SAR方位向的理论极限分辨率约为天线方位向尺寸的一半,由此可以提高SAR方位向的分辨率。显然,当SAR以聚束模式工作时不能形成连续的地面观测带,但它获得的高方位分辨率在许多应用场合是非常有价值的。如图3-27所示为“全球鹰”无人机MP-RTIP雷达试验飞行时拍摄的0.5 m聚束SAR图像,无人机位于63.1 km外。

图3-27　0.5 m分辨率聚束模式SAR图像

思　考　题

1. 无人侦察机的任务载荷主要有哪些？
2. 试分析机载光学侦察传感器侦察过程中的优缺点。应如何发挥各自特点？
3. 无人机光电探测转塔有哪些部分组成的？
4. 试分析无人机光电探测转塔在侦察过程中发挥的优势。
5. 什么是中心透视投影？说明其与小孔成像模型之间的关系。
6. 简要说明机载光电传感器中CCD相机和CMOS相机之间的主要异同点。
7. 试分析光电传感器如何实现光电测量目标尺寸位置的。
8. 什么是光电成像系统分辨率？与哪些因素相关？相互关系是什么？
9. 简要分析遥感图像中地面空间分辨力与哪些因素有关。
10. 光电探测转塔对目标定位的主要方法有哪些？试分析各自的特点。
11. 简要分析SAR侦察载荷与光学侦察载荷相比各自的优缺点。
12. 简述无人机机载SAR种类和特点。
13. 为什么说SAR目标成像分辨率与目标距离远近无关？请从SAR成像原理分析。

参考文献

[1] 朱耘，韩根甲. 无人机光电探测技术的现状及发展趋势[J]. 舰船科学技术，2004，26(6)：1-5.

[2] 周建军，王智. 无人侦察机光电载荷发展研究[J]. 视频应用与工程，2011，35(21)：141-145.

[3] 宋丰华. 现代空间光电系统及应用[M]. 北京：国防工业出版社，2004.

[4] 于起峰，尚洋. 摄像测量学原理与应用研究[M]. 北京：科学出版社，2009.

[5] 石岚. 外军无人机光电侦查监视载荷研究[J]. 红外与激光工程，2007，36(增刊)：103-106.

[6] 王永仲. 现代军用科学技术[M]. 北京：科学出版社，2003.

[7] Office of the secretary of defense Washington DC. Unmanned aerial vehicles roadmap 2000－2025 [R]. ADA391358，2001.

[8] 赵滨. 基于机载光电测量系统的目标定位精度研究[D]. 南京：南京航空航天大学，2011.

[9] 徐诚，黄大庆. 无人机光电侦测平台目标定位误差分析[J]. 仪器仪表学报，2013，34(10)：2265-2270.

[10] 樊邦奎. 无人机侦察目标定位技术[M]. 北京：国防工业出版社，2014.

[11] 周建军，王智. 无人侦察机光电载荷发展研究[J]. 电视技术，2011，35(21)：141-144.

[12] 装备参考. 美国机载光电侦察设备向吊舱结构转型[EB/OL]. [2020-04-04]. http://www.sohu.Com/a/224399918_819742.

[13] DAVID L，ROCKWELL. UAV Sensor Get Hot[J]. Aerospace America ，2008(05)：2428.

[14] GEORGE SEFFERS. L-3 Receives $200 Million U.S. Air Force Contract to Provide Targeting Systems [EB/OL]. [2020-07-19]. https://www.afcea.org/content/tags/mx-15di.

[15] 高文，朱明. 无人飞行器光电平台及跟踪系统的研究现状[J]. 光机电信息，2011，28(7)：33-40.

[16] 吉书鹏. 机载光电载荷装备发展与关键技术[J]. 航空兵器，2017(6)：3-12.

[17] 全球无人机网. 军民融合发展的新成果："龙之眼"系列无人机光电吊舱[EB/OL]. [2020-05-03]. http://www.81uav.cn/uav-news/201710/03/26172.html.

[18] 超级大本营. 蓝天鹰眼：JF-17 与国产机载侦察吊舱[EB/OL]. [2020-05-04]. https://lt.cjdby.net/thread-1375302- 1-1.html.

[19] 全球武器. Raytheon updates HISAR[EB/OL]. [2020-04-10]. https://www.flightglobal.om/news/articles/Raytheon－updates－hisar－132426/. 2016.8. [4]

[20] 诺斯罗普·格鲁曼. AN/ZPY－3 Multi－Function Active Sensor(MFAS)[EB/OL]. www.northropgrumman.com/Capabilities/MFAS/Pages/default.aspx.

[21] HENSLEY W H，DOERRY A W，WALKER B C. Lynx：a high－resolution synthetic aperture radar[J]. SPIE Aerosense，1999，3704：51-58.

[22] 通用原子航空系统公司. Lynx multi－mode radar[EB/OL]. [2020-04-10]. http://www.ga－asi.com/Websites/gaasi/images/products/sensor _ systems/pdf/Lynx SAR021915.pdf. 2016.8.

[23] 通用原子航空系统公司. GA－ASI first two－channel Lynx radar demonstrates improved GMTI performance under Darpa dual beam project[EB/OL]. [2020-04-10]. www.ga.com/ga－asi－first－two－channel－lynx－radar－demonstrates－improved－gmti－performance－under－darpa－dual－beam－project.pdf.

[24] 王岩飞，刘畅，詹学丽，等. 无人机载合成孔径雷达系统技术与应用[J]. 雷达学报，2016，5(4)：333-349.

[25] 谷秀昌，付琨，仇晓兰. SAR 图像判读解译基础[M]. 北京：科学出版社，2017.

侦察技术与应用篇

近年来科幻军事战争片中常常出现无人机的身影:寂静的夜空,高空飞行的无人机像鹰隼一样在悄无声息的窥视着地面。这些无人机都挂载有高清侦察吊舱,对地面物体逐一搜索、筛选识别猎取的目标,发现目标后盘旋跟随,并伺机发起攻击……这一幕幕场景让无数观众觉得神奇。无人侦察机像长着人的眼睛和大脑一样,表现出人的智慧和能力,这一切是如何做到的呢? 随着计算机视觉(又称为机器视觉)、人工智能技术的飞跃式发展,无人侦察机的能力越来越强大。本篇以计算机视觉理论技术为基础,讨论无人机在目标侦察、情报获取处理领域的技术与应用。通过对侦察载荷的运动模型的描述,进而实现计算机视觉领域目标位置和深度信息的获取,分别介绍基于视觉成像中的有源激光测距目标定位原理,和无激光测距情况的无源图像目标定位原理;基于海量冗余图像中的三维地物场景的重建,以及海量图像场景中的目标检测和识别。通过建模和算法的描述帮助读者了解无人机目标侦察的工作原理。理解无人机侦察领域的关键技术,基本算法和应用存在的问题,引发思考技术革新的对策和建议。

第4章　机载侦察载荷刚体运动描述

无人侦察机除了获取目标区域态势信息外，还有一个重要任务是测量目标的精准位置和特征信息。要获取上述信息，必须将机载侦察载荷作为刚体运动进行精确的数学描述。所谓刚体是指在运动中和受力作用后，形状和大小不变，而且内部各点的相对位置不变的物体。绝对刚体实际上是不存在的，只是一种理想模型，因为任何物体在受力作用后，都会或多或少地变形，如果变形的程度相对于物体本身几何尺寸来说极为微小，在研究物体运动时变形就可以忽略不计。在三维空间中，把一个几何物体进行旋转、平移的变换称为刚体变换。本书中把机载侦察载荷看作一个刚体，通过数学模型的描述为无人机侦察与定位应用技术奠定基础。

4.1　旋转矩阵的构建

由于机载侦察载荷固连在无人机上，要确定目标的坐标位置，需要先描述机载摄像机的运动过程。在三维空间中，机载摄像机看作一个刚体运动，它不仅有位置，还有自身的姿态。一个刚体在三维空间运动，简单来说就是由旋转加平移组成的。平移是一个简单容易解决的问题，但对旋转的处理是件麻烦事。本节将介绍旋转矩阵，以及它们是如何运算和转换的。

4.1.1　三维空间的表示

现实世界是一个三维空间，机载侦察载荷的运动在这个三维空间中表示是研究空间测量定位的基础。这里把机载侦察载荷看作一个刚体，刚体的运动的描述通常关注的不仅仅是位置，还要知道姿态。定义一个向量 $\boldsymbol{a}$，可以表示一个三维空间坐标系里某个点的坐标，坐标可以用 $\mathbf{R}^3$ 当中的三个数来描述，即用 $\mathbf{R}^3$ 来表示。因此确定一个坐标系，就可以选择在一个线性空间的基$[\boldsymbol{e}_1 \quad \boldsymbol{e}_2 \quad \boldsymbol{e}_3]$，向量 $\boldsymbol{a}$ 在这个基下的坐标为

$$\boldsymbol{a} = [\boldsymbol{e}_1 \quad \boldsymbol{e}_2 \quad \boldsymbol{e}_3]\begin{bmatrix} a_1 \\ a_2 \\ a_3 \end{bmatrix} = a_1\boldsymbol{e}_1 + a_2\boldsymbol{e}_2 + a_3\boldsymbol{e}_3 \tag{4-1}$$

因此这个坐标的具体取值和向量本身有关也和坐标系的选取有关。坐标系通常由三个正交的坐标轴组成。例如，当给定 x 和 y 轴时，z 就可以通过右手(或左手)法则定义出来。根据定义方式的不同，坐标系又分为左手系和右手系。左手系的第三个轴与右手系相反。现代坐标系大多习惯使用右手系。

根据基本的线性代数知识，讨论向量与向量之间的内外积运算。对于 $\boldsymbol{a},\boldsymbol{b}\in\mathbf{R}^3$，内积可以描述向量间的投影关系，内积可以写成：

$$\boldsymbol{a}\cdot\boldsymbol{b}=\boldsymbol{a}^{\mathrm{T}}\boldsymbol{b}=\sum_{i=1}^{3}\boldsymbol{a}_i\boldsymbol{b}_i=|\boldsymbol{a}||\boldsymbol{b}|\cos\langle\boldsymbol{a},\boldsymbol{b}\rangle \tag{4-2}$$

外积表示向量的旋转，外积可以表示为

$$\boldsymbol{a}\times\boldsymbol{b}=\begin{bmatrix} i & j & k \\ a_1 & a_2 & a_3 \\ b_1 & b_2 & b_3 \end{bmatrix}=\begin{bmatrix} a_2b_3-a_3b_2 \\ a_3b_1-a_1b_3 \\ a_1b_2-a_2b_1 \end{bmatrix}=\begin{bmatrix} 0 & -a_3 & a_2 \\ a_3 & 0 & -a_1 \\ -a_2 & a_1 & 0 \end{bmatrix}\boldsymbol{b}\overset{\text{def}}{=}\boldsymbol{a}\wedge\boldsymbol{b} \tag{4-3}$$

外积的方向垂直于 $\boldsymbol{a},\boldsymbol{b}$ 两个向量，大小为 $|\boldsymbol{a}||\boldsymbol{b}|\sin\langle\boldsymbol{a},\boldsymbol{b}\rangle$，是两个向量张成的四边形的有向面积。对于外积，引入了 ^ 符号，把 $\boldsymbol{a}$ 写成一个矩阵。事实上是一个反对称矩阵(skew - symmetric)，一个反对称符号表示为 ^。这样就把外积 $\boldsymbol{a}\times\boldsymbol{b}$，写成了矩阵与向量的乘法 $\boldsymbol{a}^{\wedge}\boldsymbol{b}$，把它变成了线性运算。

外积可以表示旋转，设 $\boldsymbol{a},\boldsymbol{b}$ 是两个不平行的向量，描述从 $\boldsymbol{a}$ 到 $\boldsymbol{b}$ 之间旋转过程，在右手法则下，我们用右手的四个指头从 $\boldsymbol{a}$ 转向 $\boldsymbol{b}$，其大拇指朝向就是旋转向量的方向，事实上也是 $\boldsymbol{a}\times\boldsymbol{b}$ 的方向。它的大小则由 $\boldsymbol{a}$ 和 $\boldsymbol{b}$ 的夹角决定。通过这种方式，我们构造了从 $\boldsymbol{a}$ 到 $\boldsymbol{b}$ 的一个旋转向量。这个向量同样位于三维空间中，在此坐标系下，可以用三个实数来描述它，如图 4 - 1 所示，可以用一个向量来描述三维空间中两个向量的旋转关系。

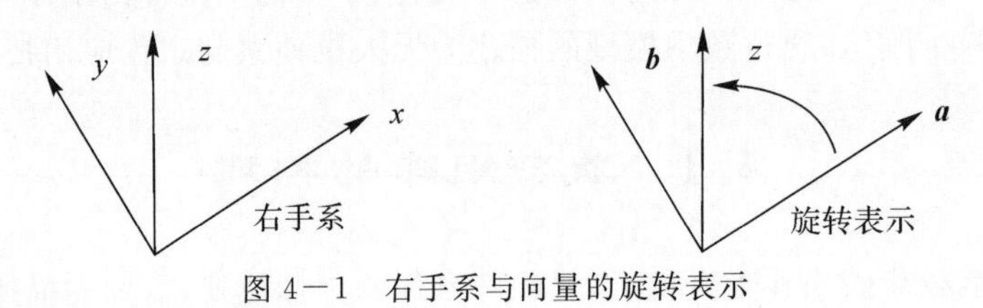

图 4－1　右手系与向量的旋转表示

4.1.2　坐标系间的刚体变换

机载侦察载荷的运动看作是一个刚体运动(rigid motion)，指的是在三维空间中，一个几何物体做旋转、平移的运动，又称为刚体变换(rigid transform)。刚体变换也可以理解为保持长度、角度、面积等不变的仿射变换(affine transformation)，即保持内积和度量不变。它保证了同一个向量在各个坐标系下的长度和夹角都不会发生变化。这种变换称为欧氏变换。欧氏变换由一个旋转和一个平移两部分组成。空间物体的坐标可以用向量表示，因此坐标系间的变换也可以通过向量的形式来描述。

刚体变换只存在着旋转和平移两种运动方式。先研究旋转，设某个单位正交基 $[\boldsymbol{e}_1\ \ \boldsymbol{e}_2\ \boldsymbol{e}_3]$ 经过一次旋转，变成了 $[\boldsymbol{e}'_1\ \ \boldsymbol{e}'_2\ \ \boldsymbol{e}'_3]$。那么，对于同一个向量 $\boldsymbol{a}$(注意该向量并没有随着坐标系的旋转而发生运动)，它在两个坐标系下的坐标为 $[a_1\ \ a_2\ \ a_3]^{\mathrm{T}}$ 和 $[a'_1\ \ a'_2\ \ a'_3]^{\mathrm{T}}$。根据坐标的定义，有

$$[\boldsymbol{e}_1\ \ \boldsymbol{e}_2\ \ \boldsymbol{e}_3]\begin{bmatrix} a_1 \\ a_2 \\ a_3 \end{bmatrix}=[\boldsymbol{e}'_1\ \ \boldsymbol{e}'_2\ \ \boldsymbol{e}'_3]\begin{bmatrix} a'_1 \\ a'_2 \\ a'_3 \end{bmatrix} \tag{4-4}$$

为了描述两个坐标之间的关系，对式(4 - 4)左右两边同时左乘 $[\boldsymbol{e}_1^{\mathrm{T}}\ \ \boldsymbol{e}_2^{\mathrm{T}}\ \ \boldsymbol{e}_3^{\mathrm{T}}]^{\mathrm{T}}$，可得

$$\begin{bmatrix} a_1 \\ a_2 \\ a_3 \end{bmatrix}=\begin{bmatrix} \boldsymbol{e}_1^{\mathrm{T}}\boldsymbol{e}'_1 & \boldsymbol{e}_1^{\mathrm{T}}\boldsymbol{e}'_2 & \boldsymbol{e}_1^{\mathrm{T}}\boldsymbol{e}'_3 \\ \boldsymbol{e}_2^{\mathrm{T}}\boldsymbol{e}'_1 & \boldsymbol{e}_2^{\mathrm{T}}\boldsymbol{e}'_2 & \boldsymbol{e}_2^{\mathrm{T}}\boldsymbol{e}'_3 \\ \boldsymbol{e}_3^{\mathrm{T}}\boldsymbol{e}'_1 & \boldsymbol{e}_3^{\mathrm{T}}\boldsymbol{e}'_2 & \boldsymbol{e}_3^{\mathrm{T}}\boldsymbol{e}'_3 \end{bmatrix}\begin{bmatrix} a'_1 \\ a'_2 \\ a'_3 \end{bmatrix}\overset{\text{def}}{=}\boldsymbol{R}\boldsymbol{a}' \tag{4-5}$$

由式(4－5)可以发现，中间两组基通过内积组成了一个矩阵 $\boldsymbol{R}$，描述了坐标系旋转前后的坐标变换关系，那么矩阵 $\boldsymbol{R}$ 称为旋转矩阵。

旋转是由旋转矩阵表达的。旋转矩阵有一些特别的性质。事实上，它是一个行列式为 1 的正交矩阵。所谓正交矩阵即逆为自身转置的矩阵。反之，行列式为 1 的正交矩阵也是一个旋转矩阵。因此，可以把旋转矩阵的集合定义如下：

$$\boldsymbol{O}(n)=\{\boldsymbol{R}\in \mathbf{R}^{n\times n}\mid \boldsymbol{R}\boldsymbol{R}^{\mathrm{T}}=\boldsymbol{I},\det(\boldsymbol{R})=1\} \tag{4-6}$$

集合表示的 n 维空间的旋转矩阵组成，$\boldsymbol{O}(3)$ 就是三维空间的旋转。通过旋转矩阵，可以直接将两个坐标系之间进行旋转变换。

在刚体变换中，除了旋转之外还有平移。坐标系中的向量 $\boldsymbol{a}$ 经过一次旋转(用旋转矩阵 $\boldsymbol{R}$ 描述)和一次平移 $\boldsymbol{t}$ 后，得到了 $\boldsymbol{a}'$，那么把旋转和平移合到一起，有：

$$\boldsymbol{a}'=\boldsymbol{R}\boldsymbol{a}+\boldsymbol{t} \tag{4-7}$$

其中，$\boldsymbol{t}$ 称为平移向量。相比于旋转，平移部分只需把这个平移量加到旋转之后的坐标上，显得非常简洁。式(4－7)用一个旋转矩阵 $\boldsymbol{R}$ 和一个平移向量 $\boldsymbol{t}$ 完整地描述了一个刚体运动的坐标变换关系。

然而式(4－7)表达的三维空间的旋转与平移，式中有加法项，变换关系不是一个线性关系。多次使用这样的变换会使方程中产生大量的代数项，为了将这些变换对应的矩阵合并，减小方程中的项数，就需要引入齐次坐标的概念。

4.1.3　齐次坐标与变换矩阵

1. 齐次坐标及其含义

所谓齐次坐标(homogeneous coordinates)就是用 $n+1$ 个分量来表示 n 维坐标。例如：三维空间中的点 $B(x, y, z)$ 用齐次坐标表示为 (hx, hy, hz, h)。一个向量的齐次表示并不是唯一的，齐次坐标中的 h 取不同值表示的都是同一个点。引入齐次坐标的目的主要是合并矩阵运算中的乘法和加法。

齐次坐标和原坐标之间可以相互转换，假设某个 n 维坐标用齐次坐标表示为 $[X_1 \quad X_2 \quad \cdots \quad X_n \quad H]$，对齐次坐标中的每个元素除以最后一个元素 H，得到一个新的向量 $[X_1/H \quad X_2/H \quad \cdots \quad X_n/H \quad H/H]=[x_1 \quad x_2 \quad \cdots \quad x_n \quad 1]$，则 $[x_1 \quad x_2 \quad \cdots \quad x_n]$ 为原 n 维坐标。这一过程通常称为齐次坐标的正常化。

举几个不同的齐次坐标化为同一个坐标的例子：点(1, 2, 3)(2, 4, 6)和(4, 8, 12)对应笛卡尔坐标中的同一点(1/3, 2/3)。任意数量积的($1a$, $2a$, $3a$)始终对应于笛卡尔坐标中的同一点 (1/3, 2/3)。这些点是“齐次”的，因为它们始终对应于笛卡尔坐标中的同一点。换句话说，齐次坐标描述了缩放不变性(scale invariant)。

当从普通坐标转换成齐次坐标时，如果 (x, y, z) 是个点，则变为 $(x, y, z, 1)$；如果 (x, y, z) 是个向量，则变为 $(x, y, z, 0)$。当从齐次坐标转换成普通坐标时，如果是 $(x, y, z, 1)$，则知道它是个点，变成 (x, y, z)；如果是 $(x, y, z, 0)$，则知道它是个向量，就变成 (x, y, z)。

四维向量有 4 个分量，前 3 个是标准的 x、y 和 z 分量，第 4 个是 w。那么三维空间坐标是怎样扩展到四维空间坐标的？先看一下二维空间中的齐次坐标，它的形式为 (x, y, w)。想象在三维空间中 $w=1$ 处的二维空间平面，实际的二维空间点 (x, y) 用齐次坐标表示为 $(x, y, 1)$，对于那些不在 $w=1$ 平面上的点，则将它们投影到 $w=1$ 平面上。因此齐次坐标 (x, y, w)

映射的实际二维空间点为(x/w, y/w)，如图 4-2 所示。

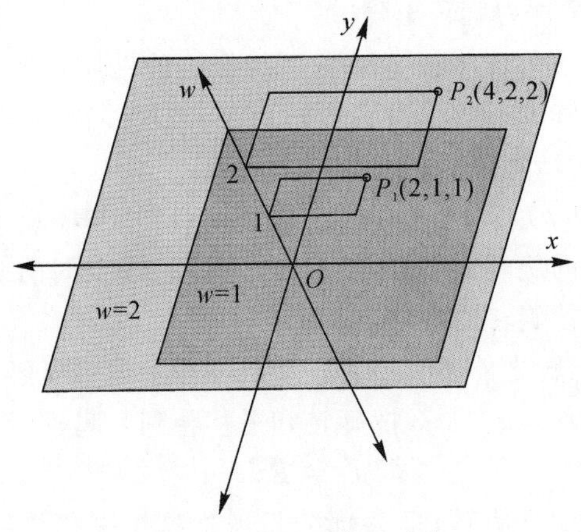

图 4-2　齐次坐标的含义

因此，给定一个二维空间点(x, y)，齐次空间中有无数多个点与之对应，所有点的形式都为(kx, ky, k)，$k\neq 0$。这些点构成一条穿过齐次原点的直线。当 $w=0$ 时，除法未定义，因此不存在实际的二维空间点。然而，可以将二维空间齐次点(x, y, 0)解释为“位于无穷远的点”，它描述了一个方向而不是一个位置。四维空间坐标的基本思想相同，实际的三维空间点被认为是在四维空间中 $w=1$“平面”上。四维空间点的形式为(x, y, z, w)，将四维空间点投影到这个“平面”上得到相应的实际三维空间点(x/w, y/w, z/w)。当 $w=0$ 时四维空间点表示“无限远点”，它描述了一个方向而不是一个位置。

2. 变换矩阵的推导

3×3 变换矩阵表示的是线性变换，不包括平移。因为矩阵乘法的性质，零向量总是变换成零向量。因此，任何用矩阵乘法表达的变换都不包括平移。矩阵乘法和它的逆是一种非常方便的工具，不仅可以用来将复杂的变换组合成简单的单一变换，还可以操纵嵌入式坐标系间的关系。如果能找到一种方法将 3×3 变换矩阵进行扩展，使它能够处理平移，将会解决更多问题。4×4 变换矩阵恰好提供了一种数学上的“技巧”：把一个三维向量的末尾添加 1，变成了四维向量。对于这个四维向量，可以把旋转和平移写在一个矩阵里面，使得整个关系变成了线性关系。

如图 4-3 所示，机载侦察载荷所在的世界坐标系 $Wx_W y_W z_W$ 认为是固定不动的，而侦察载荷本身有一个运动的坐标系 $Ox_C y_C z_C$，它们转换关系有一个矩阵 $\boldsymbol{T}$ 来描述，称为变换矩阵(transform matrix)。

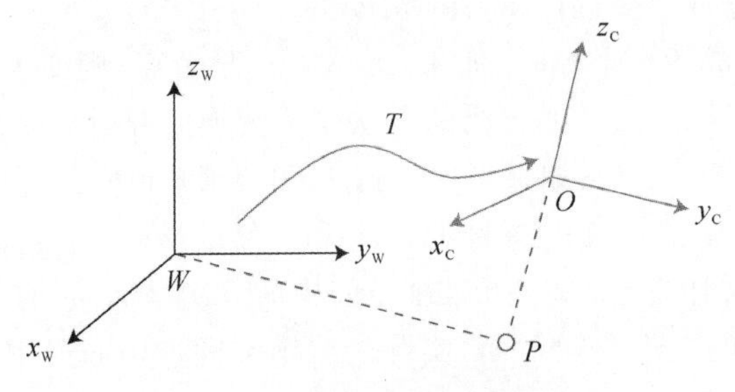

图 4-3　两个坐标系间变换

令三维空间向量$[x \quad y \quad z]^{\mathrm{T}}$对应的四维空间向量为$[x \quad y \quad z \quad 1]^{\mathrm{T}}$。任意 3×3 变换矩阵在四维空间中表示为

$$\boldsymbol{R}=\begin{bmatrix} a_{11} & a_{12} & a_{13} \\ a_{21} & a_{22} & a_{23} \\ a_{31} & a_{32} & a_{33} \end{bmatrix} \sim \begin{bmatrix} a_{11} & a_{12} & a_{13} & 0 \\ a_{21} & a_{22} & a_{23} & 0 \\ a_{31} & a_{32} & a_{33} & 0 \\ 0 & 0 & 0 & 1 \end{bmatrix} \tag{4-8}$$

任意一个形如$[x \quad y \quad z \quad 1]^{\mathrm{T}}$的向量乘以式(4-8)形式的矩阵，其结果和标准 3×3 情况相同，只是结果是用 $w=1$ 的四维向量表示的：

$$\begin{bmatrix} a_{11} & a_{12} & a_{13} \\ a_{21} & a_{22} & a_{23} \\ a_{31} & a_{32} & a_{33} \end{bmatrix}\begin{bmatrix} x \\ y \\ z \end{bmatrix}=[a_{11}x+a_{12}y+a_{13}z \quad a_{21}x+a_{22}y+a_{23}z \quad a_{31}x+a_{32}y+a_{33}z] \tag{4-9}$$

$$\begin{bmatrix} a_{11} & a_{12} & a_{13} & 0 \\ a_{21} & a_{22} & a_{23} & 0 \\ a_{31} & a_{32} & a_{33} & 0 \\ 0 & 0 & 0 & 1 \end{bmatrix}\begin{bmatrix} x \\ y \\ z \\ 1 \end{bmatrix}=[a_{11}x+a_{12}y+a_{13}z \quad a_{21}x+a_{22}y+a_{23}z \quad a_{31}x+a_{32}y+a_{33}z \quad 1] \tag{4-10}$$

平移向量$[x \quad y \quad z]$记作 $\boldsymbol{t}$ 在三维空间变换中是不可能实现的。而是在四维空间中，仍然可以用矩阵乘法来表达平移，如下：

$$\begin{bmatrix} 1 & 0 & 0 & \Delta x \\ 0 & 1 & 0 & \Delta y \\ 0 & 0 & 1 & \Delta z \\ 0 & 0 & 0 & 1 \end{bmatrix}\begin{bmatrix} x \\ y \\ z \\ 1 \end{bmatrix}=[x+\Delta x \quad y+\Delta y \quad z+\Delta z \quad 1] \tag{4-11}$$

结合式(4-10)和式(4-11)结果，可得：

$$\begin{bmatrix} x' \\ y' \\ z' \\ 1 \end{bmatrix}=\begin{bmatrix} a_{11} & a_{12} & a_{13} & 0 \\ a_{21} & a_{22} & a_{23} & 0 \\ a_{31} & a_{32} & a_{33} & 0 \\ 0 & 0 & 0 & 1 \end{bmatrix}\begin{bmatrix} 1 & 0 & 0 & \Delta x \\ 0 & 1 & 0 & \Delta y \\ 0 & 0 & 1 & \Delta z \\ 0 & 0 & 0 & 1 \end{bmatrix}\begin{bmatrix} x \\ y \\ z \\ 1 \end{bmatrix} \tag{4-12}$$

因此式(4-7)可改写如下形式：

$$\begin{bmatrix} \boldsymbol{a}' \\ \boldsymbol{1} \end{bmatrix}=\begin{bmatrix} \boldsymbol{R} & \boldsymbol{t} \\ \boldsymbol{0} & \boldsymbol{1} \end{bmatrix}\begin{bmatrix} \boldsymbol{a} \\ \boldsymbol{1} \end{bmatrix}\overset{\text{def}}{=}\boldsymbol{T}\begin{bmatrix} \boldsymbol{a} \\ \boldsymbol{1} \end{bmatrix} \tag{4-13}$$

关于变换矩阵 $\boldsymbol{T}$，它具有比较特别的结构：左上角为旋转矩阵，右侧为平移向量，左下角为 **0** 向量，右下角为 **1** 向量。

求解该矩阵的逆表示一个反向的变换：

$$T^{-1}=\begin{bmatrix} \boldsymbol{R}^{\mathrm{T}} & -\boldsymbol{R}^{\mathrm{T}}\boldsymbol{t} \\ \boldsymbol{0} & \boldsymbol{1} \end{bmatrix} \tag{4-14}$$

4.2 旋转向量与欧拉角

旋转矩阵可以描述旋转,变换矩阵就可以描述一个六自由度三维刚体的运动。但是旋转矩阵有九个量,而一次旋转只有三个自由度。因此这种表达方式是冗余的。同理,变换矩阵用十六个量表达了六自由度的变换。此外,旋转矩阵自身带有约束:它必须是正交矩阵,且行列式为1。变换矩阵也是如此。当想要估计或优化一个旋转矩阵/变换矩阵时,这些约束会使得求解变得更困难。那么是否可以找到一种方式能够紧凑有效的描述旋转和平移呢?

4.2.1 旋转向量

对于坐标系的旋转,任意旋转都可以用一个旋转轴和一个旋转角来表示。于是,可以使用一个向量,其方向与旋转轴一致,而长度等于旋转角。这种向量称为旋转向量(或轴角,Axis-Angle)。这种表示法只需一个三维向量即可描述旋转。同样,对于变换矩阵,使用一个旋转向量和一个平移向量即可表达一次变换,这时正好是六维。

那么旋转向量和旋转矩阵之间是如何转换的呢?假设有一个旋转轴为 $\boldsymbol{k}$,角度为 θ 的旋转,显然,它对应的旋转向量为 $\theta\boldsymbol{k}$。由旋转向量到旋转矩阵的过程由罗德里格斯公式(Rodrigues's Formula)可以实现推导,被广泛应用于空间解析几何和计算机图形学领域,成为刚体运动的基本计算公式。

假设在三维空间中有任意一个向量 $\boldsymbol{v}$,$\boldsymbol{k}=[k_x \quad k_y \quad k_z]^{\mathrm{T}}$ 是某个单位向量。现在将向量 $\boldsymbol{v}$ 以单位向量 $\boldsymbol{k}$ 为轴,旋转任意角度 θ,得到旋转后的向量 $\boldsymbol{v}_{\mathrm{r}}$,如图4-4所示。图中将 $\boldsymbol{v}$ 做正交分解,会得到两个新的向量 $\boldsymbol{v}_{\perp}$ 和 $\boldsymbol{v}_{\parallel}$。其中 $\boldsymbol{v}_{\perp}$ 与 $\boldsymbol{k}$ 相互垂直,$\boldsymbol{v}_{\parallel}$ 与 $\boldsymbol{k}$ 共线平行,对 $\boldsymbol{v}$ 进行向量分解有 $\boldsymbol{v}=\boldsymbol{v}_{\perp}+\boldsymbol{v}_{\parallel}$。

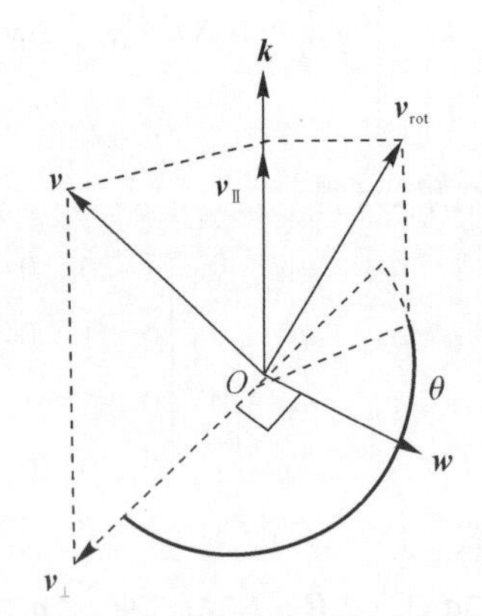

图4-4 罗德里格斯公式推导

$\boldsymbol{v}$ 在 $\boldsymbol{k}$ 方向的平行分量 $\boldsymbol{v}_{\parallel}$ 通过点乘得到的投影为

$$\boldsymbol{v}_{\parallel}=(\boldsymbol{v}\times\boldsymbol{k})\boldsymbol{k} \tag{4-15}$$

$\boldsymbol{v}\cdot\boldsymbol{k}$ 为标量,因此再乘 $\boldsymbol{k}$ 得到一个矢量,再通过叉乘得到与 $\boldsymbol{k}$ 正交的两个向量 $\boldsymbol{v}_{\perp}$ 和 $\boldsymbol{w}$。由拉格朗日定理可得

$$\begin{aligned}\boldsymbol{v}_{\perp}&=\boldsymbol{v}-\boldsymbol{v}_{\parallel}=\boldsymbol{v}-(\boldsymbol{v}\times\boldsymbol{k})\cdot\boldsymbol{k}=\\&(\boldsymbol{k}\times\boldsymbol{k})\times\boldsymbol{v}-(\boldsymbol{v}\times\boldsymbol{k})\times\boldsymbol{k}=-\boldsymbol{k}\times(\boldsymbol{k}\times\boldsymbol{v})\end{aligned} \tag{4-16}$$

$$\boldsymbol{w} = \boldsymbol{k} \times \boldsymbol{v} \tag{4-17}$$

由图 4-4 可知，旋转过程中 $\boldsymbol{v}_{\parallel}$ 就在 $\boldsymbol{k}$ 旋转轴上，大小始终不变，因此有 $\boldsymbol{v}_{\mathrm{rot}\parallel} = \boldsymbol{v}_{\parallel}$，$\boldsymbol{v}_{\mathrm{rot}\perp}$ 根据 $\boldsymbol{v}_{\perp}$ 和 $\boldsymbol{k}$ 方向的投影关系，则有：

$$\boldsymbol{v}_{\mathrm{rot}} = \boldsymbol{v}_{\mathrm{rot}\parallel} + \boldsymbol{v}_{\mathrm{rot}\perp} = \boldsymbol{v}_{\parallel} + \cos\theta \boldsymbol{v}_{\perp} + \sin\theta \boldsymbol{w} \tag{4-18}$$

再引入叉乘矩阵的概念：即 $\boldsymbol{K}$ 为向量 $\boldsymbol{k} = [k_x \quad k_y \quad k_z]^{\mathrm{T}}$ 与向量 $\boldsymbol{v}$ 叉乘矩阵。显然 $\boldsymbol{K}$ 是一个反对称矩阵：

$$\boldsymbol{K} = \begin{bmatrix} 0 & -k_z & k_y \\ k_z & 0 & -k_x \\ -k_y & k_x & 0 \end{bmatrix} \tag{4-19}$$

$$\boldsymbol{k} \times \boldsymbol{v} = \boldsymbol{K}\boldsymbol{v} \tag{4-20}$$

式(4-16)可转换为

$$\boldsymbol{v}_{\parallel} = \boldsymbol{v} + \boldsymbol{k} \times (\boldsymbol{k} \times \boldsymbol{v}) \tag{4-21}$$

结合式(4-21)，式(4-18)可转换为

$$\boldsymbol{v}_{\mathrm{rot}} = \boldsymbol{v} + \boldsymbol{k} \times (\boldsymbol{k} \times \boldsymbol{v}) - \cos\theta \boldsymbol{k} \times (\boldsymbol{k} \times \boldsymbol{v}) + \sin\theta \boldsymbol{k} \times \boldsymbol{v} \tag{4-22}$$

根据叉积矩阵性质可得

$$\begin{aligned} \boldsymbol{v}_{\mathrm{rot}} &= \boldsymbol{v} + (1 - \cos\theta)\boldsymbol{K}^2 \boldsymbol{v} + \sin\theta \boldsymbol{K}\boldsymbol{v} = \\ & [\boldsymbol{I} + (1 - \cos\theta)\boldsymbol{K}^2 + \sin\theta \boldsymbol{K}]\boldsymbol{v} \end{aligned} \tag{4-23}$$

式(4-23)中将 $\boldsymbol{v}$、$\boldsymbol{v}_{\mathrm{rot}}$ 用在机载摄像机基座坐标系 $\boldsymbol{B}$ 和摄像机坐标系 $\boldsymbol{C}$ 中，就得到罗德里格斯公式在计算机视觉中的标准形式：

$$\boldsymbol{B} = [\boldsymbol{I} + (1 - \cos\theta)\boldsymbol{K}^2 + \sin\theta \boldsymbol{K}]\boldsymbol{C} \Leftrightarrow \boldsymbol{R} = \boldsymbol{I} + (1 - \cos\theta)\boldsymbol{K}^2 + \sin\theta \boldsymbol{K} \tag{4-24}$$

4.2.2　欧拉角

旋转矩阵、旋转向量能描述旋转，但是却非常不直观。而欧拉角(Euler angles)则提供了一种非常直观的方式来描述旋转。欧拉角用于描述刚体运动方向的三个角，在三维欧几里得空间中描述方向，需要三个参数，如图 4-5 所示。因此这三个方向角也可以用于描述一个参照系（通常是一个坐标系）和另一个参照系之间的位置变换中的旋转关系。这三个角通常被定义为 α, β, γ 或者 φ, θ, γ。它使用了三个分离的转角，把一个旋转分解成三次绕不同轴的旋转。

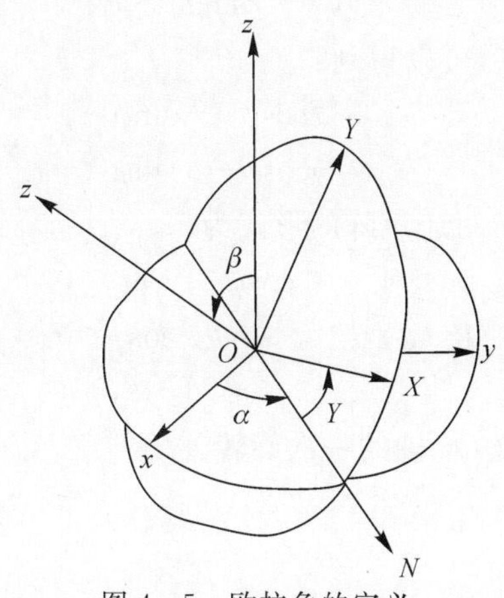

图 4-5　欧拉角的定义

当然，由于分解方式有许多种，所以欧拉角也存在着不同的定义方法。比如，先绕 OX 轴旋转，再绕 OY 轴，最后绕 OZ 轴，就得到了一个 XYZ 轴的旋转。同理，可以定义 ZYX 等旋转方式。航空、航天中常用“偏航角”“俯仰角”“滚转角”这些词来定义，即用“偏航-俯仰-滚转”(yaw-pitch-roll)来描述飞行器三维空间中坐标系的旋转。不同定义的固定坐标系，旋转顺序是不一样的。

若将飞行器看作刚体，则它在空间中的姿态主要是指与机体固连的机体坐标系跟与大地固连的坐标系之间的旋转关系。旋转关系可以用欧拉角描述，为了方便叙述，进行以下设定：

(1)建立的坐标系均是右手系，且欧拉角的旋转方向也满足右手定则。

(2)与机体固连的侦察载荷坐标系的 x 轴，y 轴，z 轴的正方向分别为前右下，与大地固连的站心坐标系的 X 轴，Y 轴，Z 轴为北东地。

(3)机体侦察载荷坐标系绕其 z 轴旋转所得到的欧拉角称为偏航角 ψ，机体坐标系绕其 y 轴旋转所得到的欧拉角称为俯仰角 θ，机体坐标系绕其 x 轴旋转所得到的欧拉角称为横滚角 ϕ。

机体坐标系在任一时刻的姿态都可以分解为通过大地坐标系绕固定点的三次旋转，每次旋转的旋转轴对应于将要旋转的坐标系的某一坐标轴，也就是前文提到的欧拉角。旋转的次序不同，最终得到的姿态也不相同，因此，这里也规定这三次旋转的次序分别为先绕 z 轴旋转，再绕 y 轴旋转，最后绕 x 轴旋转，即 ψ-θ-ϕ，机体坐标系的旋转已经分解成了三次坐标系之间基本变换。下面就分别推导绕 z 轴，绕 y 轴，绕 x 轴的坐标变换矩阵。

需要强调的是，这里讨论的都是坐标系之间的变换。也就是说空间中点的位置向量本身并不发生变化，而只是将它们从一个参考坐标系变换到了另一个参考系当中。

如图 4-6 所示，当坐标系绕 Oz 轴旋转时，空间中的向量与 Oz 轴之间的相对关系不会改变，因此在旋转前后 $z'=z$，现在就只考虑该向量在垂直于 OZ 轴的平面上的投影 $\boldsymbol{OA}$，分别在平面直角坐标系 OXY 跟平面直角坐标系 Oxy 上坐标之间的关系，如果向量 $\boldsymbol{OA}$ 的模为 r，它在坐标系 OXY 中的坐标可以表示如下：

$$\left.\begin{aligned} x &= r\cos(\beta+\psi) \\ y &= r\sin(\beta+\psi) \end{aligned}\right\} \tag{4-25}$$

在坐标系 Oxy 中的坐标如下：

$$\left.\begin{aligned} x' &= r\cos\beta \\ y' &= r\sin\beta \end{aligned}\right\} \tag{4-26}$$

联立式(4-25)和式(4-26)可以得到：

$$\left.\begin{aligned} x' &= x\cos\psi + y\sin\psi \\ y' &= y\cos\psi - x\sin\psi \end{aligned}\right\} \tag{4-27}$$

由于 $z'=z$，所以式(4-27)写成矩阵的形式为

$$\boldsymbol{R}_z(\psi) = \begin{bmatrix} \cos\psi & \sin\psi & 0 \\ -\sin\psi & \cos\psi & 0 \\ 0 & 0 & 1 \end{bmatrix} \tag{4-28}$$

式(4-28)就是描述了坐标系绕 Oz 轴的一次旋转。

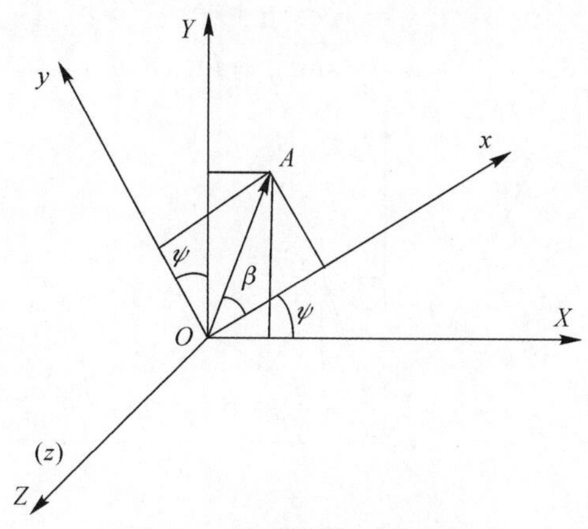

图 4-6　欧拉角绕 z 轴旋转

同理，绕 Oy 轴旋转(见图 4-7)公式推导同上，$y'=y$，则向量 $\boldsymbol{OA}$ 在坐标系 OXY 中的坐标可以表示如下：

$$\left.\begin{aligned} x &= r\sin(\beta+\theta) \\ z &= r\cos(\beta+\theta) \end{aligned}\right\} \tag{4-29}$$

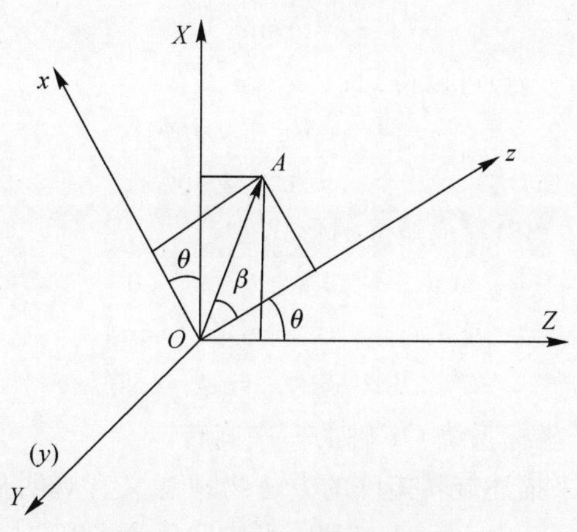

图 4-7　欧拉角绕 y 轴旋转

在坐标系 Oxz 中的坐标如下：

$$\left.\begin{aligned} x' &= r\sin\beta \\ z' &= r\cos\beta \end{aligned}\right\} \tag{4-30}$$

联立式(4-29)和式(4-30)可以得到：

$$\left.\begin{aligned} x' &= x\cos\theta - z\sin\theta \\ y' &= x\sin\theta + z\cos\theta \end{aligned}\right\} \tag{4-31}$$

由于 $y'=y$，所以式(4-31)写成矩阵的形式为

$$\boldsymbol{R}_y(\theta) = \begin{bmatrix} \cos\theta & 0 & -\sin\theta \\ 0 & 1 & 0 \\ \sin\theta & 0 & \cos\theta \end{bmatrix} \tag{4-32}$$

式(4-32)就是描述了坐标系绕 Oy 轴的一次旋转。

同理可得，绕 Ox 轴旋转(见图 4-8)向量 $\boldsymbol{OA}$ 在坐标系 OXY 中的坐标可以表示如下：

$$\left.\begin{aligned} y &= r\cos(\beta+\phi) \\ z &= r\sin(\beta+\phi) \end{aligned}\right\} \tag{4-33}$$

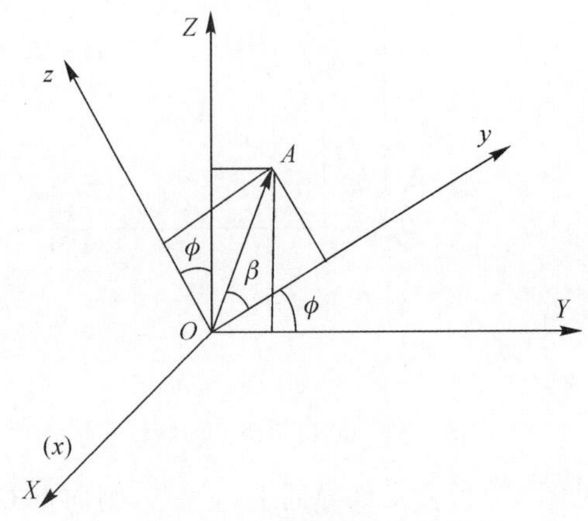

图 4-8　欧拉角绕 x 轴旋转

在坐标系 Ozy 中的坐标如下：

$$\left.\begin{aligned} y' &= r\cos\beta \\ z' &= r\sin\beta \end{aligned}\right\} \tag{4-34}$$

联立式(4-33)和式(4-34)可以得到：

$$\left.\begin{aligned} y' &= y\cos\varphi + z\sin\phi \\ z' &= z\cos\varphi - y\sin\phi \end{aligned}\right\} \tag{4-35}$$

由于 $x'=x$，所以式(4-35)写成矩阵的形式为

$$R_x(\phi) = \begin{bmatrix} 1 & 0 & 0 \\ 0 & \cos\phi & \sin\phi \\ 0 & -\sin\phi & \cos\phi \end{bmatrix} \tag{4-36}$$

式(4-36)就是描述了坐标系绕 Ox 轴的一次旋转。

这种直接使用欧拉角来描述旋转矩阵的方法物理意义直观明显，但欧拉角的一个重大缺点是会碰到著名的万向锁(Gimbal Lock)问题：当俯仰角为±90°时，第一次旋转与第三次旋转将使用同一个轴，会使得系统丢失了一个自由度(由三次旋转变成了两次旋转)，这被称为奇异性问题，在其他形式的欧拉角中也同样存在，如图 4-9 所示。

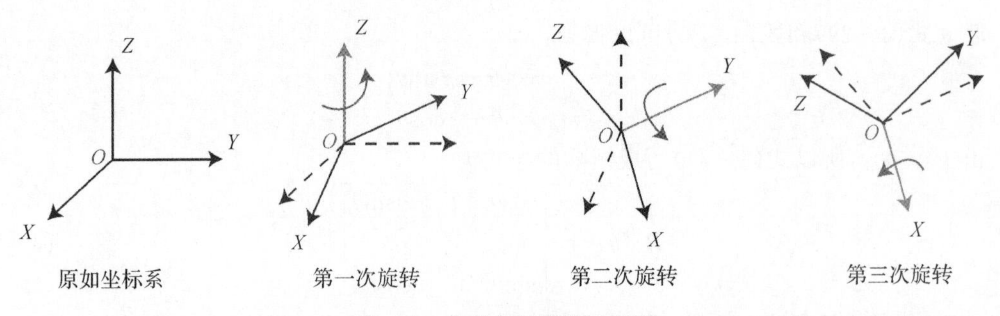

图 4-9　欧拉角的旋转示意图

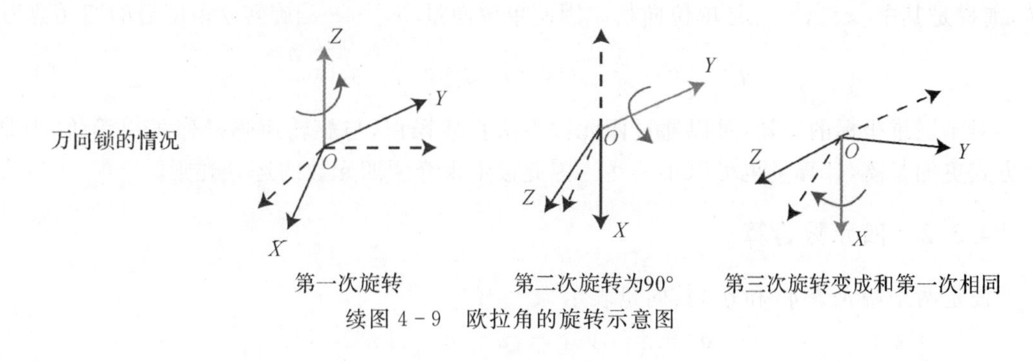

续图 4-9　欧拉角的旋转示意图

4.3　四元数法

旋转矩阵用九个量描述三自由度的旋转，具有冗余性；欧拉角和旋转向量是紧凑的，但具有奇异性。类似地，在表达三维空间旋转时，也有一种类似于复数的代数：四元数（Quaternion）。四元数是爱尔兰数学家哈密顿（Hamilton）提出的一种扩展的复数，将复数的二维空间扩展到了四维空间。它是紧凑的，同时也没有奇异性。

4.3.1　四元数基本概念

四元数的定义为拥有一个实部和三个虚部的数，即：

$$q = q_0 + q_1 \mathrm{i} + q_2 \mathrm{j} + q_3 \mathrm{k} \tag{4-37}$$

其中，i，j，k 为四元数的三个虚部。这三个虚部满足关系式：

$$\left.\begin{aligned} &\mathrm{i}^2 = \mathrm{j}^2 = \mathrm{k}^2 = -1 \\ &\mathrm{ij} = \mathrm{k}, \mathrm{ji} = -\mathrm{k} \\ &\mathrm{jk} = \mathrm{i}, \mathrm{kj} = -\mathrm{i} \\ &\mathrm{ki} = \mathrm{j}, \mathrm{ik} = -\mathrm{j} \end{aligned}\right\} \tag{4-38}$$

可以用一个标量和一个向量简要表示：

$$\boldsymbol{q} = [s \quad \boldsymbol{v}], \quad s = q_0 \in \mathbf{R}, \quad \boldsymbol{v} = [q_1 \quad q_2 \quad q_3]^{\mathrm{T}} \in \mathbf{R}^3 \tag{4-39}$$

这里，s 称为四元数的实部，而 $\boldsymbol{v}$ 称为它的虚部。如果一个四元数虚部为 0，称为实四元数。反之，若它的实部为 0，则称为虚四元数。

i，j，k 的关系就像三维坐标系一样，用单位四元数可以表示空间中的任意一个旋转，与复数有一些不同，在复数中，乘以 i 代表旋转 90°，但在四元数中，乘以 i 对应着旋转 180°，保证 ij=k，对应着绕 i 旋转 180°，再绕 j 旋转 180°等于绕 k 旋转 180°。$\mathrm{i}^2=-1$ 意味着绕 i 轴旋转 360°得到一个相反的东西。四元数之间的运算满足上面四个关系。

四元数是用来解决刚体三维空间旋转问题的。现在讨论一下四元数另一种定义方式。回顾前面旋转向量的表示方式：三维空间的任意旋转，都可以用绕三维空间的某个轴旋转过某个角度来表示，即所谓的 Axis - Angle 表示方法。这种表示方法里，Axis 可用一个三维向量 $[x \quad y \quad z]$ 来表示，θ 可以用一个角度值来表示，直观来讲，一个四维向量 $[\theta \quad x \quad y \quad z]$ 就可以表示出三维空间任意的旋转。注意，这里的三维向量 $[x \quad y \quad z]$ 只是用来表示 Axis 的方向朝向，因此更紧凑的表示方式是用一个单位向量来表示方向 Axis，而用该三维向量的长度来表示角度值 θ。这样一来，可以用一个三维向量 $[\theta x \quad \theta y \quad \theta z]$ 就可以表示出三维空间任意的旋转，前提是其中$[x \quad y \quad z]$是单位向量。因此单位向量$[x \quad y \quad z]$旋转θ角度后的四元数为

$$\boldsymbol{q}=\left[\cos\frac{\theta}{2} \quad x\sin\frac{\theta}{2} \quad y\sin\frac{\theta}{2} \quad z\sin\frac{\theta}{2}\right] \tag{4-40}$$

对于三维坐标的旋转，可以通过四元数乘法直接操作，与旋转矩阵操作可以等价，但是表示方式更加紧凑，计算量也可以小一些。因此接下来介绍四元数的运算规则。

4.3.2 四元数运算

设定两个四元数$\boldsymbol{q}_1$和$\boldsymbol{q}_2$，其向量表示为

$$\begin{aligned}\boldsymbol{q}_1&=[s_1,\boldsymbol{v}_1]=[a_1 \quad b_1 \quad c_1 \quad d_1]^{\mathrm{T}}\\ \boldsymbol{q}_2&=[s_2,\boldsymbol{v}_2]=[a_2 \quad b_2 \quad c_2 \quad d_2]^{\mathrm{T}}\end{aligned} \tag{4-41}$$

下面依次介绍它们的四则运算、数乘、共轭及求逆。

1. 加、减法

两个四元数的加减运算为

$$\begin{aligned}&\boldsymbol{q}_1\pm\boldsymbol{q}_2=[s_1\pm s_2 \quad \boldsymbol{v}_1\pm\boldsymbol{v}_2]=\\&(a_1\pm a_2)+(b_1\pm b_2)\mathrm{i}+(c_1\pm c_2)\mathrm{j}+(d_1\pm d_2)\mathrm{k}\end{aligned} \tag{4-42}$$

2. 乘法

四元数不满足交换律，故$\boldsymbol{q}_1\boldsymbol{q}_2\neq\boldsymbol{q}_2\boldsymbol{q}_1$且四元数的乘法不等同于外积，是把$q_1$的每一项与$q_2$每项相乘，最后相加，虚部要按照式(4-37)表示，有

$$\boldsymbol{q}_1\boldsymbol{q}_2=[s_1s_2-\boldsymbol{v}_1^{\mathrm{T}}\boldsymbol{v}_2 \quad s_1\boldsymbol{v}_2+s_2\boldsymbol{v}_1+\boldsymbol{v}_1\times\boldsymbol{v}_2]=\begin{bmatrix}a_1a_2-b_1b_2-c_1c_2-d_1d_2\\a_1b_2+b_1a_2+c_1d_2-d_1c_2\\a_1c_2-b_1d_2+c_1a_2+d_1b_2\\a_1d_2+b_1c_2-c_1b_2+d_1a_2\end{bmatrix} \tag{4-43}$$

3. 点乘

点乘也叫欧几里得内积，四元数的点积等同于一个四维向量的点积。点积的值是$\boldsymbol{q}_1$，$\boldsymbol{q}_2$中相应元素的数值的乘积的和：

$$\boldsymbol{q}_1\boldsymbol{q}_2=s_1s_2+\boldsymbol{v}_1\boldsymbol{v}_2=a_1a_2+b_1b_2+c_1c_2+d_1d_2 \tag{4-44}$$

4. 模长

四元数的模长定义为

$$\|\boldsymbol{q}\|=\sqrt{a^2+b^2+c^2+d^2} \tag{4-45}$$

可以验证，两个四元数乘积的模即为模的乘积，即$\|\boldsymbol{q}_1\boldsymbol{q}_2\|=\|\boldsymbol{q}_1\|\,\|\boldsymbol{q}_2\|$

5. 共轭

四元数的共轭是把虚部取成相反数：

$$\boldsymbol{q}^*=a-b\mathrm{i}-c\mathrm{j}-d\mathrm{k}=[s \quad -\boldsymbol{v}] \tag{4-46}$$

四元数共轭与自己本身相乘，会得到一个实四元数，其实部为模长的二次方：

$$\boldsymbol{q}^*\boldsymbol{q}=\boldsymbol{q}\boldsymbol{q}^*=[s^2+\boldsymbol{v}^{\mathrm{T}}\boldsymbol{v} \quad 0]=a^2+b^2+c^2+d^2 \tag{4-47}$$

6. 逆

一个四元数的逆为

$$\boldsymbol{q}^{-1}=\boldsymbol{q}^*/\|\boldsymbol{q}\|^2 \tag{4-48}$$

根据逆的定义，四元数和自己的逆的乘积为1，即$\boldsymbol{q}\boldsymbol{q}^{-1}=\boldsymbol{q}^{-1}\boldsymbol{q}=1$。

如果 $\boldsymbol{q}$ 为单位四元数，逆和共轭就是同一个量。同时，乘积的逆有和矩阵相似的性质：

$$(\boldsymbol{q}_1\boldsymbol{q}_2)^{-1} = \boldsymbol{q}_2^{-1}\boldsymbol{q}_1^{-1} \tag{4-49}$$

4.3.3　四元数与旋转矩阵的转换

任意单位四元数都可以描述一个旋转，该旋转亦可用旋转矩阵或旋转向量描述。旋转向量表示成四元数法已由式(4-39)给出。下面重点讨论四元数与旋转矩阵之间的转换。

1. 四元数求旋转矩阵

方法一是设四元数 $\boldsymbol{q}=q_0+q_1\mathrm{i}+q_2\mathrm{j}+q_3\mathrm{k}$，利用罗德里格斯公式可以求得对应的旋转矩阵 $\boldsymbol{R}$ 为

$$\boldsymbol{R} = \begin{bmatrix} 1-2q_2^2-2q_3^2 & 2q_1q_2-2q_0q_3 & 2q_1q_3+2q_0q_2 \\ 2q_1q_2+2q_0q_3 & 1-2q_1^2-2q_3^2 & 2q_2q_3-2q_0q_1 \\ 2q_1q_3-2q_0q_2 & 2q_2q_3+2q_0q_1 & 1-2q_1^2-2q_2^2 \end{bmatrix} \tag{4-50}$$

方法二是可以将四元数转化为轴角 θ 与向量 $[x \quad y \quad z]$，即 $[\theta \quad x \quad y \quad z]^{\mathrm{T}}$，然后再计算旋转矩阵(实际上这样需要多计算一个 arccos，并不是很方便)。

令单位向量 $\omega=[x \quad y \quad z]$，利用罗德里格斯公式可以求得对应的旋转矩阵 $\boldsymbol{R}$ 为

$$\boldsymbol{R} = \boldsymbol{I} + \sin\theta\omega + (1-\cos\theta)\omega^2 =$$

$$\boldsymbol{I} + \sin\theta\begin{bmatrix} 0 & -z & y \\ z & 0 & -x \\ -y & x & 0 \end{bmatrix} + (1-\cos\theta)\begin{bmatrix} -y^2-z^2 & xy & xz \\ xy & -x^2-z^2 & yz \\ xz & yz & -x^2-y^2 \end{bmatrix} =$$

$$\begin{bmatrix} \cos\theta+x^2(1-\cos\theta) & -z\sin\theta+xy(1-\cos\theta) & y\sin\theta+xz(1-\cos\theta) \\ z\sin\theta+xy(1-\cos\theta) & \cos\theta+y^2(1-\cos\theta) & -x\sin\theta+yz(1-\cos\theta) \\ -y\sin\theta+xz(1-\cos\theta) & x\sin\theta+yz(1-\cos\theta) & \cos\theta+z^2(1-\cos\theta) \end{bmatrix} \tag{4-51}$$

2. 旋转矩阵求四元数

按照方法一获得旋转矩阵，反之求四元数，则转换公式如下：

(1) $q_0\neq 0$，$1+r_{11}+r_{22}+r_{33}>0$，即 $1+\mathrm{tr}(\boldsymbol{R})>0$，则四元数表示为

$$\left.\begin{aligned} q_0 &= \sqrt{1+r_{11}+r_{22}+r_{33}}/2 \\ q_1 &= (r_{32}-r_{23})/4q_0 \\ q_2 &= (r_{13}-r_{31})/4q_0 \\ q_3 &= (r_{21}-r_{12})/4q_0 \end{aligned}\right\} \tag{4-52}$$

由于 $\boldsymbol{q}$ 和 $\boldsymbol{R}$ 表示同一个旋转，事实上一个 $\boldsymbol{R}$ 对应的四元数表示并不是唯一的。同时，除了上面给出的转换方式之外，还存在其他几种计算方法。

(2)如果 q_0 趋近于 0，$\mathrm{tr}(\boldsymbol{R})$ 趋近于 -1，则求解四元数的过程如下：

1)如果 $\max\{r_{11},r_{22},r_{33}\}=r_{11}$，则四元数表示为

$$\left.\begin{aligned} t &= \sqrt{1+r_{11}-r_{22}-r_{33}} \\ q_0 &= (r_{32}-r_{23})/t \\ q_1 &= t/4 \\ q_2 &= (r_{13}+r_{31})/t \\ q_3 &= (r_{21}+r_{12})/t \end{aligned}\right\} \tag{4-53}$$

2)如果 $\max\{r_{11},r_{22},r_{33}\}=r_{22}$,则四元数表示为

$$\left.\begin{aligned} t &= \sqrt{1-r_{11}+r_{22}-r_{33}} \\ q_0 &= (r_{13}-r_{31})/t \\ q_1 &= (r_{21}+r_{12})/t \\ q_2 &= t/4 \\ q_3 &= (r_{23}+r_{32})/t \end{aligned}\right\} \tag{4-54}$$

3)如果 $\max\{r_{11},r_{22},r_{33}\}=r_{33}$,则四元数表示为

$$\left.\begin{aligned} t &= \sqrt{1-r_{11}-r_{22}+r_{33}} \\ q_0 &= (r_{21}-r_{12})/t \\ q_1 &= (r_{13}+r_{31})/t \\ q_2 &= (r_{23}-r_{32})/t \\ q_3 &= t/4 \end{aligned}\right\} \tag{4-55}$$

本章介绍了描述侦察载荷刚体运动过程中,利用旋转矩阵、旋转向量、欧拉角和四元数等方法用于表示坐标系中的旋转关系,在实际应用中,应根据实际情况选择合适的表达方式,它们之间也可以相互转换,来实现一些特定的目的。

思 考 题

1.试用三维向量是描述物体的三维坐标。

2.写出三维向量的内积 $\boldsymbol{a}\cdot\boldsymbol{b}$ 与外积 $\boldsymbol{a}\times\boldsymbol{b}$ 的表达式,并分别说明在三维空间中代表的物理含义。

3.机载侦察载荷刚体运动包括哪些变换?请用三维向量表达这样的变换。

4.三维向量表达空间变换时引入齐次坐标目的是什么?请用齐次坐标表达侦察载荷刚体变换。

5.简述旋转矩阵具有的性质。根据罗德里格斯公式,写出旋转矩阵与旋转向量之间的表达式。

6.请推导固连在机体上的侦察载荷按照"偏航-俯仰-滚转"(yaw-pitch-roll)三个角度(ϕ-θ-γ)旋转的旋转矩阵的表达式。

7.为何采用四元数法表达三维空间的旋转?请写出四元数与旋转矩阵之间的表达式。

参考文献

[1] 高翔,张涛. 视觉 SLAM 十四讲:从理论到实践[M]. 北京:电子工业出版社,2017.
[2] 高强,王力,侯远龙,等.火控系统设计概论[M].北京:国防工业出版社,2016.
[3] 全权. 多旋翼飞行器设计与控制[M].北京:电子工业出版社,2018.

第5章 机载光电平台有源目标探测技术

无人侦察机相较于卫星等传统侦察手段，最大的优势在于机动灵活，对时敏目标探测能力强。现代无人机机载光电探测系统，可以通过激光测距等传感器获取目标相对载机的距离，但是无法直观地得出目标的具体位置和速度等信息。为了直观的获取目标的经纬度、高程和时敏目标的动态信息，还需要结合无人机自身的位置信息和姿态信息，通过目标定位方程解算，获取目标的大地坐标和运动趋势，以便我们对目标及其周围环境进行分析和监视。

第3章介绍了无人机光电探测转塔对目标探测的工作原理。无人机机载光电平台目标有源定位方法是在无人机获取目标区域的视场图像后，利用激光目标指示器测得目标与无人机光电平台间的距离，结合相关飞行数据进行后端处理，从而完成对目标的定位[1-2]。

5.1 光电平台目标有源目标定位原理

在三维空间中，摄像机对目标定位过程涉及目标所在大地坐标系(这是最终的摄像机测量成果)，飞机所在的导航坐标系和摄像机拍照和测距过程中的摄像机坐标系。

5.1.1 常用坐标系

1. WGS84 大地坐标系 O

WGS84(World Geodetic System 84)大地坐标系是一种国际上采用的地心坐标系，称为1984年世界大地坐标系(Geodetic Coordinate Frame，GCF)，是目前国际上统一采用的大地坐标系。它是一种惯性坐标系，作为一个基准认为是固定不动的。椭球模型主要参数见表5-1。

表5-1 WGS-84地球椭球模型主要参数

符号	名称	参考数值	符号	名称	参考数值
a	椭球长半轴	6 378 137 m	b	椭球短半轴	6 356 752.314 2 m
e_1	地球椭球子午椭圆的第一偏心率	$e_1=\sqrt{a^2-b^2}/a$	e_2	地球椭球子午椭圆的第二偏心率	$e_2=\sqrt{a^2-b^2}/b$
f	地球扁率	$f=(a-b)/a$	N	卯酉圆曲率半径	$N=a/\sqrt{1-e_1^2\sin^2 B}$

WGS84大地坐标系是以地心作为原点，Z_o轴为北极方向，X_o轴为地心指向格林尼治子午面与地球赤道的交点方向，Y_o轴与X_o、Z_o两轴相互垂直构成一个右手系。在大地坐标系中每一点的坐标可表示成(B,L,H)，分别代表该点的纬度、经度和高程。纬度是指某点与地球球心的连线

和地球赤道面所成的线面角，其数值在 0°～90°；经度指某点与两极的连线与 0°经线所在平面的夹角；大地高程是空间的点沿着参考椭球的法线方向到参考椭球面的距离，如图 5－1 所示。

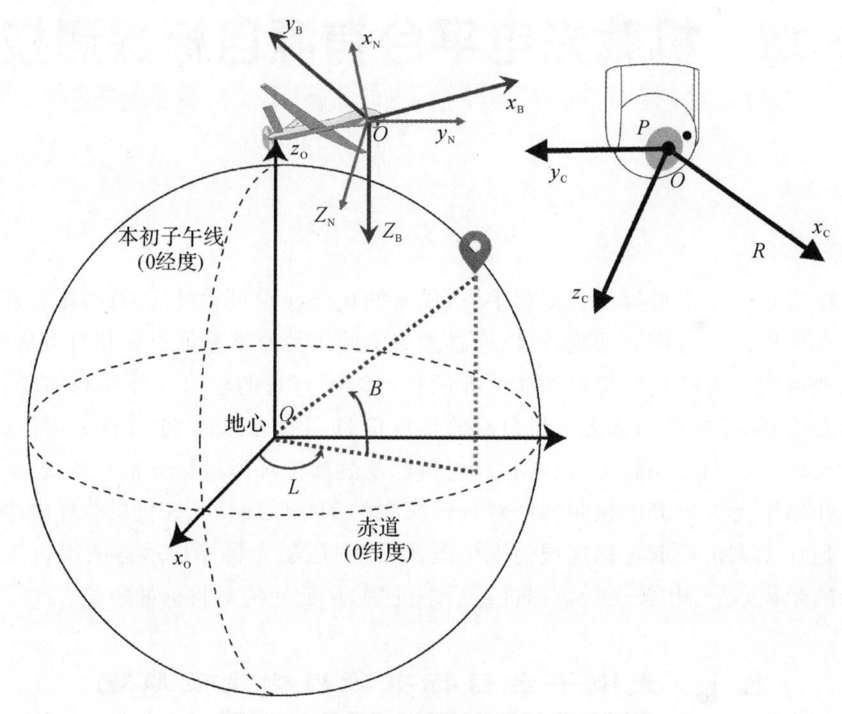

图 5－1　机载光电转塔对目标定位示意图

2. 大地直角坐标系 G

大地直角坐标系(Earth-Centered Earth-Fixed，ECEF)是 WGS84 大地坐标系的直角表达形式，便于度量运算而建立的，又称为投影坐标系。坐标轴定义与大地坐标系完全相同，只在表示空间上一点的位置时有所区别。G 系中点的坐标表示为(x_g，y_g，z_g)。

3. 站心坐标系 N

有的资料又称为地理坐标系。这里无人机站心坐标系表达的是一种导航坐标系，原点是载机中心在某一时刻所处的位置。导航坐标系一般有两种表达方式，一种是北东地坐标系(North-East-Down，NED)，X_n 轴指向地球北，Y_n 轴指向地球东，Z_n 轴垂直于地球表面指向下，X_n 轴、Y_n 轴和 Z_n 轴构成右手坐标系，如图 5－1 所示。还有一种表达方式是东北天坐标系(North-East-Up，ENU)。X_n 轴指向地球东，Y_n 轴指向地球北，Z_n 轴垂直于地球表面指向上，X_n 轴、Y_n 轴和 Z_n 轴构成右手坐标系。N 系中的每一个点的坐标可以表示为(x_n，y_n，z_n)。

4. 载机坐标系 B

载机坐标系的原点为载机导航系统的中心，Y_b 代表载机横轴，Z_b 代表载机纵轴，X_b 由机腹指向机背。载机航向角 ψ，载机俯仰角 θ，载机横滚角 ϕ 代表该坐标系相对站心坐标系的三个姿态角。以原点指向坐标轴顺时针旋转为正，逆时针旋转为负，即：俯仰角抬头为正，范围为－180°～180°；偏航角右转为正，范围为－180°～180°；横滚角右下转动为正，范围为－180°～180°。当姿态角均为零时，载机坐标系的三轴指向与站心坐标系的三轴指向重合。B 系中任一点的坐标表示为(x_b，y_b，z_b)。

5. 摄像机坐标系 C

摄像机坐标系的原点在摄像机光轴与横轴的交点上，Z_c 轴为摄像机光轴，指向目标。光轴指向角以方位角 α 和高低角 β 表示，其中方位角 α 为绕方位轴 X_c 的旋转角度，高低角 β 为绕俯仰轴 Y_c 的旋转角度，如图 5-1 所示。角度正负定义为高低角抬头为正，方位角右转为正。本书中认为光电转塔与载机之间是硬连接，当光电载荷在初始位置时，光电载荷坐标系与载机坐标系重合。

5.1.2　距离-角度目标定位计算

无人侦察机光电平台在定位目标这一过程中保持目标一直处于视场中心的附近，并可以输出目标相对载机的距离、高低角和方位角等数据，但是不能直观地得出目标的经纬度和高程。在获取载机定位数据、姿态数据的基础上，带入定位方程，可以计算出目标的经度、纬度和高程，完成目标定位。

(1)已知摄像机的光轴已指向目标，且摄像机的方位角、高低角以及目标相对载机的距离可测得。

(2)已知载机的经纬度、高程和载机的三个姿态角。

(3)求目标的经纬度和高程。

已知了无人机到目标的距离和转塔的指向信息，以及无人机的位置和方向信息，要将上述成果转化到大地直角坐标系下进行计算，获得目标的大地直角坐标值，最后转化到大地坐标系下的目标位置成果[4-7]。

1. 摄像机与目标的矢量计算

以大地直角坐标系为统一计算坐标系统。设定摄像机位置即为无人机的位置，无人机在空间直角坐标系中的位置矢量为 $\boldsymbol{OP}=[x_p\ y_p\ z_p]^T$，目标在空间直角坐标系中的位置矢量为：$\boldsymbol{OT}=[x_t\ y_t\ z_t]^T$，摄像机在空间直角坐标中位置矢量为 $\boldsymbol{PT}$，如图 5-2 所示。

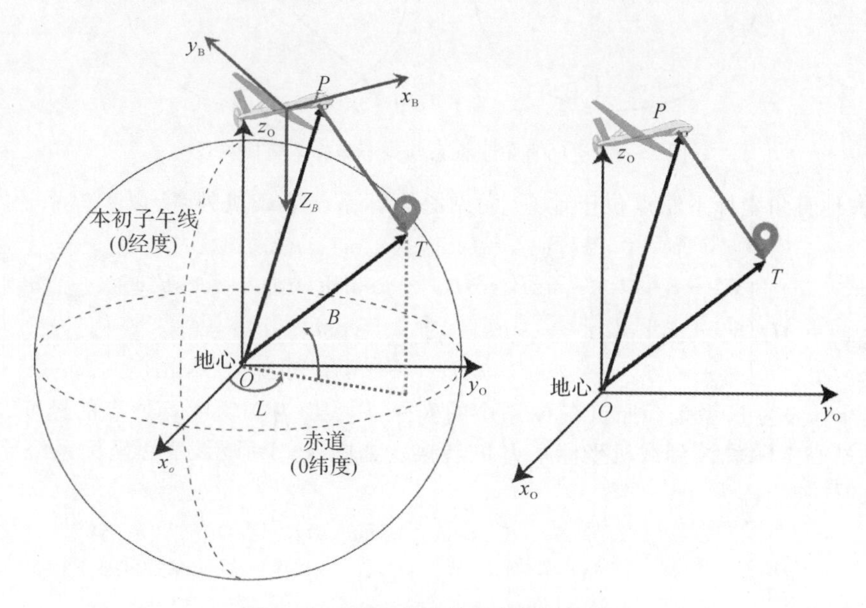

图 5-2　距离-角度目标定位解算原理

那么先要计算$\boldsymbol{OT}$,即目标在空间直角坐标系中的位置矢量,则根据矢量加规则可表示为

$$\boldsymbol{OT}=\boldsymbol{OP}+\boldsymbol{PT} \tag{5-1}$$

设载机空间直角坐标系下矢量$\boldsymbol{OP}=[x_p\ y_p\ z_p]^T$,无人机位置传感器获得 WGS84 大地坐标系$(B,L,H)$,需要转换到空间直角坐标下。$[R\ 0\ 0]^T$ 是在摄像机坐标系下的激光测距值。需要通过一系列旋转矩阵转换到空间直角坐标系下的矢量值$\boldsymbol{PT}$,转换关系如图 5-2 所示。

2.坐标系转换

(1)从大地坐标系 O 到大地直角坐标系 G 的转换。由(B,L,H)求(x_g,y_g,z_g):

$$\left.\begin{aligned} x_g &= (N+H)\cos B\cos L \\ y_g &= (N+H)\cos B\sin L \\ z_g &= [N(1-e^2)+H]\sin B \end{aligned}\right\} \tag{5-2}$$

其中,N为卯酉圈的曲率半径,$N=\dfrac{a}{\sqrt{1-e^2\sin^2 B}}$;$e$代表椭球体的第一偏心率,$e=0.081\ 819\ 190\ 842\ 6$;$a$代表椭球体的长半径,$a=6\ 378\ 137\text{m}$。

(2)从大地直角坐标系 G 到站心坐标系 N 的转换。先将空间直角坐标系的 z 轴转动纬度为L_0,得到中间坐标系,然后绕中间坐标系的 y 轴转动$-\pi/2-B_0$,L_0、B_0 为无人机的经纬度,从大地直角坐标系到站心坐标系的旋转矩阵 $\boldsymbol{M}_1$,如图 5-3 所示。

$$\boldsymbol{M}_1=\begin{bmatrix}-\sin B_0 & 0 & \cos B_0\\ 0 & 1 & 0\\ -\cos B_0 & 0 & -\sin B_0\end{bmatrix}\begin{bmatrix}\cos L_0 & \sin L_0 & 0\\ -\sin L_0 & \cos L_0 & 0\\ 0 & 0 & 1\end{bmatrix}=\begin{bmatrix}-\sin B_0\cos L_0 & -\sin B_0\sin L_0 & \cos B_0\\ -\sin L_0 & \cos L_0 & 0\\ -\cos B_0\cos L_0 & -\cos B_0\sin L_0 & -\sin B_0\end{bmatrix}$$

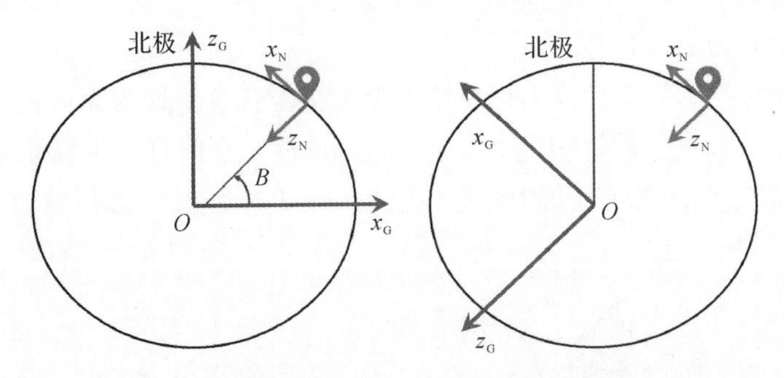

图 5-3 空间直角坐标系与站心坐标系转换关系

由于大地直角坐标系原点位于地心,而站心坐标系位于载机处,所以坐标系还需要进行平移:

$$\begin{bmatrix}x_n\\ y_n\\ z_n\end{bmatrix}=\boldsymbol{M}_1\begin{bmatrix}x_g-x_0\\ y_g-y_0\\ z_g-z_0\end{bmatrix}=\begin{bmatrix}-\sin B_0\cos L_0 & -\sin B_0\sin L_0 & \cos B_0\\ -\sin L_0 & \cos L_0 & 0\\ -\cos B_0\cos L_0 & -\cos B_0\sin L_0 & -\sin B_0\end{bmatrix}\begin{bmatrix}x_g-x_0\\ y_g-y_0\\ z_g-z_0\end{bmatrix} \tag{5-3}$$

其中,(x_0,y_0,z_0)为 N 系坐标原点在 G 系中的坐标,L_0、B_0 为 N 系坐标原点的经度、纬度。

(3)从站心坐标系 N 到载机坐标系 B 的转换。如图 5-1 所示,站心坐标系绕 Z_n 轴旋转航向角 ψ 的转换矩阵为

$$\boldsymbol{M}_2=\begin{bmatrix}\cos\psi & \sin\psi & 0\\ -\sin\psi & \cos\psi & 0\\ 0 & 0 & 1\end{bmatrix} \tag{5-4}$$

绕旋转后新坐标系的 Y_n 轴旋转载机俯仰角 θ 的转换矩阵为

$$M_3=\begin{bmatrix}\cos\theta & 0 & -\sin\theta\\ 0 & 1 & 0\\ \sin\theta & 0 & \cos\theta\end{bmatrix} \tag{5-5}$$

绕旋转后新坐标系的 X_n 轴旋转横滚角 ϕ 的转换矩阵为

$$M_4=\begin{bmatrix}1 & 0 & 0\\ 0 & \cos\phi & \sin\phi\\ 0 & -\sin\phi & \cos\phi\end{bmatrix} \tag{5-6}$$

则从站心坐标系 N 到载机坐标系 B 的转换矩阵 R_N^B 为

$$R_N^B=M_4\ M_3\ M_2 \tag{5-7}$$

(4)从载机坐标系 B 到摄像机坐标系 C 的转换。先绕载机坐标系的 Y_C 轴旋转 β 的转换矩阵为

$$M_5=\begin{bmatrix}\cos\beta & 0 & -\sin\beta\\ 0 & 1 & 0\\ \sin\beta & 0 & \cos\beta\end{bmatrix} \tag{5-8}$$

绕 X_C 轴旋转 α 的转换矩阵为

$$M_6=\begin{bmatrix}1 & 0 & 0\\ 0 & \cos\alpha & \sin\alpha\\ 0 & -\sin\alpha & \cos\alpha\end{bmatrix} \tag{5-9}$$

则从基座坐标系 B 到摄像机坐标系 C 的转换矩阵为

$$R_B^C=M_6M_5 \tag{5-10}$$

3. 目标的坐标计算

具体计算过程可以分为两部分：

(1)计算目标在大地直角坐标系下的坐标值。设摄像机坐标系下的目标坐标 $t_c=(x_c,y_c,z_c)^T=(0,0,R)^T$，其中 R 为激光测距值。设大地直角坐标系下目标坐标为 $t_g=(x_g,y_g,z_g)^T$，载机在大地直角坐标系下的坐标为 $p_g=(x_p,y_p,z_p)^T$，则根据式(5-1)可得：

$$\begin{aligned}t_g=&(R_B^C\times R_N^B\times R_G^N)^{-1}\times t_c+p_g=\\ &Rt_c+p_g\end{aligned} \tag{5-11}$$

其中：

$$\begin{cases}R_G^N=M_1\\ R_N^B=M_4\times M_3\times M_2,\quad R=M_6\times M_5\times M_4\times M_3\times M_2\times M_1\\ R_B^C=M_6\times M_5\end{cases}$$

计算过程中可采用齐次方程形式计算：

$$\begin{bmatrix}x_g\\ y_g\\ z_g\\ 1\end{bmatrix}=\begin{bmatrix}R & t\\ 0^T & 1\end{bmatrix}\begin{bmatrix}x_c\\ y_c\\ z_c\\ 1\end{bmatrix} \tag{5-12}$$

(2)将目标在大地直角坐标下的坐标(x_g,y_g,z_g)转换为目标在大地坐标系下的坐标(B,

L,H)。有两种计算公式[4]：

1)直接法。

$$\left.\begin{aligned}B&=\arctan\frac{z_{\mathrm{g}}+be'^{2}\sin^{3}U}{\sqrt{x_{\mathrm{g}}^{2}+y_{\mathrm{g}}^{2}}-ae^{2}\cos^{3}U}\\L&=\arctan\frac{y_{\mathrm{g}}}{x_{\mathrm{g}}}\\H&=\frac{\sqrt{x_{\mathrm{g}}^{2}+y_{\mathrm{g}}^{2}}}{\cos B}-N\end{aligned}\right\}\tag{5-13}$$

其中，$N=\dfrac{a}{\sqrt{1-e^{2}\sin^{2}B}}$；$U=\arctan\left(\dfrac{z_{g}a}{\sqrt{x_{g}^{2}+y_{g}^{2}}b}\right)$；$e$ 和 e' 代表椭球体的第一偏心率和第二偏心率 $e=0.081\ 819\ 190\ 842\ 6$，$e'=0.082\ 094\ 437\ 496$；$a,b$ 代表椭球体的长半径和短半径 $a=6\ 378\ 137$ m，$b=6\ 356\ 752.314\ 2$ m。

2)迭代法。目标经度 L 由下式得出：

$$L=\arctan\frac{y_{\mathrm{g}}}{x_{\mathrm{g}}}\tag{5-14}$$

目标纬度 B 和高程 H 由下列迭代公式计算可得：

初始值：

$$\left.\begin{aligned}N_{0}&=a\\H_{0}&=\sqrt{x_{g}^{2}+y_{g}^{2}+z_{g}^{2}}-\sqrt{ab}\\B_{0}&=\cot\left[\frac{z_{g}}{\sqrt{x_{g}^{2}+y_{g}^{2}}}\left(1-\frac{e_{1}^{2}N_{0}}{N_{0}+H_{0}}\right)^{-1}\right]\end{aligned}\right\}\tag{5-15}$$

迭代公式：

$$\left.\begin{aligned}N_{i}&=\frac{a}{\sqrt{1-e_{1}^{2}\sin^{2}B_{i-1}}}\\H_{i}&=\frac{\sqrt{x_{g}^{2}+y_{g}^{2}}}{\cos B_{i-1}}-N_{i}\\B_{i}&=\cot\left[\frac{z_{g}}{\sqrt{x_{g}^{2}+y_{g}^{2}}}\left(1-\frac{e_{1}^{2}N_{i}}{N_{0}+H_{i}}\right)^{-1}\right]\end{aligned}\right\}\tag{5-16}$$

迭代至：

$$\left.\begin{aligned}|H_{i}-H_{i-1}|&<\varepsilon_{1}\\|B_{i}-B_{i-1}|&<\varepsilon_{2}\end{aligned}\right\}\tag{5-17}$$

则 $H=H_{i}$，$B=B_{i}$。其中，$\varepsilon_{1}=0.001$ m；$\varepsilon_{2}=0.000\ 01''$。迭代法一般迭代 2～3 次后的得到的结果精度就很高。

至此，完成目标点的定位计算。

5.1.3　结果与分析

无人侦察机实验平台获取的飞行数据展开验证分析。飞行前通过基站 RTK 测得的合作目标位置为(34.203 405 302 407 9°，108.825 080 858 144 5°，370.079 597 646 048 7 m)。无人机飞行参数见表 5-2，吊舱参数见表 5-3，共有 16 个有效采样点。

表 5-2 无人机飞行参数表

序号	无人机纬度/(°)	无人机经度/(°)	无人机高程/m	无人机偏航角/(°)	无人机俯仰角/(°)	无人机滚转角/(°)
1	34.203 820 918 6	108.824 464 931	417.347 755 7	120.949 770 775 9	0.155 704 757 111	1.719 160 714 996
2	34.203 946 493 7	108.824 752 941	397.294 850 1	334.873 625 278 4	0.429 050 292 746	0.138 304 005 664
3	34.204 045 792 9	108.825 240 480	420.687 259 7	8.906 736 768 734	0.935 371 341 219	0.521 461 990 893
4	34.203 951 236	108.825 704 249	405.367 632	39.788 681 557 83	1.353 301 516 555	1.457 766 741 514
5	34.203 763 968	108.825 986 418	436.657 618	39.640 987 827 46	1.261 884 823 052	1.404 212 794 614
6	34.203 295 815	108.826 223 346	423.890 521	90.713 058 471 67	0.966 296 670 913	2.851 894 603 729
7	34.203 087 673	108.826 167 350	409.680 941	114.545 893 092 0	0.542 822 922 123	2.398 728 303 848
8	34.202 872 857	108.826 754 989	409.680 514	114.249 368 950 8	0.495 340 384 764	2.773 591 835 900
9	34.202 584 391	108.826 605 444	437.147 759	114.185 097 376 5	0.243 217 103 089	2.431 182 266 076
10	34.202 362 602	108.826 296 188	430.852 850	135.261 056 173 4	0.479 260 860 454	2.362 853 422 760
11	34.202 134 076	108.826 022 388	407.150 827	135.202 618 933 6	−0.048 459 707 96	1.345 004 767 376
12	34.202 041 218	108.825 602 877	407.151 010	156.249 588 095 1	0.129 421 318 423	1.377 261 445 973
13	34.202 369 199	108.825 427 809	407.149 965	156.112 897 388 9	−0.205 938 499 45	0.982 544 034 608
14	34.202 438 585	108.825 090 856	407.149 434	170.707 609 354 6	−0.253 150 060 12	0.996 376 040 577
15	34.202 493 396	108.824 737 911	407.151 929	198.156 658 318 5	−0.054 309 575 29	0.789 771 957 964
16	34.202 801 894	108.824 890 581	399.434 319	198.344 725 812 0	0.203 247 223 182	0.641 146 366 591

表 5-3　光电吊舱参数表

序号	平台方位角/(°)	平台高低角/(°)	目标距离/m
1	155.401 308 861 848 38	−37.840 097 587 799 356	86.570 093 457 943 93
2	329.809 767 007 827 76	−27.802 420 854 568 485	71.273 437 500 000 000
3	334.269 872 774 743 76	−38.675 416 010 959 890	91.076 433 121 019 110
4	334.469 149 001 101 24	−27.262 558 145 725 980	90.771 276 595 744 680
5	29.401 129 866 553 372	−39.833 129 617 442 25	114.491 304 347 826 09
6	340.529 844 726 562 5	−31.829 123 291 015 63	117.644 000 000 000 00
7	333.550 445 945 399 64	−25.340 761 998 656 45	113.433 121 019 108 28
8	337.074 751 447 923 1	−19.181 536 532 864 715	151.992 574 257 425 73
9	340.308 032 531 738 26	−27.612 201 029 459 637	171.315 000 000 000 00
10	335.648 450 760 614 37	−26.183 989 933 558 873	164.648 809 523 809 52

续 表

序号	平台方位角/(°)	平台高底角/(°)	目标距离/m
11	339.240 992 666 080 33	−18.701 455 223 639 286	156.917 218 543 046 35
12	343.540 270 171 294 37	−18.669 837 415 540 54	153.100 000 000 000 0
13	351.698 732 290 695 03	−23.998 584 121 020 876	115.843 283 582 089 55
14	347.834 134 521 484 4	−25.634 198 404 947 92	107.726 666 666 666 67
15	335.105 245 121 189 8	−26.154 315 885 950 307	104.565 573 770 491 81
16	325.726 967 233 126 35	−29.496 064 232 998 215	74.036 885 245 901 64

利用式(5-12)对目标进行定位计算,目标定位结果和误差见表5-4。

表5-4 目标定位结果与误差

序号	目标纬度/(°)	目标经度/(°)	目标高程/m	平面误差/m	空间三维误差/m
1	34.203 734 262 083 5	108.825 216 941 812	367.144 117 666 408	39.167 504 025	39.277 352 434 5
2	34.203 601 173 732 1	108.825 311 164 470	365.426 768 670 790	32.368 554 699	32.701 256 104 6
3	34.203 418 103 372 2	108.825 460 602 665	364.319 936 951 622	39.562 018 182	39.979 081 704 8
4	34.203 235 278 548 6	108.825 490 298 954	363.076 622 582 041	46.616 531 385	47.139 608 167 2
5	34.203 477 675 652 4	108.825 095 323 892	364.596 952 140 331	8.173 394 102 4	9.841 939 488 48
6	34.203 006 398 701 6	108.825 214 143 193	360.549 968 744 628	46.401 235 697	47.369 700 244 4
7	34.203 042 568 690 1	108.825 074 740 813	360.256 262 008 101	40.268 478 249	41.449 345 755 9
8	34.202 891 891 082 2	108.825 218 488 136	357.814 175 695 181	58.761 815 611	60.028 256 259 9
9	34.202 688 818 752 0	108.824 987 099 164	356.900 625 172 071	80.126 198 436	81.202 789 307 7
10	34.202 822 302 334 2	108.824 830 878 571	356.488 479 582 593	69.748 398 835	71.060 239 447 6
11	34.202 665 437 924 6	108.824 567 048 201	357.588 665 903 546	98.002 940 490	98.795 747 482 4
12	34.203 011 248 837 6	108.824 601 453 515	358.711 709 900 759	66.360 270 007	67.326 921 118 5
13	34.203 149 066 028 0	108.824 825 661 091	362.010 683 431 290	38.919 856 348	39.747 485 389 2
14	34.203 224 254 051 8	108.824 714 612 606	362.469 000 010 751	43.100 277 565	43.767 055 219 5
15	34.203 300 197 485 4	108.824 623 491 065	362.456 252 058 037	49.024 390 487	49.613 569 319 3
16	34.203 326 178 847 0	108.824 700 787 667	364.245 970 780 961	40.532 068 458	40.949 722 537 7

将结果进行绘图分析,得到图5-4,可以发现,单点定位结果误差普遍较大,且分布离散,随机性大。对于高精度无人机侦察定位系统,单点定位显然无法满足现代战争高精度定位的需求。那么解决光电测量系统高精度定位问题,需要对无人侦察机对目标定位的误差来源进行系统分析。

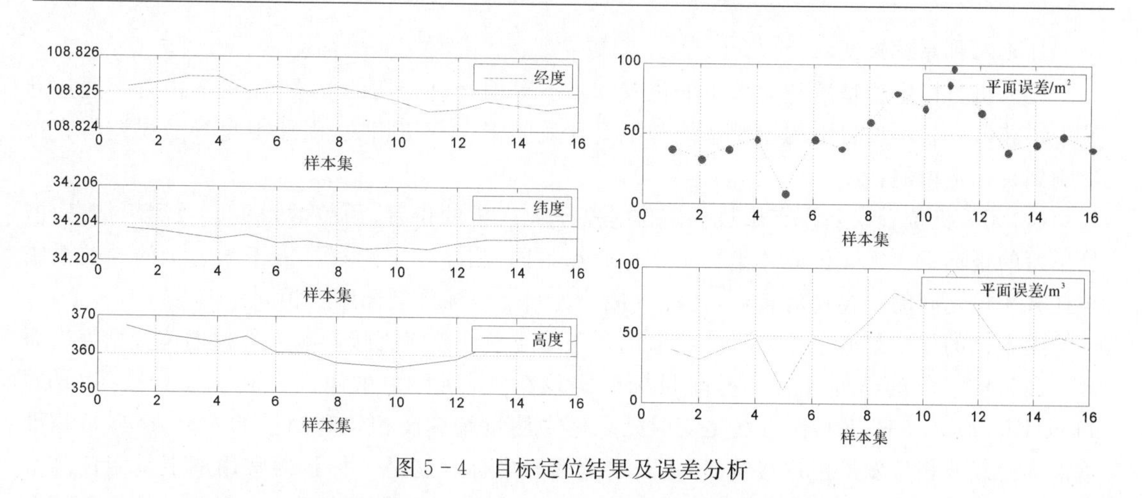

图 5-4　目标定位结果及误差分析

5.2　目标定位误差分析

美国是无人机研制和装备的大国，其代表“全球鹰”高空长航时无人侦察机具备跨洲际飞行能力，不仅可以在大范围内通过雷达搜索目标，还能获取 7.4 万平方千米范围内的目标光电/红外图像信息。在 20 km 的高空上，通过合成孔径雷达侦察获得的条幅式照片具有1 m的精度，定点侦察照片的精度则高达0.3 m，对 20～200 km/h 速度移动的地面目标，也能达到 7 m的定位精度[8-9]。

在无人机目标定位中，定位误差是由多方面因素引起的，是多个误差源的综合表征。飞机的导航误差、光电侦察平台的安装误差以及摄像机的光轴指向误差等误差都会给目标定位精度带来影响。要提高目标定位的精度，必须精确分析各种误差影响因素，通过对误差分析，合理地进行误差分配，做得合理，可以充分应用资源、加快设备研制进度、提高无人机目标定位精度。

5.2.1　机载光电平台目标定位误差来源分析

影响无人机目标定位精度的误差来源有很多，根据误差来源的不同，可将误差分为四类，如图 5-5 所示。

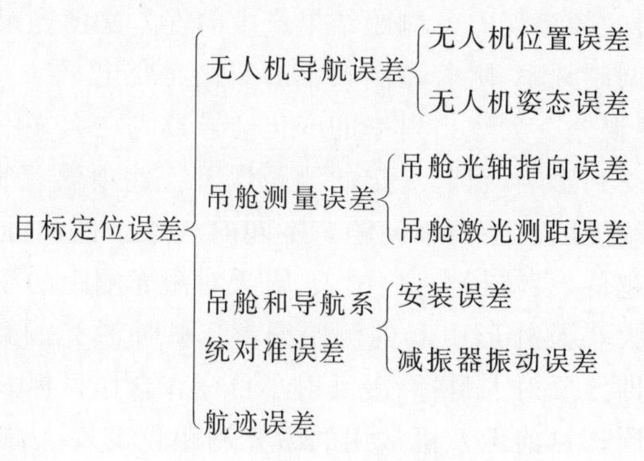

图 5-5　目标定位误差源

1. 无人机导航误差

无人机目标定位精度与无人机的位置和姿态等因素有密切的关系，飞机的位置是通过导航系统获取的。本项目中的导航系统与卫星导航的精度密切相关，因此卫星导航误差将直接影响到目标定位的精度。

(1)无人机位置误差。有源目标定位是基于无人机的位置、吊舱的角度以及测距信息，但是吊舱的坐标系与无人机载体坐标系坐标原点不同，相差一定距离。由于无人机的导航系统与挂载相机之间的距离相对较近，往往直接认为两个坐标系坐标原点相同。

无人机的位置是通过导航系统获取的。卫星导航误差将直接影响无人机的位置精度进而影响到目标定位的精度。为了提高目标的定位精度，项目中采用载波相位差分技术(Real Time Kinematic, RTK)，该方法是实时处理两个测量站载波相位观测量的差分方法，将基准站采集的载波相位发给用户接收机，进行求差解算坐标。这是一种新的常用的卫星定位测量方法，以前的静态、快速静态、动态测量都需要事后进行解算才能获得厘米级的精度，而RTK是能够在野外实时得到厘米级定位精度的测量方法。本章中无人机自身定位都采取了实时差分技术。

(2)无人机姿态角测量误差。无人机机体的三个姿态角是无人机坐标系相对于站心坐标系的旋转角，常用三个欧拉角表示，其测量值可由惯导输出。其中航向角由导航系统中的磁敏元件测量获得，俯仰角、横滚角由惯导中的陀螺仪测量获得。磁敏元件是利用地磁场来计算磁航向角的测量器件，其输出易受外界干扰磁场的影响而导致精度降低。零点漂移等干扰因素的存在，陀螺仪也会产生一定的测量误差。飞机的航向角、俯仰角、横滚角的测量误差均会对无人机目标定位的精度产生影响。

2. 吊舱测量误差

吊舱测量误差包括光轴指向误差与激光测距误差，下面分别进行说明。

吊舱通过调节摄像机的俯仰角、高低角来精确指向空间中的某点。由于加工、制造、装配和机械形变等引起的轴系误差，摄像机光轴的理想指向角与实际指向角之间存在偏差，定义这种误差为摄像机的光轴指向误差。

激光测距原理：在测距点激光发射机向被测目标发射激光脉冲，其中部分激光经目标反射后返回测距点，并被测距仪的探测系统接收，测出脉冲在待测距离上的往返时间，即可计算得出目标距离，激光测距的误差的来源主要有以下3个方面。

(1)主控晶体振荡器的频率误差。测距结果产生的误差是由光尺长度的变化引起的，而光尺长度取决于测距仪的调制频率，随着调制频率的变化而变化。

(2)大气光的折射率误差。大气折射率的变化会导致光在大气中的传播速度发生变化，从而使得仪器的测尺长度受到影响，引起一定的测距误差。此项误差是电磁波测距的一项主要误差和提高远距离测距精度的主要面临问题。不同的气象条件，对同一波长的激光所造成的能量衰减不同。能见度越低，衰减越大，故雨天、雾天对激光测距的精度有明显影响。

(3)目标表面性质、大小及外形引起的测距误差。脉冲激光测距与目标的形式和大小有关，目标的形式有三种，即漫反射大目标、漫反射小目标和合作目标。目标表面性质的不同，将引起目标的反射系数不同。目前无人机常用的激光测距仪的最大测量距离为10 km，发射功率大于20 mW，重复频率为10 Hz/s，在10 km内，激光测距仪测距误差在1～5 m。

3. 吊舱和导航系统对准误差

(1)安装误差。一般情况下,吊舱是吊装在飞机上。吊舱与地基式光电测量设备在测量基准的传递上存在着很大的不同。地基式光电测量设备是使安放在地基环上,而机载吊舱是固定在飞机机体上。地基式测量设备利用水平仪、方位仪等仪器标定出的初始基准,而机载吊舱是与无人机的惯导系统进行初始对准。机载吊舱的安装包括两部分:调平误差和方位对准误差。调平误差即机载吊舱的竖轴倾斜误差,在装机过程中与惯导系统的水平面进行比对。方位对准是吊舱方位基准与无人机上的惯导方位基准镜进行比对。惯导自身随时间产生漂移会影响到吊舱的测量,产生一定误差。

(2)减振器振动误差。吊舱的基座、框架和负载构成了一个多自由度的弹簧质量阻尼系统,因而在其受到大气扰动、飞机振动等一系列外界和内部激励的作用时,会引起整个系统的振动。共振就是在激励频率和系统某阶固有频率相等时产生的。通过框架的不等刚度和质心偏移,强烈的振动会导致框架的线振动和绕框架轴的角振动,从而严重地影响到吊舱平台的工作稳定性。

静态条件下吊舱基座坐标系和无人机坐标系之间只存在安装对准误差;当无人机飞行时,无人机机体的振动造成了减振器的振动。因此,吊舱基座坐标系和无人机坐标系之间还存在三个振动角误差,减振器的振动角可以近似的认为服从正弦变化规律。

4. 航迹误差

不同的无人机航迹对目标定位误差影响不同,在对动/静态目标进行定位的过程中,需要对无人机航迹进行合理规划,这样有助于提高目标定位精度。

5.2.2　误差分析仿真模型

1. Monte-Carlo 分析法原理

Monte-Carlo 法是一种统计模拟方法,该方法利用计算机产生随机数/伪随机数添加到系统参数之中,以概率统计模拟系统中的不确定因素,其理论基础为大数定律和伯努利定理[16]。

大数定律:设 x_1, x_2,…, x_n 是 n 个独立的随机变量,它们均来源于同一母体并且概率分布相同,均值和方差一致分别为 μ 和 σ^2,对于任意 $\varepsilon>0$,有:

$$\lim_{n\to\infty}P\left(\left|\frac{1}{n}\sum_{i=1}^{n}x_i-\mu\right|\geqslant\varepsilon\right)=0 \tag{5-18}$$

伯努利定理:若随机事件 A 发生的概率为 $P(A)$,在 n 次独立试验中,事件 A 发生了 m 次,即频数为 m,则对于任意 $\varepsilon>0$,有:

$$\lim_{n\to\infty}P\left(\left|\frac{m}{n}-P(A)\right|<\varepsilon\right)=1 \tag{5-19}$$

基于 Monte-Carlo 法的误差数学模型为

$$\Delta Y=G(x_1+\Delta x_1,x_2+\Delta x_2,\cdots,x_n+\Delta x_n)-G(x_1,x_2,\cdots,x_n) \tag{5-20}$$

其中,x_i,$i=1,2,\cdots,n$ 表示计算过程中涉及的相关参数的真值;Δx_i 表示相关参数的测量误差;G 是计算规则。

2. 定位误差分析模型

假设无人机光电侦察 D-A 目标定位法的求解目标大地坐标的过程为

$$[L\quad B\quad H]=\boldsymbol{G}(\mathrm{X}) \tag{5-21}$$

则目标定位误差模型为

$$[\Delta L\ \Delta B\ \Delta H] = \boldsymbol{G}(X+\Delta X) - \boldsymbol{G}(X) \tag{5-22}$$

其中，(L,B,H)是目标的大地坐标；$(\Delta L,\Delta B,\Delta H)$是目标大地坐标的定位计算误差，$X$为D－A目标定位法涉及到的相关参数，包括激光测距值$\boldsymbol{R}$、光电平台方位角α、高低角β、无人机偏航角ψ、俯仰角θ和横滚角ϕ、无人机载机大地坐标(L_u, B_u, H_u)，光电平台安装相对距离误差Δd_1、Δd_2、方位对准误差$\Delta\varphi_\alpha$、$\Delta\theta_\alpha$和$\Delta\sigma_\alpha$、光电平台角振动误差$\Delta\varphi_v$、$\Delta\theta_v$和$\Delta\sigma_v$，ΔX为相关参数的测量误差；G为D－A目标定位计算过程。

假设所有相关参数的测量误差ΔX均服从均值为0，标准差为$\rho_{\Delta X}$的正态分布仿真参数设置见表5－5。

表5－5　仿真参数设置

参　数	符　号	真　值	误差标准差 $\rho_{\Delta X}$
无人机载机经度	L_u	108°	$1°\times10^{-4}$
无人机载机纬度	B_u	34°	$1°\times10^{-4}$
无人机载机高程	H_u	4 000 m	10 m
无人机偏航角	ψ	－35°	1°
无人机俯仰角	θ	30°	1°
无人机横滚角	ϕ	45°	1°
光电平台水平安装相对距离	d_1	－0.3 m	0.01 m
光电平台竖直安装相对距离	d_2	0.2 m	0.01 m
光电平台绕Z轴安装方位对准误差	$\Delta\psi_\alpha$	1°	0.5°
光电平台绕Y轴安装方位对准误差	$\Delta\theta_\alpha$	－1°	0.5°
光电平台绕X轴安装方位对准误差	$\Delta\phi_\alpha$	1°	0.5°
绕Z轴角振动误差	$\Delta\psi_v$	2°	1°
绕Y轴角振动误差	$\Delta\theta_v$	－2°	1°
绕X轴角振动误差	$\Delta\phi_v$	2°	1°
激光测距值	R	5 000 m	10 m
光电平台方位角	α	45°	1°
光电平台高低角	β	－35°	1°

为了得到各测量误差对目标定位误差的影响曲线，改变其中某一误差的值，设定其他误差均为0，多次计算，然后对结果进行分析。具体步骤如下：

(1)仿真参数值输入。

(2)计算参数值为真值情况下的定位结果(L, B, H)并作为目标在大地坐标系中的坐标真值。

(3)产生服从于正态分布的随机参数误差序列，序列长度设为10 000。

(4)将相关参数真值与随机误差序列相加，计算参数值在存在随机误差情况下的定位结果(L_i, B_i, H_i)。

(5)计算误差$(\Delta L_i, \Delta B_i, \Delta H_i)=(L_i,\ B_i,\ H_i)-(L, B, H)$，$i=1,2,\cdots,10\ 000$。

(6)对误差$(\Delta L_i,\ \Delta B_i,\ \Delta H_i)$，$i=1,2,\cdots,10\ 000$ 进行统计分析。

(7)统计 $(\Delta Lat, \Delta Lon, \Delta Ht)$ 的标准差并输出结果。

(8)为了得到各测量误差对目标定位误差的影响曲线，改变某一误差的值，设定其他误差均为 0，多次计算，然后对结果进行分析。

5.2.3　目标定位误差仿真结果分析

1. 无人机载机定位误差的影响

由图 5-6 可看出目标定位的总位置误差随无人机纬度、经度和高度误差的增大成直线上升趋势，无人机纬度误差从 0 m 增加到 20 m，目标总位置误差从0 m增加到 22.4 m；无人机经度误差从 0 m 增加到20 m，目标总位置误差从 0 m 增加到 18.5 m；无人机高度误差从 0 m 增加到 20 m，静态目标总位置误差从 0 m 增加到 20.15 m。

通过以上分析可知，无人机位置误差对静态目标定位精度的影响近似为线性关系，即无人机自身定位精度提高 1 m，静态目标定位精度提高 1 m。

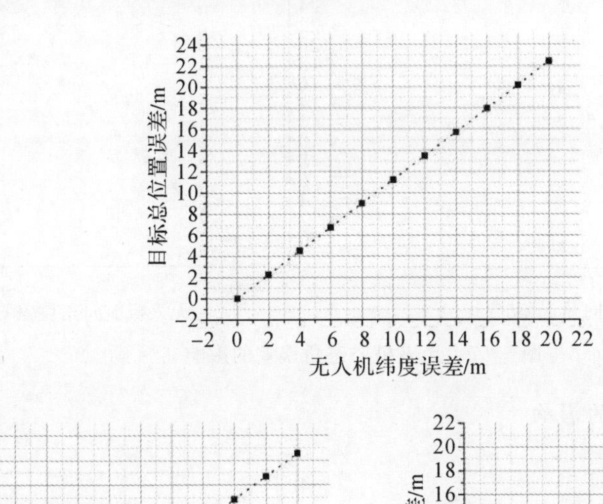

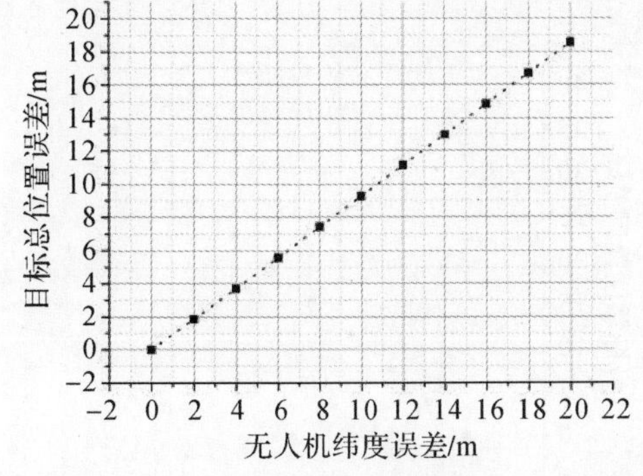

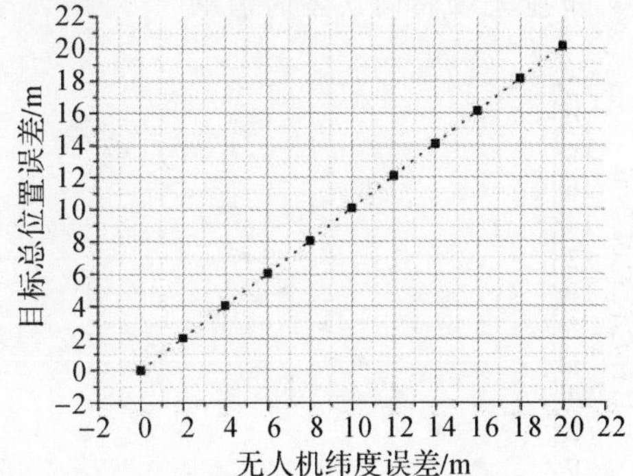

图 5-6　无人机载机定位误差影响

2. 无人机姿态角误差的影响

由图 5-7 可看出目标定位的总位置误差随无人机航向角、俯仰角、滚转角误差的增大成直线上升趋势，无人机航向角误差从 0°增加到 5°，目标总位置误差从 0 m 增加到 20.14 m；无人机俯仰角误差从 0°增加到 5°,目标总位置误差从 0 m 增加到 22.2 m;无人机滚转角误差从 0°增加到 5°,目标总位置误差从 0 m 增加到 26.8 m。

通过上述分析可知,无人机姿态误差对目标定位精度的影响近似为线性关系,根据前面结论,可以得到以下的影响:即航向角精度提高 1°,目标定位精度提高 4.03 m;俯仰角精度提高 1°,目标定位精度提高 4.44 m;滚转角精度提高 1°,目标定位精度提高 5.36 m。

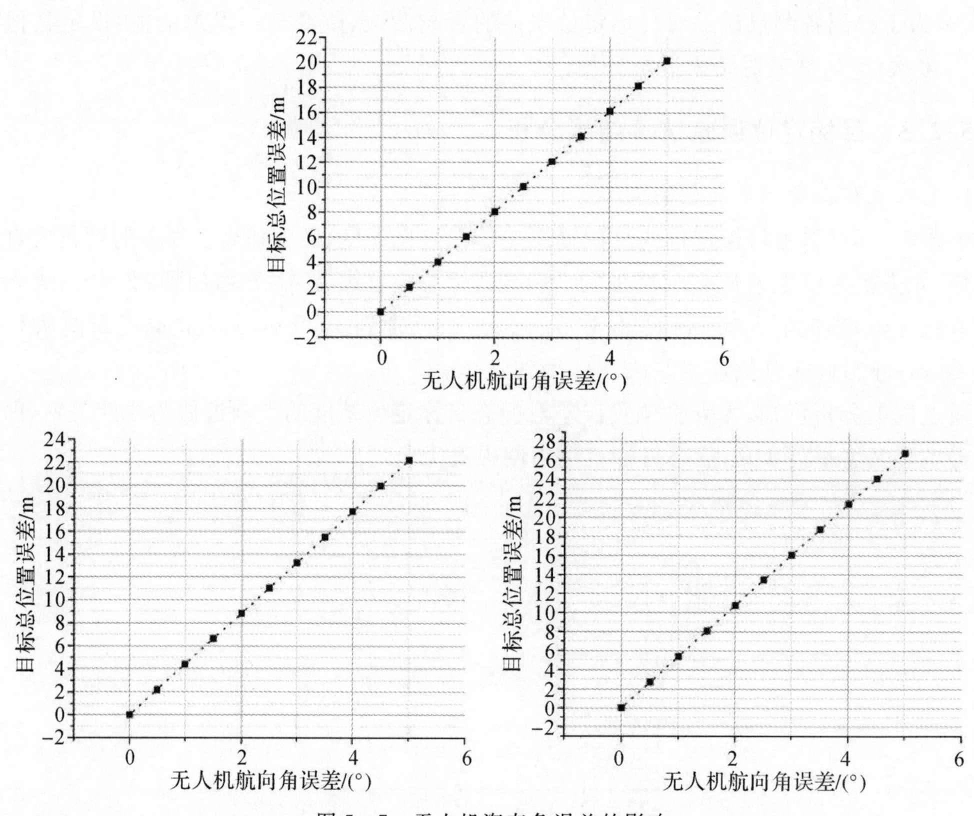

图 5-7 无人机姿态角误差的影响

3. 吊舱光轴指向误差的影响

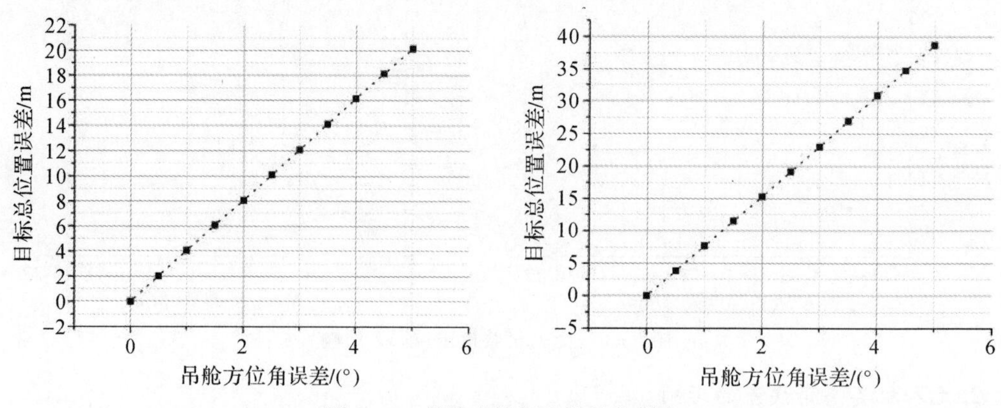

图 5-8 吊舱光轴指向误差的影响

由图 5-8 可看出目标定位的总位置误差随吊舱方位角、高低角误差的增大成直线上升趋势。吊舱方位角误差从 0°增加到 5°，目标总位置误差从 0 m 增加到 20.14 m，吊舱方位角误差对无人机目标定位高度误差无影响。吊舱高低角误差从 0°增加到 5°，目标总位置误差从 0 m 增加到 38.65 m，并且吊舱高低角误差对目标的水平位置误差、高度误差均有影响。

通过以上分析可知，吊舱方位角精度对目标定位精度的影响近似为线性关系，吊舱方位角精度提高 1°，目标定位精度提高 4.02 m；吊舱高低角精度对目标定位精度的影响近似为线性关系，吊舱高低角精度提高 1°，目标定位精度提高 7.73 m，并且吊舱高低角误差对目标的水平位置误差、高度误差均有影响。

4. 吊舱激光测距误差的影响

从图 5 - 9 可看出目标定位的总位置误差随吊舱激光测距误差的增大成直线上升趋势，吊舱激光测距误差从 1 m 增加到 20 m，目标总位置误差从 0 m 增加到 19.3 m。即：吊舱激光测距精度提高 1 m，目标位置精度提高 1 m。

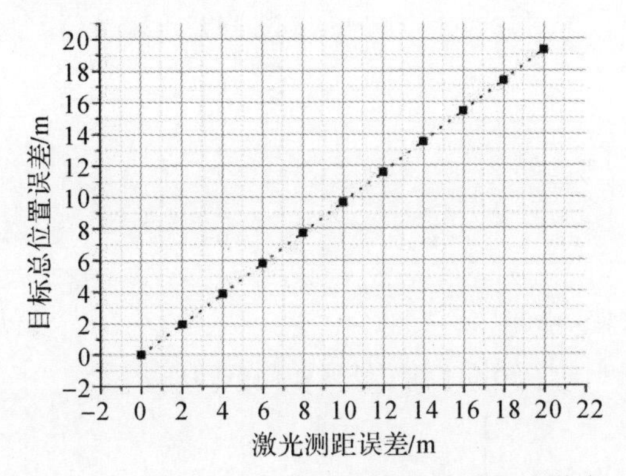

图 5 - 9　光电平台安装角和角振动误差的影响

5. 吊舱和导航系统对准误差的影响

(1)安装误差。由图 5 - 10 可看出静态目标定位的总位置误差随三个坐标轴安装误差的增大成直线上升趋势。Z 轴安装误差从 0°增加到 5°，目标总位置误差从 0 m 增加到 20.14 m；Y 轴安装误差从 0°增加到 5°，目标总位置误差从 0 m 增加到 22.18 m；X 轴安装误差从 0°增加到 5°，目标总位置误差从 0 m 增加到 26.78 m。

通过以上分析可知，安装误差对目标定位精度的影响近似为线性关系，即 Z 轴安装精度提高 1°，目标定位精度提高 4.02 m；Y 轴安装精度提高 1°，目标定位精度提高 4.44 m；X 轴安装精度提高 1°，目标定位精度提高 4.44 m；Z 轴安装误差仅对目标的水平位置误差有影响。

(2)减振器振动误差的影响。由图 5 - 11 可看出目标定位的误差随坐标轴减振器振动误差的增大成直线上升趋势，Z 轴减振器振动误差从 0°增加到 5°，目标总位置误差从 0 m 增加到 20.14 m，；Y 轴减振器振动误差从 0°增加到 5°，目标总位置误差从 0 m 增加到 22.18 m；X 轴减振器振动误差从 0°增加到 5°，目标总位置误差从0 m增加到 26.78 m。

通过以上分析可知，减振器振动误差对目标定位精度的影响近似为线性关系，即 Z 轴减振器振动误差增加 1°，目标定位误差增加 4.02 m；Y 轴减振器振动误差增加 1°，目标定位误差增加 4.44 m；X 轴减振器振动误差增加 1°，目标定位误差增加 5.36 m。

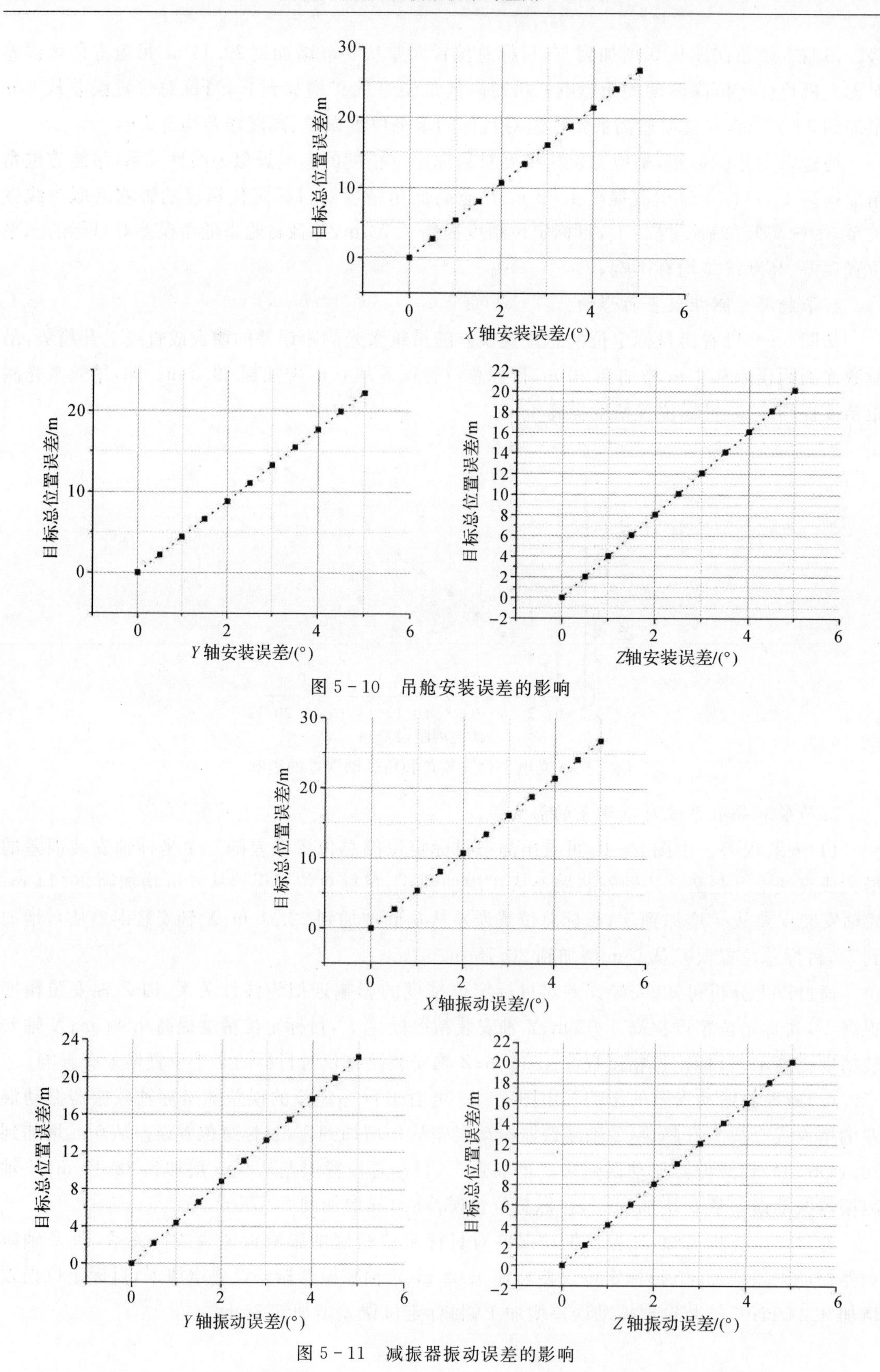

图 5-10 吊舱安装误差的影响

图 5-11 减振器振动误差的影响

6.航迹误差的影响

无人机高精度目标定位误差与定位过程中无人机航迹有关，下面给出无人侦察机三种典型航迹，分别为无人机直线飞行航迹，无人机S形飞行航迹，无人机螺旋上升飞行航迹，对目标定位误差的影响进行分析，如图5-12所示。

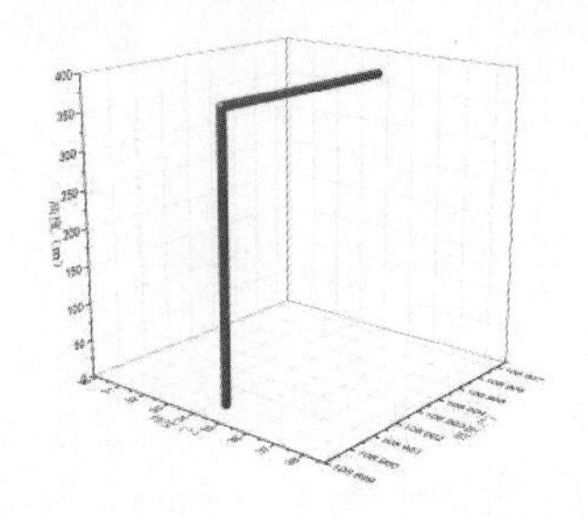
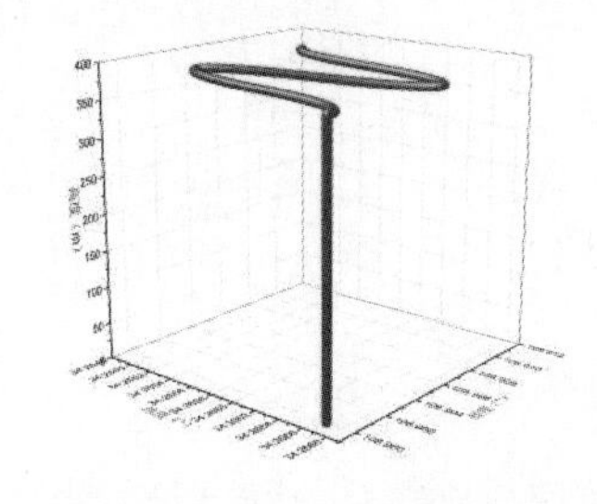
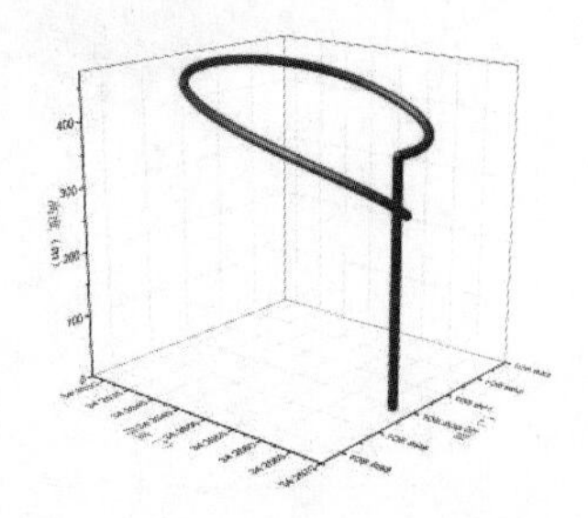

图5-12　无人机航迹仿真图

根据实际硬件误差，给静态目标仿真轨迹注入的误差见表5-6。

表5-6　静态目标仿真注入的误差

名　称	符　号	误差 σ	概率形态
无人机纬度	Lat	$0.3°\times10^{-5}$	正态分布
无人机经度	Lon	$0.3°\times10^{-5}$	正态分布
无人机高度	Ht	0.5 m	正态分布
无人机偏航角	ψ	1°	正态分布
无人机俯仰角	θ	1°	正态分布
无人机滚转角	ϕ	1°	正态分布
吊舱方位角	α	1°	正态分布
吊舱高低角	β	1°	正态分布
吊舱测距	R	15 m	正态分布
安装误差(绕 X 轴)	$\Delta\gamma_{\mathrm{I}}$	1°	正态分布
安装误差(绕 Y 轴)	$\Delta\theta_{\mathrm{I}}$	1°	正态分布
安装误差(绕 Z 轴)	$\Delta\phi_{\mathrm{I}}$	1°	正态分布
振动误差(绕 X 轴)	$\Delta\gamma_{\mathrm{v}}$	0.5°	正态分布
振动误差(绕 Y 轴)	$\Delta\theta_{\mathrm{v}}$	0.5°	正态分布
振动误差(绕 Z 轴)	$\Delta\phi_{\mathrm{v}}$	0.5°	正态分布

图5-13所示为利用三种无人机航迹对目标定位误差的影响，从图中可看出目标定位误差近似服从 $\mu=0$ 的正态分布，直线飞行航迹总位置误差为25.705 9 m。S航线总位置误差为34.290 57 m。螺旋上升航线总位置误差为18.135 86 m。可见采用螺旋上升航线能够得到精度更高目标定位精度。事实上，通常无人机对目标详查时，通常采用的就是这种航线飞行。

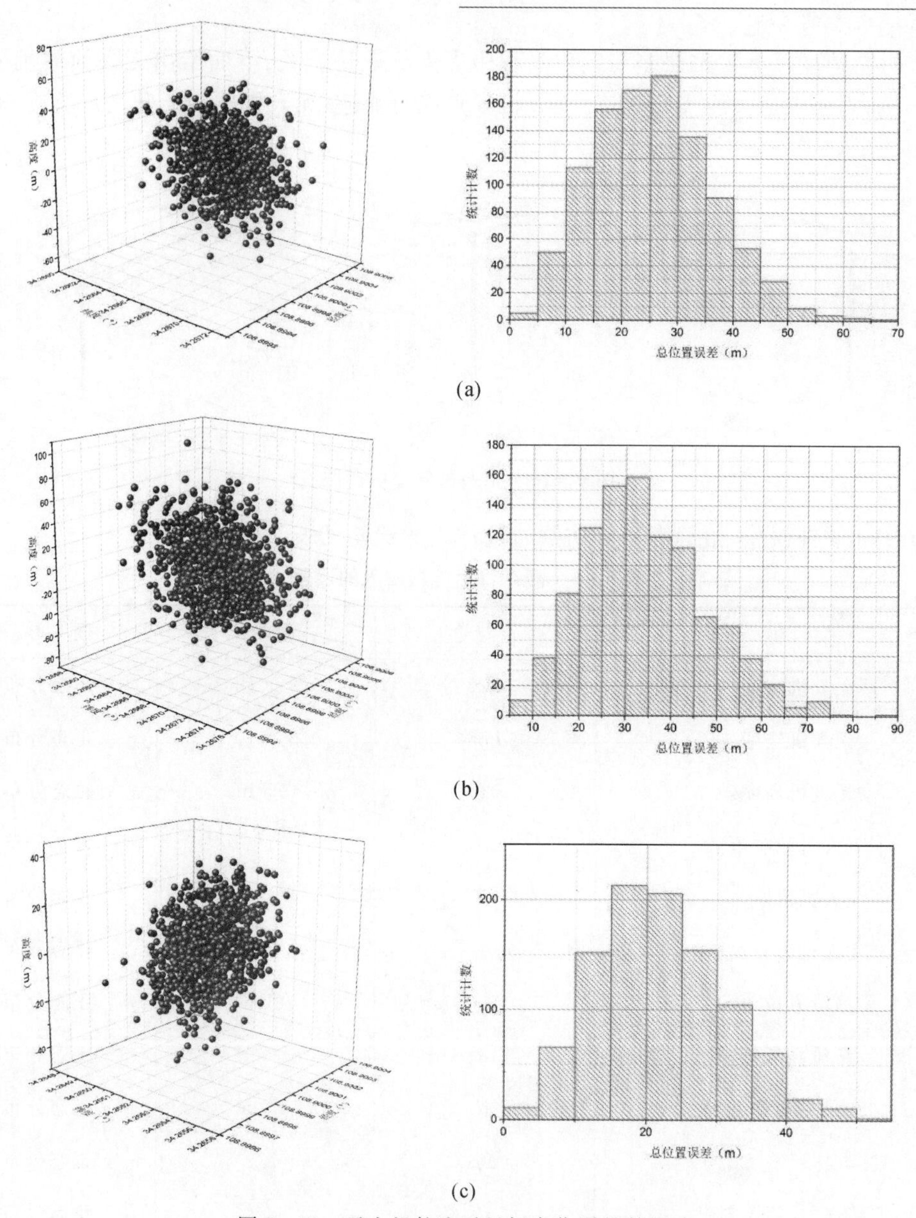

图 5－13　无人机航迹对目标定位误差的影响

(a)无人机直线运动目标定位误差分布；

(b)无人机 S 运动目标定位误差分布；

(c)无人机螺旋上升目标定位误差分布

5.2.4　提高定位精度的措施

参考常见的硬件测量精度范围[17-19]和误差分析结果见表 5－7，可知无人机载机定位误差、姿态角误差和光电平台光轴指向角等测角误差是影响目标定位精度的主要因素。尽管仿真实验是在设定的某一几何构形下进行，但其结论具有普遍性。

表5-7　常见的硬件测量精度范围

误差源	测量精度范围
导航系统	厘米级～百米级
惯性测量设备	0.000 2°/h～100°/h
安装位置误差	<1 mm
安装角误差	0.01°～0.5°
减振器	<2°
光轴稳定平台	0.01°～1°
激光测距仪	<20 m

目前，提高目标定位精度主要方法有两种：硬件调校和算法修正[20]。前者需要在设备设计、制造和装配过程中，通过提高加工制造的工艺和技术手段来减小误差，或者是加装更换性能更强的硬件模块，这种方法成本高，可行度低；算法修正是在改进定位算法、误差分析的基础上实现定位精度的修正和提高[21]，这种方法成本低，易于实施。此外尽量避免在极端环境下等不可抗因素的干扰。因此，提出以下几种提高定位精度的具体措施：

(1)通过硬件升级，如采用高精度组合导航系统、惯性测量设备、光轴稳定平台、激光测距仪减少无人机载机定位、姿态角、光电平台光轴指向角和激光测距的测量误差，采用高效减振器抑制光电平台角振动误差。

(2)通过调校光电平台与导航系统，精确对准来消除安装对准误差。

(3)通过误差辨识确定误差来源，然后对误差进行补偿修正来提高定位精度。

(4)通过算法规避某些误差源来减少定位误差。

(5)通过滤波估计算法处理以减少定位误差。

(6)在合适的条件下执行任务以避免极端环境带来的影响。

5.3　基于测距值的固定目标定位算法

5.2节误差分析的结果显示，无人机载机姿态角、光电平台光轴指向角是影响目标定位精度的重要误差源。仅利用激光测距值作为观测量实现目标定位，计算时能规避上述误差源，可提高目标定位精度。

5.3.1　基于三点测距的目标定位算法

基于三点测距的目标定位算法[22-23]是指利用无人机在3个不同航迹点上对目标进行激光测距，此时目标和三个航迹点构成了空间四面体，如图5-14所示。

结合无人机导航系统获得的无人机在大地直角坐标系下的位置信息 n_i 和激光测距值 R_i $(i=1,2,3)$，目标点 O 在空间直角坐标系中的坐标位置 (x_t, y_t, z_t) 可以通过构建三组观测方程进行计算：

$$
\begin{aligned}
(x_t - x_1)2 + (y_t - y_1)2 + (z_t - z_1)2 &= R_1^2 \\
(x_t - x_2)2 + (y_t - y_2)2 + (z_t - z_2)2 &= R_2^2 \\
(x_t - x_3)2 + (y_t - y_3)2 + (z_t - z_3)2 &= R_3^2
\end{aligned}
\tag{5-23}
$$

在航迹点不共线且目标不在 n_1、n_2、n_3 构成的平面上的情况下，式(5-23)会出现两个位置解，此时需根据目标与无人机空间关系判断出目标的真实解。此外，当航迹点选择较为接近时，式(5-23)未必有实数解。

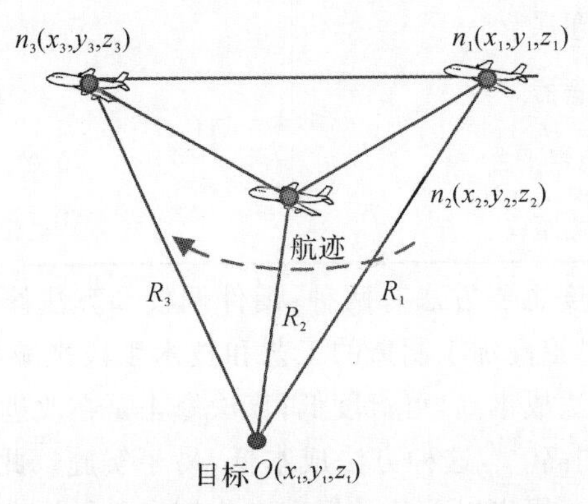

图 5-14　基于三点测距的目标定位示意图

5.3.2　线性最小二乘法的目标定位算法

当航迹点数 $n>3$ 时，基于最小二乘法(Lest Squares，LS)可以充分利用多余观测量，提高目标精度。通过对多组观测方程差分处理构建线性方程组，差分后的方程组可变为最小二乘形式，解得目标的坐标位置。

假设目标 O 在空间直角坐标系中坐标为 $O(x_t,\ y_t,\ z_t)$，无人机 n 个航迹点坐标为 $t_i(x_i,y_i,z_i)$，n 次激光测距值为 d_i，$i=1,2,\cdots,n$，如图 5-15 所示，则有

$$
R_i = \sqrt{(x_t - x_i)^2 + (y_t - y_i)^2 + (z_t - z_i)^2}
\tag{5-24}
$$

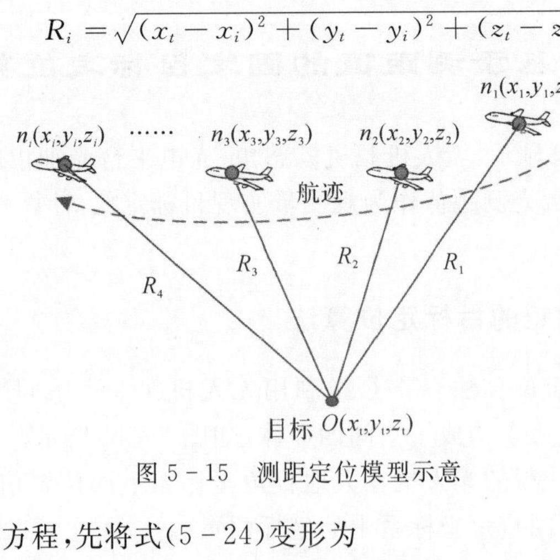

图 5-15　测距定位模型示意

为得到伪线性观测方程，先将式(5-24)变形为

$$
R_i^2 = (x_t - x_i)^2 + (y_t - y_i)^2 + (z_t - z_i)^2
\tag{5-25}
$$

利用式(5-25)中 $d_i{}^2$ 和 $d_1{}^2$ 相减，$i=1,2,\cdots,n$，可得

$$\left.\begin{array}{l} R_2^2 - R_1^2 - T_2 + T_1 = 2(x_1 - x_2)x_t + 2(y_1 - y_2)y_t + 2(z_1 - z_2)z_t \\ R_3^2 - R_1^2 - T_3 + T_1 = 2(x_1 - x_3)x_t + 2(y_1 - y_3)y_t + 2(z_1 - z_3)z_t \\ \cdots\cdots \\ R_i^2 - R_1^2 - T_i + T_1 = 2(x_1 - x_i)x_t + 2(y_1 - y_i)y_t + 2(z_1 - z_i)z_t \end{array}\right\} \tag{5-26}$$

式中，$T_i = x_i^2 + y_i^2 + z_i^2$，$i=1,2,\cdots,n$。

式(5-26)写成矩阵形式为

$$\begin{bmatrix} R_2^2 - R_1^2 - T_2 + T_1 \\ R_3^2 - R_1^2 - T_3 + T_1 \\ \vdots \\ R_i^2 - R_1^2 - T_i + T_1 \end{bmatrix}_{i\times 1} = \begin{bmatrix} 2\times(x_1 - x_2) & 2\times(y_1 - y_2) & 2\times(z_1 - z_2) \\ 2\times(x_1 - x_3) & 2\times(y_1 - y_3) & 2\times(z_1 - z_3) \\ \vdots & \vdots & \vdots \\ 2\times(x_1 - x_i) & 2\times(y_1 - y_i) & 2\times(z_1 - z_i) \end{bmatrix}_{i\times 3} \times \begin{bmatrix} x_t \\ y_t \\ z_t \end{bmatrix}_{3\times 1} \tag{5-27}$$

即

$$\boldsymbol{Z}=\boldsymbol{H}\boldsymbol{X} \tag{5-28}$$

其中：

$$\boldsymbol{Z}=\begin{bmatrix} R_2^2 - R_1^2 - T_2 + T_1 \\ R_3^2 - R_1^2 - T_3 + T_1 \\ \cdots \\ R_i^2 - R_1^2 - T_i + T_1 \end{bmatrix}_{i\times 1},\quad \boldsymbol{H}=\begin{bmatrix} 2\times(x_1 - x_2) & 2\times(y_1 - y_2) & 2\times(z_1 - z_2) \\ 2\times(x_1 - x_3) & 2\times(y_1 - y_3) & 2\times(z_1 - z_3) \\ \cdots & \cdots & \cdots \\ 2\times(x_1 - x_i) & 2\times(y_1 - y_i) & 2\times(z_1 - z_i) \end{bmatrix}_{i\times 3},\quad \boldsymbol{X}=\begin{bmatrix} x_t \\ y_t \\ z_t \end{bmatrix}_{3\times 1} \tag{5-29}$$

则目标点O在空间直角坐标系中的坐标最小二乘解为

$$\boldsymbol{X}=(\boldsymbol{H}^{\mathrm{T}}\boldsymbol{H})^{-1}\boldsymbol{H}^{\mathrm{T}}\boldsymbol{Z} \tag{5-30}$$

最小二乘多点测距定位算法可进一步降低不良测量点对定位结果的影响，但是不能实时给出定位结果，只有在采集完数据之后给出定位结果，而在实际使用过程中更希望实时输出定位结果，因此对递推最小二乘多点测距定位算法进行研究。

5.3.3　递推最小二乘法的目标定位算法

最小二乘在实际工程应用中存在不能在线辨识的问题，提出了递推最小二乘(Recursive Lest Squares, RLS)方法，对参数进行在线辨识。基本思想是每取得一次新的观测数据后，在前一次估计结果的基础上，利用新引入的观测数据对前次估计的结果，根据递推算法进行修正，从而递推地得出新估计值。即θ(n)＝上一时刻的估计值θ($n-1$)＋修正值。

为了能够实时输出目标点的位置信息，对最小二乘算法进行研究，根据式(5-30)最小二乘推导结果，可得推导递推最小二乘多点测距定位算法。

令$\boldsymbol{P}_n=(\boldsymbol{H}_n^{\mathrm{T}}\boldsymbol{H}_n)^{-1}$，则递推最小二乘算法：

$$\left.\begin{array}{l} \boldsymbol{X}_n=\boldsymbol{X}_{n-1}+\boldsymbol{K}_n(\boldsymbol{Z}_n-\boldsymbol{H}_n^{\mathrm{T}}\boldsymbol{X}_{n-1}) \\ \boldsymbol{K}_n=\boldsymbol{P}_{n-1}\boldsymbol{H}_n(^{\boldsymbol{I}}+\boldsymbol{P}_{n-1})-1 \\ \boldsymbol{P}_n=\boldsymbol{P}_n-\boldsymbol{P}_{n-1}\boldsymbol{H}_n(^{\boldsymbol{I}}+\boldsymbol{P}_{n-1})-1\boldsymbol{H}_n^{\mathrm{T}}\boldsymbol{P}_{n-1}= \\ \quad(\boldsymbol{I}-\boldsymbol{K}_{\mathrm{n}}\boldsymbol{H}_n^{\mathrm{T}})\boldsymbol{P}_{n-1} \end{array}\right\} \tag{5-31}$$

通过式(5-31)可计算出目标点大地直角坐标位置。

5.3.4 测距算法仿真分析

某次无人机飞行定位实验中,总共采集无人机20个点位置,并分别进行测距,其中5个点距离较远,测距信息无效,因此可用点为15个。实验中合作目标点坐标和15个有效测距点坐标和测距值见表5-8。

表5-8 飞行参数数据和目标点坐标

序　号	P_x/m	P_y/m	P_z/m	测距值 d/m
目标点坐标	−1 702 251.705 3	4 993 165.853 0	3 585 545.336 2	—
1	−1 702 202.250 6	4 993 196.535 2	3 585 610.173 9	86.570 0
2	−1 702 219.463 2	4 993 164.842 7	3 585 610.463 3	71.273 4
3	−1 702 266.188 3	4 993 162.788 3	3 585 632.755 4	91.073 2
4	−1 702 304.424 9	4 993 142.618 3	3 585 615.438 1	90.768 6
5	−1 702 341.148 2	4 993 169.821 0	3 585 615.784 9	114.482 6
6	−1 702 367.842 0	4 993 180.517 0	3 585 565.504 4	117.644 0
7	−1 702 363.373 0	4 993 183.386 4	3 585 538.352 7	113.436 3
8	−1 702 418.922 5	4 993 178.649 7	3 585 518.573 7	151.980 1
9	−1 702 419.046 3	4 993 221.680 9	3 585 507.453 6	171.313 3
10	−1 702 394.893 7	4 993 239.079 1	3 585 483.494 1	164.645 8
11	−1 702 334.636 5	4 993 260.160 1	3 585 440.580 3	153.102 7
12	−1 702 312.756 5	4 993 245.934 2	3 585 470.777 6	115.820 8
13	−1 702 281.990 2	4 993 251.835 2	3 585 477.166 0	107.743 3
14	−1 702 250.125 5	4 993 259.076 6	3 585 482.214 1	104.562 8
15	−1 702 255.141 8	4 993 230.226 3	3 585 506.280 4	74.036 8

虽然三点测距定位算法与四点测距定位算法原理相同,但是三点测距定位算法原理的缺陷,极易出现虚解,因此本节对四点测距定位算法进行仿真分析,不再对三点测距定位算法进行仿真。本节计算结果均为ECEF坐标系值,导航坐标系为北东地坐标系,旋转顺序为321,以下分别对比各个算法解算理论数据与解算真实数据的仿真结果。

从表5-9可以看出,单点测距定位算法误差较大,并且误差不稳定,随机性较大;表5-10可以看出最小二乘多点测距定位算法与递推最小二乘多点测距定位算法定位精度最高且最稳定,四点测距定位精度次之,但是不稳定;表5-11可以看出,递推最小二乘多点测距定位算法误差递推4次后就可收敛。

表 5-9　单点测距定位计算结果

序　号	P_x 误差/m	P_y 误差/m	P_z 误差/m	总误差/m
1	2.984 6	28.964	−30.39	42.087
2	14.138	25.107	−16.67	33.288
3	30.222	19.484	0.768 2	35.967
4	35.879	10.504	18.178	41.57
5	26.219	2.126 1	24.798	36.151
6	15.501	−9.255	40.522	44.361
7	2.530 9	−10.94	37.207	38.863
8	17.433	−13.7	52.489	56.979
9	1.108 1	−31.89	71.677	78.461
10	−15.18	−28.24	59.554	67.635
11	−38.19	−25.64	41.084	61.676
12	−20.58	−13.42	26.533	36.16
13	−31.48	−12.48	19.281	38.969
14	−40.76	−10.64	12.335	43.893
15	−34.07	−8.144	8.845 6	36.133

表 5-10　真实数据仿真结果

算　法	P_x 误差/m	P_y 误差/m	P_z 误差/m	总误差/m
单点测距定位算法	2.984 6	28.964	−30.39	42.087
四点测距定位算法	−1.14	2.39	12.07	12.36
最小二乘多点测距定位算法	3.40	−1.93	4.65	6.08
递推最小二乘多点测距定位算法	3.40	−1.93	4.65	6.08

表 5-11　递推最小二乘估计计算结果

序号	P_x/m	P_y/m	P_z/m	P_x 误差/m	P_y 误差/m	P_z 误差/m	总误差/m
1	1 692 557.23	3 116 394.64	−28 457.68	3 394 808.93	−1 876 771.22	−3 614 003.02	5 301 699.33
2	−2 254 796.26	5 282 926.72	2 454 080.57	−552 544.55	289 760.87	−1 131 464.76	1 292 083.34
3	−1 702 250.56	4 993 163.46	3 585 533.26	1.14	−2.39	−12.07	12.37
4	−1 702 251.02	4 993 164.09	3 585 532.87	0.68	−1.76	−12.46	12.61
5	−1 702 250.39	4 993 164.05	3 585 538.44	1.31	−1.80	−6.89	7.24

续 表

序号	P_x/m	P_y/m	P_z/m	P_x 误差/m	P_y 误差/m	P_z 误差/m	总误差/m
6	−1 702 250.74	4 993 165.48	3 585 542.59	0.96	−0.37	−2.74	2.93
7	−1 702 250.01	4 993 160.97	3 585 525.78	1.69	−4.88	−19.55	20.23
8	−1 702 250.11	4 993 161.3	3 585 525.85	1.59	−4.55	−19.48	20.07
9	−1 702 249.95	4 993 158.71	3 585 527.34	1.75	−7.14	−17.99	19.44
10	−1 702 251.8	4 993 161.39	3 585 532.5	−0.1	−4.46	−12.83	13.59
11	−1 702 252.57	4 993 162.69	3 585 534.6	−0.87	−3.16	−10.73	11.23
12	−1 702 253.47	4 993 163.83	3 585 536.86	−1.76	−2.02	−8.47	8.89
13	−1 702 253.7	4 993 164.01	3 585 537.4	−2.2	−1.84	−7.93	8.39
14	−1 702 255.11	4 993 167.79	3 585 540.68	−3.4	1.93	−4.65	6.08

影响最小二乘多点测距定位算法、递推最小二乘多点测距定位算法与四点测距定位算法精度的因素主要有测距精度，无人机位置精度，无人机采用 RTK 进行定位，定位精度很高，因此主要影响因素为测距精度；而单点测距定位算法的影响因素不仅包括无人机位置精度、测距精度，还有无人机姿态精度、吊舱姿态精度，吊舱与无人机的安装精度以及减振器的影响。表 5-12 介绍了前面 4 种算法的优缺点。

表 5-12 目标定位算法比较

目标定位算法	优 点	缺 点
单点测距定位算法	单次测量就可以计算目标位置	定位误差较大并且随机性较大，易受不良测量点的影响
三点测距定位算法	降低不良测量点对定位结果的影响，定位精度较高	易出现虚解，不能实时输出目标位置
最小二乘多点测距定位算法	利用更多的测量点，输出精度更高的目标位置信息	不能实时输出目标位置
递推最小二乘多点测距定位算法	可实时输出目标的位置信息	只能应用于静态目标

5.4 基于卡尔曼滤波的目标定位算法

综合来看，基于测距目标定位算法是批数据处理算法，不能实时定位也不能对移动目标定位/测速，实际应用中有很大的局限性，具有实时定位和对移动目标定位/测速的算法通常为滤波估计算法，包括非线性滤波估计算法和线性滤波估计算法，在目标定位领域，前者应用较为广泛。

卡尔曼滤波器也称为线性二次型估计，能够从一系列不完全且包含噪声不确定性的观测量中，估计系统的未知状态，其估计精度往往比单纯地基于单一观测量的方法更高。卡尔曼滤波器算法主要分为两步处理。在第一步预测步骤中，卡尔曼滤波器产生当前状态变量的预测估计，这些估计量包含不确定性。一旦出现下一个观测量，进入第二步测量更新，之前的估计量会以加权平均的方式更新，其权重值会随着估计的确定性而变化，确定性越大，其权重值越大。卡尔曼滤波器是一种实时的递归滤波器，仅仅利用当前观测量和先验估计量及不确定性矩阵，而不需要增加多余的历史信息。

5.4.1　卡尔曼滤波器算法

卡尔曼滤波器是一种递归的线性最小方差无偏估计算法，有三个特点：无偏性、估计的方差最小和实时性高[25]。

定义 $\vartheta(X_1,X_2,\cdots,X_n)$ 为参数 $\vartheta\in\mathbf{R}$ 的一种估计，其中 $X_1,X_2,\cdots,X_n$ 是测量数据或者经验数据，则变量 ϑ 是一种随机变量。定义如下：

(1)无偏估计。若估计值的期望与真值相等，即 $E(\vartheta)=\vartheta$，则意味着为无偏估计。

(2)最小方差估计。方差定义为

$$\mathrm{Var}(\vartheta)=E[(\vartheta-E(\vartheta))] \tag{5-32}$$

方差用来度量一组数据的分布程度。方差小，说明数据分布集中于期望值；方差大，说明数据分布远离期望值且更分散。如果对于任意估计 $\vartheta(X_1,X_2,\cdots,X_n)$，都满足 $\mathrm{Var}(\vartheta)\leqslant\mathrm{Var}(\tilde{\vartheta})$，则称 ϑ 为最小方差估计。

(3)最小方差无偏估计。如果 ϑ 既是参数 ϑ 的无偏估计，又是最小方差估计，则 ϑ 是参数 ϑ 的最小方差无偏估计。

(4)如果参数 $\vartheta\in\mathbb{R}^n$ 是向量，则估计 ϑ 的方差概率推广到协方差，定义为

$$\mathrm{Cov}(\vartheta)=E[(\vartheta-\vartheta)(\vartheta-\vartheta)^{\mathrm{T}}] \tag{5-33}$$

卡尔曼滤波的核心实际上就是预测+测量反馈，具体来说就是，对系统下一时刻的初步状态估计(先验估计)结合测量数据的反馈，二者通过一个权值确定系统下一时刻的状态的后验估计值，该值无限地逼近该系统实际的真实状态。

卡尔曼滤波算法步骤如下：

(1)过程模型：

$$\boldsymbol{x}_k=\boldsymbol{\Phi}_{k-1}\boldsymbol{x}_{k-1}+\boldsymbol{u}_{k-1}+\boldsymbol{\Gamma}_{k-1}\boldsymbol{w}_{k-1},\quad \mathrm{w}_k\sim\mathrm{N}(\boldsymbol{0}_{n\times1},\boldsymbol{Q}_k) \tag{5-34}$$

其中，$\boldsymbol{x}_k\in\mathbf{R}^n$ 为 k 时刻的状态向量；$\boldsymbol{u}_{k-1}\in\mathbf{R}^n$ 为 $k-1$ 时刻控制向量；$\boldsymbol{\Phi}_{k-1}\in\mathbf{R}^{n\times n}$ 为 $k-1$ 时刻到 k 时刻的系统转移矩阵；$\boldsymbol{w}_{k-1}\in\mathbf{R}^{n\times n}$ 为 $k-1$ 时刻的系统噪声，$\boldsymbol{\Gamma}_{k-1}\in\mathbf{R}^{n\times n}$ 为 $k-1$ 时刻的系统噪声矩阵，表征各噪声分别影响各状态的程度；$\boldsymbol{Q}_k$ 为噪声方差阵。

观测模型：

$$\boldsymbol{z}_k=\boldsymbol{H}_k\boldsymbol{x}_k+\boldsymbol{v}_k,\boldsymbol{v}_k\sim\boldsymbol{N}(\boldsymbol{0}_{m\times1},\boldsymbol{R}_k) \tag{5-35}$$

其中，$\boldsymbol{H}_k\in\mathbf{R}^{m\times n}$ 为 k 时刻的观测矩阵；$\boldsymbol{v}_k\in\mathbf{R}^m$ 为 k 时刻的观测噪声，和 $\boldsymbol{w}_k$ 是互不相关的零均值高斯白噪声；$\boldsymbol{R}_k$ 为噪声方差阵。

(2)初始状态：

$$\begin{cases}\hat{\boldsymbol{x}}_0=E(x_0)\\ \boldsymbol{P}_0=E\{[x_0-E(x_0)][x_0-E(x_0)]^{\mathrm{T}}\}\end{cases} \tag{5-36}$$

(3)当 $k=0$ 时，取 $\boldsymbol{P}_{0|0}=\boldsymbol{P}_0,\hat{\boldsymbol{x}}_{0|0}=\hat{\boldsymbol{x}}_0$。

(4)进入下一时刻 $k=k+1$。

(5)状态估计预测：

$$\hat{\boldsymbol{x}}_{k|k-1}=\boldsymbol{\Phi}_{k-1}\hat{\boldsymbol{x}}_{k-1|k-1}+\boldsymbol{u}_{k-1} \tag{5-37}$$

(6)误差协方差预测：

$$\boldsymbol{P}_{k|k-1}=\boldsymbol{\Phi}_{k-1}\boldsymbol{P}_{k-1|k-1}\boldsymbol{\Phi}_{k-1}^{\mathrm{T}}+\boldsymbol{\Gamma}_{k-1}\boldsymbol{Q}_{k-1}\boldsymbol{\Gamma}_{\mathrm{k}-1}^{\mathrm{T}} \tag{5-38}$$

(7)卡尔曼增益矩阵：

$$\boldsymbol{K}_k=\boldsymbol{P}_{k|k-1}\boldsymbol{H}_k^{\mathrm{T}}\ (\boldsymbol{H}_k\boldsymbol{P}_{k|k-1}\boldsymbol{H}_k^{\mathrm{T}}+\boldsymbol{R}_k)^{-1} \tag{5-39}$$

(8)状态估计更新为

$$\hat{\boldsymbol{x}}_{k|k}=\hat{\boldsymbol{x}}_{k|k-1}+\boldsymbol{K}_k(\boldsymbol{z}_k-\hat{\boldsymbol{z}}_{k|k-1}) \tag{5-40}$$

其中，$\hat{\boldsymbol{z}}_{k|k-1}=\boldsymbol{H}_k\hat{\boldsymbol{x}}_{k|k-1}$。

(9)误差协方差更新为

$$\boldsymbol{P}_{k|k}=(\boldsymbol{I}_n-\boldsymbol{K}_k\boldsymbol{H}_k)\boldsymbol{P}_{k|k-1} \tag{5-41}$$

(10)返回步骤(4)。卡尔曼滤波器是一种时域递归算法，根据上一时刻的状态估计值和当前观测值来估计当前状态，不需存储大量的先验数据，易于计算机实现。该算法的实质是最小化状态估计误差协方差矩阵 $\boldsymbol{P}_{k|k}$ 的迹。图 5-16 给出了卡尔曼滤波算法结构示意图，具体应用中重点需要考虑如何确定初值 $\hat{\boldsymbol{x}}_0$ 和 $\boldsymbol{P}_0$。初值 $\hat{\boldsymbol{x}}_0$ 可以凭经验得到，但 $\boldsymbol{P}_0$ 无法直接获得，只能根据实际应用中初始的若干观测量统计得到。只要滤波器稳定，则滤波结果将不依赖 $\hat{\boldsymbol{x}}_0$ 和 $\boldsymbol{P}_0$ 的选取。

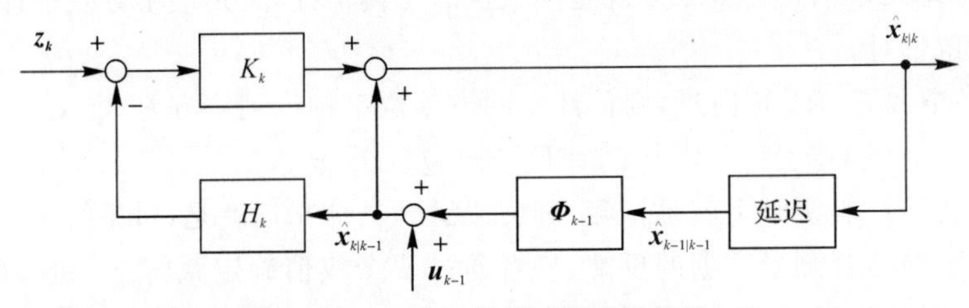

图 5-16　卡尔曼滤波算法结构图

5.4.2　时敏目标定位测速算法

设系统的状态方程为

$$\boldsymbol{X}_{k|k-1}=\boldsymbol{\Phi}_{k|k-1}\boldsymbol{X}_{k-1} \tag{5-42}$$

选取动态目标 ECEF 坐标系下的位置和速度为状态 $\boldsymbol{X}=[x_t\quad y_t\quad z_t\quad v_x\quad v_y\quad v_z]^{\mathrm{T}}$，目标在 ECEF 坐标系下的位置为量测 $\boldsymbol{Z}=[x_t\quad y_t\quad z_t]^{\mathrm{T}}$。由于假设目标运动状态为匀速直线运动，因此状态方程(5-42)可写为

$$\begin{bmatrix}x_k\\y_k\\z_k\\v_{xk}\\v_{yk}\\v_{zk}\end{bmatrix}=\begin{bmatrix}1&0&0&t&0&0\\0&1&0&0&t&0\\0&0&1&0&0&t\\0&0&0&1&0&0\\0&0&0&0&1&0\\0&0&0&0&0&1\end{bmatrix}\times\begin{bmatrix}x_{k-1}\\y_{k-1}\\z_{k-1}\\v_{xk-1}\\v_{yk-1}\\v_{zk-1}\end{bmatrix} \tag{5-43}$$

吊舱直接给出的信息为无人机与动态目标的距离(R)以及吊舱的高低角(α)和方位角

(β)，因此量测需要进行转换，下面介绍量测转换过程，该过程类似于单点定位：

$$\boldsymbol{Z}_{\mathrm{k}}=\boldsymbol{P}_{\mathrm{g}}+(\boldsymbol{R}_{\mathrm{B}}^{\mathrm{C}}\times\boldsymbol{R}_{\mathrm{N}}^{\mathrm{B}}\times\boldsymbol{R}_{\mathrm{G}}^{\mathrm{N}})^{-1}\times\boldsymbol{t}_{\mathrm{c}} \tag{5-44}$$

其中：$\boldsymbol{t}_{\mathrm{c}}$ 为目标在摄像机坐标系下的坐标值；$\boldsymbol{P}_{\mathrm{g}}$ 为无人机在 ECEF 坐标系下的坐标值。

其他的矩阵已在前面介绍过，此处不再赘述。

量测方程为

$$\hat{\boldsymbol{Z}}_k=\boldsymbol{H}_k\hat{\boldsymbol{X}}_{k|k-1}$$

即

$$\begin{bmatrix}Z_x\\Z_y\\Z_z\end{bmatrix}=\begin{bmatrix}1&0&0&0&0&0\\0&1&0&0&0&0\\0&0&1&0&0&0\end{bmatrix}\times\begin{bmatrix}\hat{x}_{k|k-1}\\\hat{y}_{k|k-1}\\\hat{z}_{k|k-1}\\\hat{v}_{xk|k-1}\\\hat{v}_{yk|k-1}\\\hat{v}_{zk|k-1}\end{bmatrix} \tag{5-45}$$

以上就是基于卡尔曼滤波动态目标定位测速算法的模型，后续直接进行卡尔曼滤波即可。卡尔曼滤波过程如图 5-17 所示。

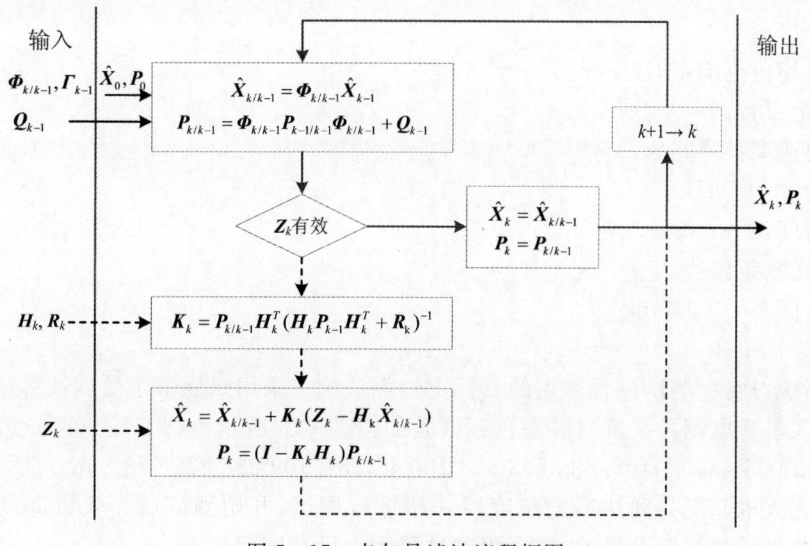

图 5-17　卡尔曼滤波流程框图

(1)状态一步预测：

$$\boldsymbol{X}_{k|k-1}=\boldsymbol{\Phi}_{k|k-1}\boldsymbol{X}_{k-1} \tag{5-46}$$

(2)状态一步预测均方差：

$$\boldsymbol{P}_{k|k-1}=\boldsymbol{\Phi}_{k|k-1}\boldsymbol{P}_{k-1|k-1}\boldsymbol{\Phi}_{k|k-1}+\boldsymbol{\Gamma}_{k-1}\boldsymbol{Q}_{k-1}\boldsymbol{\Gamma}_{k-1} \tag{5-47}$$

(3)滤波增益：

$$\boldsymbol{K}_k=\boldsymbol{P}_{k|k-1}\boldsymbol{H}_k^{\mathrm{T}}\,(\boldsymbol{H}_k\boldsymbol{P}_{k-1}\boldsymbol{H}_k^{\mathrm{T}}+\boldsymbol{R}_k)^{-1} \tag{5-48}$$

(4)状态估计：

$$\boldsymbol{X}_k=\boldsymbol{X}_{k|k-1}+\boldsymbol{K}_k(\boldsymbol{Z}_k-\boldsymbol{H}_k\boldsymbol{X}_{k|k-1}) \tag{5-49}$$

(5)状态估计误差更新：

$$\boldsymbol{P}_k=(\boldsymbol{I}-\boldsymbol{K}_k\boldsymbol{H}_k)\boldsymbol{P}_{k|k-1} \tag{5-50}$$

通过以上算法可估计出动态目标在 ECEF 坐标系下的速度和位置。

该算法为基于线性模型的卡尔曼滤波动态目标定位测速算法，为了比较不同定位测速算法的估计精度，采用高精度的算法，下面对滤波的动态目标定位测速算法进行研究。

5.4.3 载机实飞数据分析与实施方案

1. 载机实飞数据分析

某小型无人机定位试验系统，载机差分定位精度如下：

RTK　　　水平	1.0 cm + 1 ppm RMS
高程	1.5 cm + 1 ppm RMS
定向精度	0.20°/m RMS
测速精度	0.05 m/s RMS

无人机机载光电吊舱参数如下：

(1)可见光摄像指标：

焦距：4.3 mm～129 mm

光学变倍：30 倍

水平视场角范围：63.7°～2.3°

(2)稳定云台：

最大角速度：≥40°/s

测角精度：0.087°

稳定精度：3 mrad

(3)激光测距仪：

测量范围：2～1 500 m

精度：±1 m

光电系统对目标测试过程采用的目标定位算法统一采用线性卡尔曼滤波算法。

(1)无人机光电测量系统对静态目标试验如图 5-18 所示，点为静态目标点位置，坐标为(34.153 718 005 634 6°，108.833 593 638 190 1°，381.109 226 875 978 2 m)，曲线为无人机的飞行轨迹，无人机起飞并到达一定高度后开始进行测试，开始测试后无人机高度先升高在降低，水平方向进行圆弧绕飞运动，整个测试过程无人机高度变化 30 m 左右。

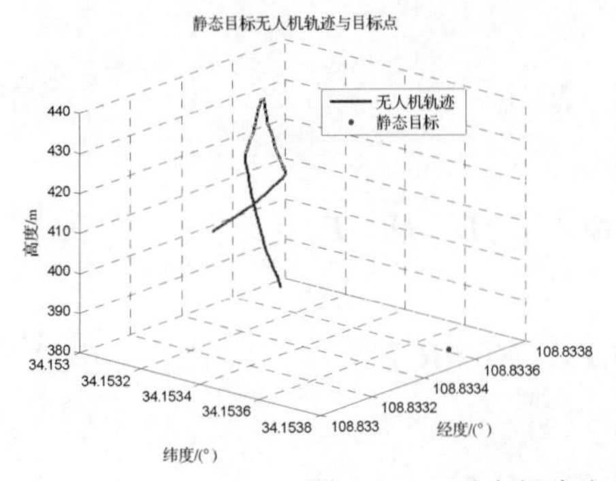

图 5-18　无人机光电吊舱对静态目标定位结果分析

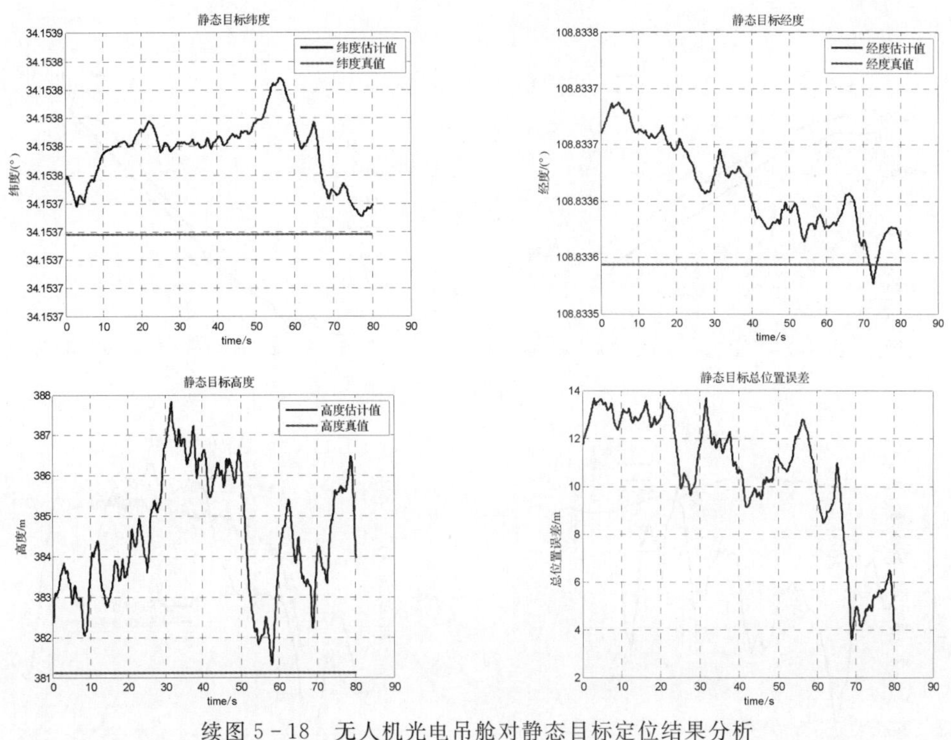

续图 5－18　无人机光电吊舱对静态目标定位结果分析

从图 5－18 所示无人机光电吊舱对静态目标定位结果分析来看，纬度误差最大 12 m，最后误差收敛至 2 m；经度误差最大 13 m，最后误差收敛至 2 m；高度误差最大7 m，最后误差收敛至 3 m；总位置误差最大 14 m，最后误差收敛至 6 m；位置误差主要来源于高度误差。

(2)无人机光电测量系统对移动目标试验。从图 5－19 中可看出无人机在跟随动态目标飞行，飞行过程中高度逐渐上升，水平方向进行机动，动态目标在进行匀速直线运动；动态目标的水平速度估计值与水平位置估计值逐渐向真值收敛，水平位置与真值相差固定偏差，产生该偏差的原因是动态目标轨迹的初始时刻与无人机目标定位的初始时刻未对准；动态目标速度误差逐渐收敛，最终收敛于 2.5 m/s 左右；动态目标水平总位置误差达到 35 m 左右。

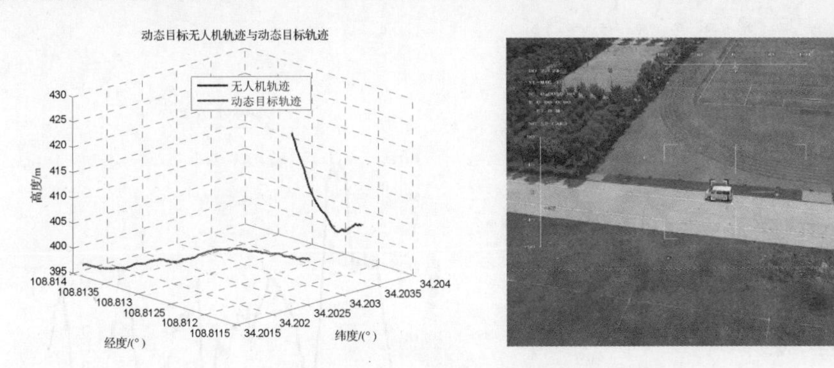

图 5－19　动态目标定位结果分析

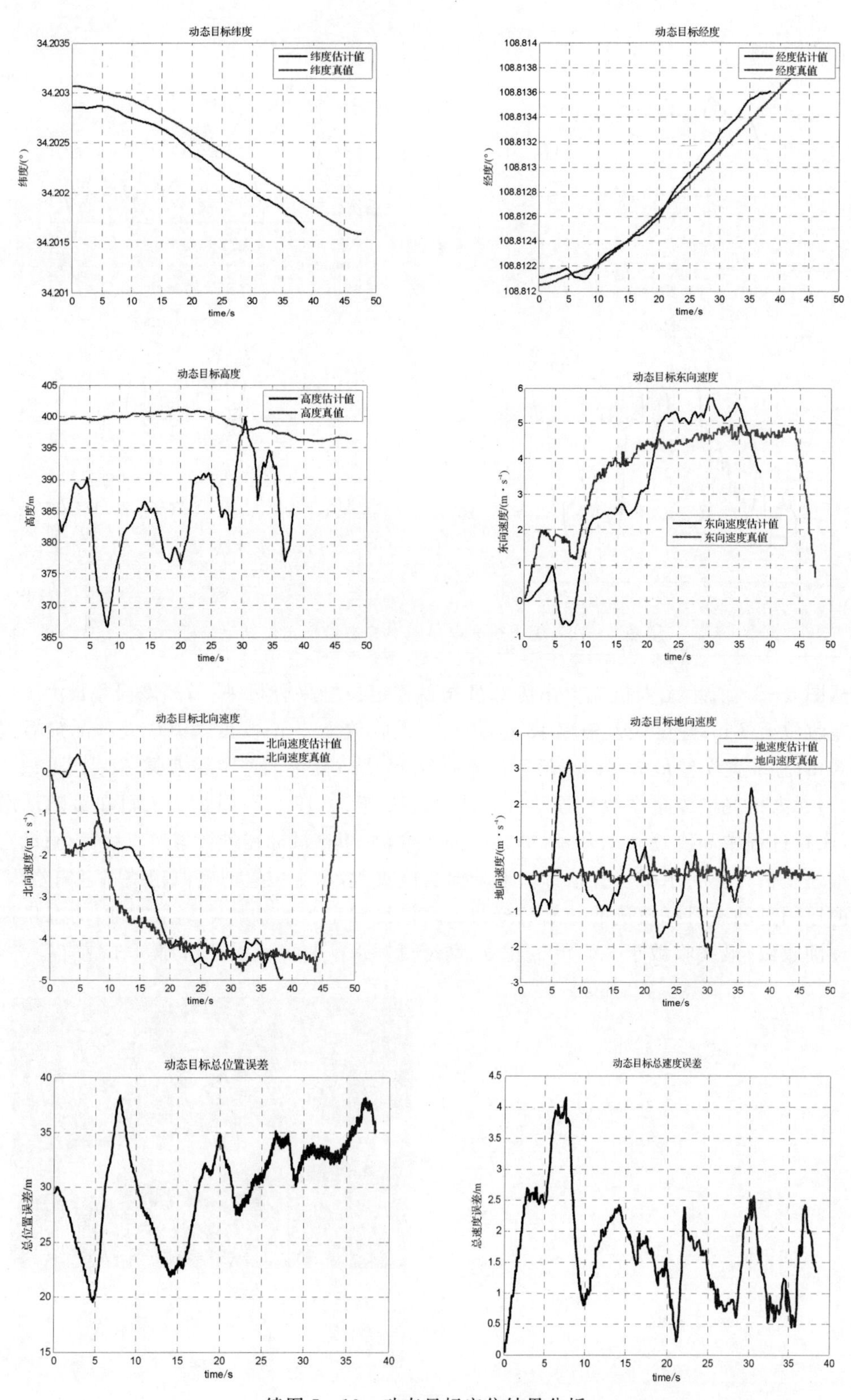

续图 5-19 动态目标定位结果分析

2. 光电系统有源目标定位实施方案

基于卡尔曼滤波有源主目标定位算法使用的信息包括:无人机的姿态、位置、吊舱的方位角、高低角以及测距信息。为了提高有源主目标的定位精度,在对有源主目标进行定位前先进行校飞,估计吊舱方位角和高低角的误差,在进行定位时对吊舱的方位角和高低角进行实时补偿,提高有源主目标定位精度。

校飞过程需要通过合作目标的经纬度与无人机的经纬度计算视轴方位角(α_v)和视轴高低角(β_v),结合无人机的姿态角(偏航角 ψ、俯仰角 θ 和横滚角 ϕ)计算理论的吊舱方位角(α)和吊舱高低角(β),然后与吊舱实际输出的方位角和高低角进行比较,估计出吊舱方位角和高低角的误差,在进行有源主目标定位时对吊舱方位角和高低角进行补偿,提高有源主目标定位精度。

为了对吊舱的方位角和高低角误差进行估计,需要推导视轴方位角、视轴高低角、无人机姿态角、吊舱方位角以及吊舱高低角之间的关系,下面详细介绍推导过程。

假设目标在摄像机坐标系的坐标值为 $\boldsymbol{T}_{\mathrm{C}}=[1\quad 0\quad 0]$目标在导航坐标系的坐标值为 $\boldsymbol{T}_{\mathrm{N}}$,则两个向量存在如下关系:

$$\boldsymbol{R}_{\mathrm{N}}^{\mathrm{B}}\times\boldsymbol{T}_{\mathrm{N}}=\boldsymbol{R}_{\mathrm{C}}^{\mathrm{B}}\times\boldsymbol{T}_{\mathrm{C}} \tag{5-51}$$

则 $\boldsymbol{T}_{\mathrm{N}}=[\cos\alpha_v\cdot\cos\beta_v\quad \sin\alpha_v\cdot\cos\beta_v\quad \sin\beta_v]$。将式(5-51)展开可得:

$$\left.\begin{aligned}
&左=\begin{bmatrix}\cos\alpha_v\cos\beta_v\cos\varphi\cos\theta-\sin\beta_v\sin\theta+\sin\alpha_v\cos\beta_v\sin\varphi\cos\theta\\ \sin\alpha_v\cos\beta_v(\cos\varphi\cos\sigma+\sin\varphi\sin\theta\sin\sigma)-\cos\alpha_v\cos\beta_v\\ (\sin\varphi\cos\sigma-\cos\varphi\sin\theta\sin\sigma)+\sin\beta_v\cos\theta\sin\sigma\\ \cos\alpha_v\cos\beta_v(\sin\varphi\sin\sigma+\cos\varphi\sin\theta\cos\sigma)-\sin\alpha_v\cos\beta_v\\ (\cos\varphi\sin\sigma-\sin\varphi\sin\theta\cos\sigma)+\sin\beta_v\cos\theta\cos\sigma\end{bmatrix}\\
&右=[\cos\alpha\cos\beta\quad \sin\alpha\cos\beta\quad \sin\beta]
\end{aligned}\right\} \tag{5-52}$$

由于左=右,令左=$\boldsymbol{T}_{\mathrm{B}}$,可得吊舱理论方位角和理论高低角的计算公式:

$$\left.\begin{aligned}
\alpha&=\varepsilon\tan\left(\frac{\boldsymbol{T}_{\mathrm{B}}[2]}{\boldsymbol{T}_{\mathrm{B}}[1]}\right)\\
\beta&=\varepsilon\sin(\boldsymbol{T}_{\mathrm{B}}[3])
\end{aligned}\right\} \tag{5-53}$$

计算出吊舱理论方位角和高低角后与吊舱输出的方位角和高低角做差即可得到吊舱方位角误差和高低角误差,公式如下:

$$\left.\begin{aligned}
\delta\alpha&=\alpha-\alpha_p\\
\delta\beta&=\beta-\beta_p
\end{aligned}\right\} \tag{5-54}$$

完成校飞后进行有源主目标定位,有源主目标定位具体实施过程如下:先利用单点定位的算法对目标进行定位;然后将该目标位置值作为状态变量中的位置初值;之后进行卡尔曼滤波状态一步预测与协方差矩阵一步预测,预测完成后,根据吊舱的方位角、高低角、测距信息以及无人机的位置和姿态计算目标在 ECEF 坐标系的位置作为量测;最后计算增益矩阵,进行状态更新与协方差矩阵更新,至此完成一次卡尔曼滤波,后续继续进行此过程,对有源主目标位置与速度进行估计,并实时输出。

思 考 题

1. 简述机载光电载荷对目标有源定位的基本过程。

2. 试通过框图形式描述机载光电载荷基于距离—角度目标定位工作原理。

3. 编写 MATLAB 程序完成机载光电载荷基于距离—角度目标定位的计算，并与 5.1.3 节结果对比，并尝试分析有源目标定位的影响因素。

4. 推导基于测距的目标定位算法基本原理，分析算法的优缺点。

5. 简述卡尔曼滤波器的基本特点。

6. 描述基于卡尔曼滤波解决有源目标定位问题的基本思路和算法实现过程。

参 考 文 献

[1] 陈丹琪，金国栋，谭力宁，等. 无人机载光电平台目标定位方法综述[J]. 飞航导弹，2019(08):43-48.

[2] 徐诚，黄大庆. 无人机光电侦测平台目标定位误差分析[J]. 仪器仪表学报，2013，34(10)：2265-2270.

[3] 曾富全，庞咏. 坐标系转换及相关问题的探讨[J]. 云南地质，2017，36(02)：302-306.

[4] 张华海，王军，郑南山，等. 由空间直角坐标计算大地坐标的简便公式[J]. 全球定位系统，2002，4：9-12.

[5] 柏青青，许建新，邵慧，等. 无人机动态目标高精度定位方法研究[J]. 航空计算技术，2014，44(1)：73-77.

[6] 徐诚. 无人机高精度目标定位若干关键技术研究[D]. 南京：南京航空航天大学，2014.

[7] 金兆飞. 无人机光电成像平台目标定位精度分析与提高[D]. 南京：南京航空航天大学，2014.

[8] 樊邦奎. 无人机侦察目标定位技术[M]. 北京：国防工业出版社，2014.

[9] CONTE G，DOHERTY P. An Integrated UAV Navigation System Based on Aerial Image Matching[J]. 2008：1-10.

[10] 戴炳明，张雒，李东石. 脉冲激光测距机的测距误差分析[J]. 激光技术，1999，23(1)：50-52.

[11] 吴刚，李春来，刘银年，等. 脉冲激光测距系统中高精度时间间隔测量模块的研究[J]. 红外与毫米波学报，2007，26(3)：213-216.

[12] 王家骐，金光，颜昌翔. 机载光电跟踪测量设备的目标定位误差分析[J]. 光学精密工程，2005，13(2)：105-116.

[13] 朱会平. 机载激光雷达测量系统检校与精度评价[D]. 焦作：河南理工大学，2011.

[14] 高紫俊. 机载光电平台振动特性测量技术研究[D]. 大连：大连海事大学，2014.

[15] 张智永，周晓尧，范大鹏. 光电探测系统指向误差分析、建模与修正[J]. 航空学报，2011，32(11)：2042-2054.

[16] MAURO GASPARINI. Markov Chain Monte Carlo in Practice[J]. Technometrics,

1999，39(3)：338－338.
[17] 周建民，康永，刘蔚. 无人机导航技术应用与发展趋势[J]. 中国电子科学研究院学报，2015，10(3)：274－277.
[18] 朱会平. 机载激光雷达测量系统检校与精度评价[D]. 焦作：河南理工大学，2011.
[19] 高紫俊. 机载光电平台振动特性测量技术研究[D]. 大连：大连海事大学，2014.
[20] 张智永，周晓尧，范大鹏. 光电探测系统指向误差分析、建模与修正[J]. 航空学报，2011，32(11)：2042－2054.
[21] GAWRONSKI W. Control and Pointing Challenges of Large Antennas and Telescopes [J]. IEEE Transactions on Control Systems Technology，2007，15(2)：276－289.
[22] 孙超，都基焱，段连飞. 一种空间两点交会无人机定位方法[J]. 兵工自动化，2011，30(6)：35－36.
[23] 姚新. 无人机提高目标定位精度方法研究[J]. 舰船电子工程，2011，31(10)：56－59.
[24] 邱玲，沈振康. 三维纯角度被动跟踪定位的最小二乘-卡尔曼滤波算法[J]. 红外与激光工程，2001，30(2)：83－86.
[25] BASAR T. A New Approach to Linear Filtering and Prediction Problems[M]// Control Theory：Twenty － Five Seminal Papers (1932－1981). 2009.
[26] BROWN R G，HWANG P Y C. Introduction to random signals and applied Kalman filtering. [M]. 4th ed. Hew York：John Wiley & Sons，2012.
[27] KALMAN R E. A new approach to linear filtering and prediction problems[J]. Transactions of the ASME Joural of Basic Engineering，1960，82(1)：35－45.
[28] 全权. 多旋翼飞行器设计与控制[M]. 北京：电子工业出版社，2018.

第6章 机载光电平台无源目标测量技术

随着军事需求的提高,军用无人机要求具有自主飞行和隐身的功能,在执行任务过程中与外界不发生光、电联系,这样才能在战场上最大程度的保证自身安全。无源目标测量技术即被动目标摄影测量技术,它通过光电系统,被动接受目标辐射出的信号源[1]。无人机光电系统无源目标测量技术,属于摄影测量学范畴。摄影测量通过分析目标图像实现测量目的,属于非接触探测。随着摄影测量的三角测量理论和计算机视觉的多视几何理论的日趋发展成熟,目前摄影测量的研究越来越多地涉及计算机视觉和图像分析方面的知识,即图像目标的自动、高精度识别定位与匹配。它与常规图像处理的不同在于更注重于目标的提取定位精度。

6.1 机载摄像机成像模型

光电成像过程是从三维空间向二维空间(图像)的映射。这种从高维空间向较低维空间的映射关系就是投影,理想的光电成像系统是一种中心(透视)投影,如图 6-1 所示。不考虑相片畸变等原因引起的像点误差,物点 P、像点 p 和光心 S 应位于一条直线上,即满足共线条件。

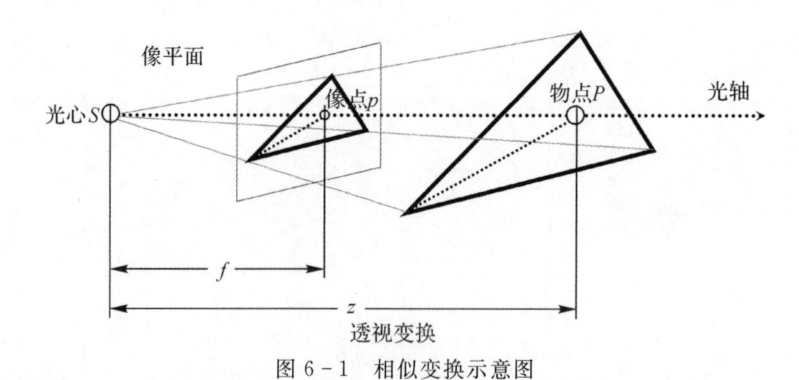

图 6-1 相似变换示意图

如果被测物面与像机光轴垂直,即与像面平行,根据中心透视投影关系,显然目标及其所成的像满足相似关系,只相差一个放大倍数,实际上就是相似变换(similarity transformation)。因此只要从图像上提取所需目标的几何参数,与实际放大倍数相乘,就能得到空间物体的实际几何参数。然而现实中机载摄像机在航拍过程中,目标区域平面与摄像机光轴并不垂直,对目标区域的尺度测量就不是简单的放大倍数关系了。

6.1.1　摄影测量常用的坐标系

如图 6-2 所示为无人机光电探测平台对目标区域进行光电成像。在一般情况下，无人机很难到目标上空进行垂直拍摄，即像面与物面非平行，两个面之间有一定角度。因此就需要对像面进行角度坐标变换，将图像校正成像面与物面平行的情况，使两者满足相似关系。在摄影测量过程中，涉及多个坐标系统：世界坐标系、摄像机坐标系和图像坐标系。还需要认识上述坐标系，并研究坐标系之间相互转换的关系。

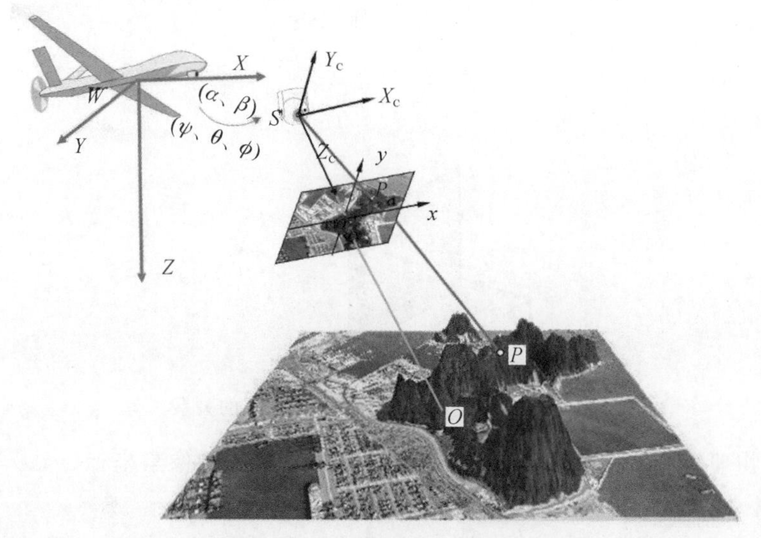

图 6-2　机载光电测量平台成像示意图

(1)世界坐标系 $W-XYZ$。在视觉系统中，由于摄像机可放在环境中的任意位置，这时需要将被测物体与摄像机作为一个整体来考虑，因此建立的坐标系也称为全局坐标系。它是根据实际情况任意定义的一个三维坐标。本书中以载机位置的站心坐标系为世界坐标系，坐标系的原点为载机导航系统的中心，Y_b 代表载机横轴，Z_b 代表载机纵轴，X_b 由机腹指向机背。载机航向角 ψ，载机俯仰角 θ，载机横滚角 ϕ 代表该坐标系相对导航坐标系的三个姿态角。当姿态角为 0 时，载机的坐标系就是导航坐标系，即北东地坐标系(NED，North-East-Down)，X 轴指向地球北，Y 轴指向地球东，Z 轴垂直于地球表面指向下，构成右手坐标系。目标点 P 的世界坐标表示为：(X,Y,Z)，如图 6-2 所示。

(2)摄像机坐标系 $C-X_cY_cZ_c$。中心透视投影的光心和光轴即摄像机的光心和光轴。摄像机坐标系原点取为摄像机光心，Z_c 轴与摄像机光轴重合，且取摄像方向为正向，X_c，Y_c 轴与后面介绍的图像物理坐标系的 X，Y 轴平行。光轴指向角以方位角 α 和高低角 β 表示，其中方位角 α 为绕方位轴 Z_c 的旋转角度，高低角 β 为绕俯仰轴 Y_c 的旋转角度，摄像机坐标系的坐标表示为(X_c,Y_c,Z_c)，如图 6-2 所示。

(3)图像坐标系。对于数字图像来说，图像是以像素坐标系 $I-xy$ 表示的。一般以图像平面的左上角顶点为原点，那么像点 p 坐标表示为(x_p,y_p)，用于表示像素点在图像中的行号和列号，通常以像素为单位。

在摄影测量学中，为了便于像点和对应物点空间位置的相互换算，还必须建立图像物理坐标系。原点是光轴与图像平面的交点，其中 x_w 轴、y_w 轴分别与图像像素坐标系的平行，以实际 CCD 或者 CMOS 像元物理尺度为单位，坐标系用(x_w，y_w)表示。

6.1.2 坐标系之间关系与转换

(1)摄像机坐标系与图像坐标系关系[2-3]。

由中心透视投影相似三角形关系，如图 6-3 所示。根据第 3 章介绍的中心透视成像理论，摄像机坐标(x_c，y_c，z_c)与图像物理坐标(x_w，y_w)之间关系如下：

$$\left.\begin{aligned}\frac{x_w}{f}=\frac{x_c}{z_c}\\ \frac{y_w}{f}=\frac{y_c}{z_c}\end{aligned}\right\} \tag{6-1}$$

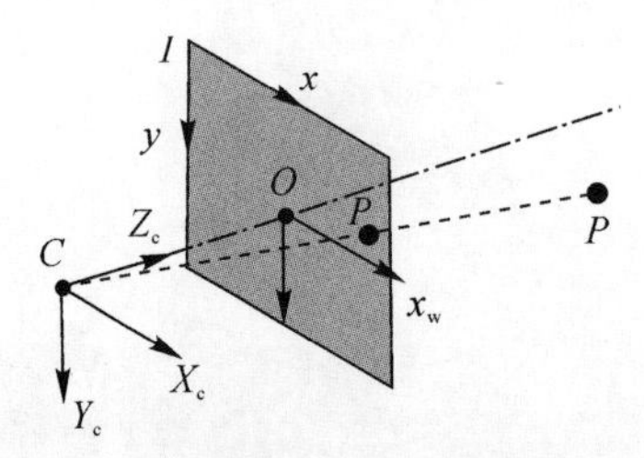

图 6-3 相机坐标系与图像坐标系的关系

根据图像物理坐标系和图像像素坐标系的定义，像点 p 的像素坐标(u,v)与其物理坐标(x_w，y_w)的关系为

$$\left.\begin{aligned}(u-c_x)d_x=x_w\\ (v-c_y)d_y=y_w\end{aligned}\right\} \tag{6-2}$$

其中，(c_x，c_y)代表图像主点，即光轴与像面交点的像素坐标；d_x，d_y 分别为摄像机的单个像元在 x_w，y_w 方向上的物理尺寸。

定义焦距 f 分别与像元的横、纵向尺寸 d_x、d_y 之比为等效焦距(f_x，f_y)，从而，从式(6-1)和(6-2)得到像点 p 的图像坐标(u,v)与物点 P 的摄像机坐标系(x_c，y_c，z_c)坐标的关系为

$$\left.\begin{aligned}\frac{u-c_x}{f_x}=\frac{x_c}{z_c}\\ \frac{v-c_y}{f_y}=\frac{y_c}{z_c}\end{aligned}\right\} \tag{6-3}$$

变成矩阵表达形式为

$$z_c\begin{bmatrix}u\\v\\1\end{bmatrix}=\begin{bmatrix}f_x & 0 & c_x\\0 & f_y & c_y\\0 & 0 & 1\end{bmatrix}\begin{bmatrix}x_c\\y_c\\z_c\end{bmatrix}=\boldsymbol{K}\begin{bmatrix}x_c\\y_c\\z_c\end{bmatrix} \tag{6-4}$$

式(6-4)中，把中间的量组成的矩阵称为相机的内参数矩阵(Camera Intrinsics)$\boldsymbol{K}$。通常认为，相机的内参数在出厂之后是固定的，不会在使用过程中发生变化。有的相机生产厂商会告知相机的内参数，而有时需要自己确定相机的内参数，也就是所谓的标定。

(2)摄像机坐标系与世界坐标系的转换关系。

光电平台最终的测量结果要在世界坐标系下，而摄像机坐标系只是一个相对的本地坐标

系，需要转换到世界坐标系下。由于摄像机安装在载机上，这里假定摄像机坐标系与载机之间是通过光电吊舱连接的，近似认为光电吊舱与载机之间固连。因此只考虑光电吊舱指向光轴角和载机的姿态角，以及从摄像机光心平移到载机中心的平移量。

将吊舱的方位角和高低角与载机的姿态角叠加，其中吊舱的方位角为 α，高低角为 β。根据前面定义可知，载机坐标系原点与摄像机坐标系原点不是同一位置，但两个坐标系统的原点位置同在载机上，这里近似认为坐标系的原点位置在同一个位置，因此只需要将摄像机坐标系按照光轴角进行旋转，使其摄像机坐标系与载机坐标系统一。但不同的旋转顺序对于结果是有影响的。

这里载机坐标系的 Y_C 轴旋转 β 的转换矩阵为

$$\boldsymbol{M}_1=\begin{bmatrix}\cos\beta & 0 & -\sin\beta\\ 0 & 1 & 0\\ \sin\beta & 0 & \cos\beta\end{bmatrix}\tag{6-5}$$

绕 X_c 轴旋转 α 的转换矩阵为

$$\boldsymbol{M}_2=\begin{bmatrix}1 & 0 & 0\\ 0 & \cos\alpha & \sin\alpha\\ 0 & -\sin\alpha & \cos\alpha\end{bmatrix}\tag{6-6}$$

(3)载机坐标系与站心坐标系之间的转换。

载机坐标系与载机所在的站心坐标系之间原点相同，但由于飞机姿态变化，方向不一致，一般通过姿态角(偏航角 ψ、俯仰角 θ、横滚角 ϕ)转换到飞机所在的站心坐标系方向，从站心坐标系到机体坐标系三次转动顺序为偏 $\psi\rightarrow\theta\rightarrow\phi$。

绕 Z_n 轴旋转航向角 ψ 的转换矩阵：

$$\boldsymbol{M}_3=\begin{bmatrix}\cos\psi & \sin\psi & 0\\ -\sin\psi & \cos\psi & 0\\ 0 & 0 & 1\end{bmatrix}\tag{6-7}$$

绕旋转后的 Y_n 轴旋转载机俯仰角 θ 的转换矩阵：

$$\boldsymbol{M}_4=\begin{bmatrix}\cos\theta & 0 & -\sin\theta\\ 0 & 1 & 0\\ \sin\theta & 0 & \cos\theta\end{bmatrix}\tag{6-8}$$

绕旋转后的 X_n 轴旋转横滚角 ϕ 的转换矩阵：

$$\boldsymbol{M}_5=\begin{bmatrix}1 & 0 & 0\\ 0 & \cos\phi & \sin\phi\\ 0 & -\sin\phi & \cos\phi\end{bmatrix}\tag{6-9}$$

设目标点 $P(X,Y,Z)$ 在摄像机坐标系下的坐标为 (x_c,y_c,z_c)，由前文的推导可知，可以用旋转矩阵和平移向量描述：

$$\begin{bmatrix}x_c\\ y_c\\ z_c\end{bmatrix}=\boldsymbol{R}\begin{bmatrix}X\\ Y\\ Z\end{bmatrix}+\boldsymbol{t}=\begin{bmatrix}a_1 & a_2 & a_3\\ b_1 & b_2 & b_3\\ c_1 & c_2 & c_3\end{bmatrix}\begin{bmatrix}X\\ Y\\ Z\end{bmatrix}+\begin{bmatrix}t_x\\ t_y\\ t_z\end{bmatrix}\tag{6-10}$$

其中，$\boldsymbol{R}$ 称为旋转矩阵：$\boldsymbol{R}=\boldsymbol{M}_1\ \boldsymbol{M}_2\ \boldsymbol{M}_3\ \boldsymbol{M}_4\ \boldsymbol{M}_5$，是摄像机光轴指向角与载机的姿态角叠加形成的旋转矩阵；$t=[t_x\quad t_y\quad t_z]$ 称为平移向量，$\boldsymbol{R}$ 和 $\boldsymbol{t}$ 是摄像机坐标系向世界坐标系变换矩阵，称

为相机的外参数(camera extrinsics)。

6.1.3 共线方程定位推导

下面通过共线方程推导求取目标点坐标信息,即通过目标点与目标像点和摄影中心之间关系构建目标点的定位方程。共线条件方程定义:在理想情况下,像点、光心、物点位于同一条直线上,将以三点共线为基础建立这三点共线的数学描述,称之为共线条件方程式[4]。

由中心透视投影模型式(6-3)和坐标系旋转变换式(6-10)可得到:

$$\left.\begin{aligned}\frac{x_{\mathrm{p}}-c_x}{f_x}=\frac{a_1X+a_2Y+a_3Z+t_x}{c_1X+c_2Y+c_3Z+t_z}\\ \frac{y_{\mathrm{p}}-c_y}{f_y}=\frac{b_1X+b_2Y+b_3Z+t_y}{c_1X+c_2Y+c_3Z+t_z}\end{aligned}\right\}\tag{6-11}$$

式(6-11)为描述中心透视投影成像中物点、像点、光心三点共线关系的共线方程。其中摄像机主点和等效焦距是内参数,一般是已知的或者可以测量获得。而平移向量和旋转角、旋转矩阵是摄像机的外参数,描述的是摄像机坐标系与世界坐标系间的相对位置、姿态之间的线性关系。

采用旋转矩阵表示地面物点和图像点之间的关系,将式(6-11)改写为

$$z_{\mathrm{c}}\boldsymbol{p}=\boldsymbol{K}(\boldsymbol{R}+t)\boldsymbol{P}\tag{6-12}$$

式中,$\boldsymbol{K}$ 为摄像机内参;$\boldsymbol{R}$ 和 t 为摄像机的外参数。

消除矩阵中的加法,构建齐次方程,转为线性矩阵,将式(6-12)改写成

$$z_{\mathrm{c}}\boldsymbol{p}=\boldsymbol{KTP}\tag{6-13}$$

即:

$$z_{\mathrm{c}}\begin{bmatrix}u\\v\\1\end{bmatrix}=\begin{bmatrix}f_x&0&c_x&0\\0&f_y&c_y&0\\0&0&1&0\end{bmatrix}\begin{bmatrix}\boldsymbol{R}&\boldsymbol{t}\\\boldsymbol{0}^{\mathrm{T}}&\boldsymbol{1}\end{bmatrix}\begin{bmatrix}X\\Y\\Z\\1\end{bmatrix}\tag{6-14}$$

最后再转换到传统方程组的形式,定义一个 3×4 阶矩阵 $\boldsymbol{M}$

$$\boldsymbol{M}=\begin{bmatrix}\mathrm{f_x}&0&\mathrm{c_x}&0\\0&\mathrm{f_y}&\mathrm{c_y}&0\\0&0&1&0\end{bmatrix}\begin{bmatrix}\boldsymbol{R}&\boldsymbol{t}\\\boldsymbol{0}^{\mathrm{T}}&\boldsymbol{1}\end{bmatrix}\tag{6-15}$$

构成 $\boldsymbol{M}$ 的第一个矩阵由摄像机内参数和外参数组成,矩阵 $\boldsymbol{M}$ 描述了物点到图像点的中心透视投影关系,称为投影矩阵。将式(6-14)展开,可得到投影矩阵各元素为

$$\boldsymbol{M}=\begin{bmatrix}m_1&m_2&m_3&m_4\\m_5&m_6&m_7&m_8\\m_9&m_{10}&m_{11}&m_{12}\end{bmatrix}=\begin{bmatrix}f_xr_1+c_xr_7&f_xr_2+c_xr_8&f_xr_3+c_xr_9&f_xt_x+c_xt_z\\f_yr_4+c_yr_7&f_yr_5+c_yr_8&f_yr_6+c_yr_8&f_yt_y+c_yt_z\\r_7&r_8&r_9&t_z\end{bmatrix}\tag{6-16}$$

z_{c} 是物点到光心的距离在光轴方向的投影,因此 $z_{\mathrm{c}}\neq0$。将式(6-13)展开的第三列分别除前两列消去 z_{c},就得到用投影矩阵各元素描述的共线方程:

$$\left.\begin{aligned} u &= \frac{m_1 X + m_2 Y + m_3 Z + m_4}{m_9 X + m_{10} Y + m_{11} Z + m_{12}} \\ v &= \frac{m_5 X + m_6 Y + m_7 Z + m_8}{m_9 X + m_{10} Y + m_{11} Z + m_{12}} \end{aligned}\right\} \tag{6-17}$$

共线方程和投影矩阵是摄影测量学中最基本、最重要的关系。几乎所有摄影测量的理论方法都是从这点出发，以此为基础的。

6.2 基于计算机视觉目标定位算法

计算机视觉（或称机器视觉）作为一门学科成形于 20 世纪 80 年代，至今仍可以说是一门新兴学科。计算机视觉以及与之紧密相关的数字图像处理、图像分析、图像理解等现代学科是信息时代信息科学的重要代表。计算机视觉自形成以来从其基本理论、算法到相关的硬件，特别是在应用上都得到了迅猛的发展，有许多成熟、成功的应用。计算机视觉领域大多数是以目标识别、图像理解以及显示、监控等应用为主，有丰富的图像处理、分析算法，具有简单、灵活、快速、适应性强等特点。

无人机光电平台无源目标定位主要结合无人机光电平台拍摄的图像的像素信息、目标在图像上的坐标、无人机机载 POS 数据、摄像机平台光轴指向角及摄像机内参，就可解算出目标点的坐标（经度、纬度），目前主要方法分为三类，一是航空摄影测量方法，二是地形匹配的方法，三是基于卡尔曼滤波的信息融合状态估计方法[5-8]。这里融合前文所述方法讲述三种单架无人机光电平台对地目标视觉定位的方法。

6.2.1　单张图像目标定位算法

对于单张图片，式(6-17)无法通过两个方程求解三个未知数(X,Y,Z)。实际上由图6-1可知，一条光轴线无法获取图像的深度信息，还需要一条光轴。这就是光心与像片中心的一条射线来进行后方交汇摄影测量。

定义光心在世界坐标系中的坐标为(X_0,Y_0,Z_0)，可以通过机载定位系统转换获得。由式(6-9)可知，那么(X_0,Y_0,Z_0)与光心在像机坐标系中的坐标(0,0,0)之间的坐标变换关系是：

$$\begin{bmatrix} 0 \\ 0 \\ 0 \end{bmatrix} = \boldsymbol{R} \begin{bmatrix} X_0 \\ Y_0 \\ Z_0 \end{bmatrix} + \boldsymbol{t} \tag{6-18}$$

则：

$$\boldsymbol{t} = -\boldsymbol{R} \begin{bmatrix} X_0 \\ Y_0 \\ Z_0 \end{bmatrix} \tag{6-19}$$

将式(6-18)带入式(6-9)中，可得

$$\left.\begin{aligned} \frac{u-c_x}{f_x} &= \frac{a_1(X-X_0)+a_2(Y-Y_0)+a_3(Z-Z_0)}{c_1(X-X_0)+c_2(Y-Y_0)+c_3(Z-Z_0)} \\ \frac{v-c_y}{f_y} &= \frac{b_1(X-X_0)+b_2(Y-Y_0)+b_3(Z-Z_0)}{c_1(X-X_0)+c_2(Y-Y_0)+c_3(Z-Z_0)} \end{aligned}\right\} \tag{6-20}$$

式中，图像的坐标(u,v)和相机的内参$(c_x,c_y)(f_x,f_y)$是已知的，旋转矩阵$\boldsymbol{R}$通过机载POS数据获得吊舱光轴角和姿态角确定。

如前所述，单张图像无法获取图像目标的深度信息。实际定位中需要提前知道该区域的海拔高度，其中$Z-Z_0=H$，为一常数。需要强调的是，单张图像定位需要该区域尽量平坦，否则结果会有较大误差。因此单张图像对地面目标定位，实际上为二维平面定位。将式(6-20)展开，可得：

$$\left.\begin{aligned}X&=H\frac{a_1(u-c_x)+b_1(v-c_y)+c_1f_x}{a_3(u-c_x)+b_3(v-c_y)+c_3f_x}+X_0\\Y&=H\frac{a_2(u-c_x)+b_2(v-c_y)+c_2f_y}{a_3(u-c_x)+b_3(v-c_y)+c_3f_y}+Y_0\end{aligned}\right\}\tag{6-21}$$

式(6-21)即为单张图像目标定位方程。

至此，就可以得到目标P的载机所在的站心坐标。通过坐标转换，先转换到大地直角坐标系下，再转换到WGS84坐标系下，具体转换方法参见第5章。

6.2.2 三角测量的交叉目标定位算法

6.2.1节介绍的基于共线方程的单目标定位算法适用于平坦地区的快速定位，但是需要知道飞机相对于地平面的高度。为了克服该问题，本节推导出一种新的目标定位方式，该定位方式主要利用三角测量计算目标点的坐标[7]，优点在于不需要预估目标所在地平面的海拔，实用性更强。

假设无人机在飞行过程中分别正在O_1和O_2两个位置对同一目标点P进行观测摄影，如图6-4所示。$O_1x_1y_1z_1$表示无人机在O_1处的摄像机坐标系，$O_2x_2y_2z_2$表示无人机在O_2处的摄像机坐标系，$WXYZ$表示在O_1处建立的像空间辅助坐标系，地面目标点P在左右相片上的像点坐标为$P_1(u_1,v_1)$和$P_2(u_2,v_2)$，摄像机O_1和O_2在世界坐标系下的坐标为(X_1,Y_1,Z_1)和(X_2,Y_2,Z_2)，射线O_1P_1和O_2P_2相交于地面目标点P。

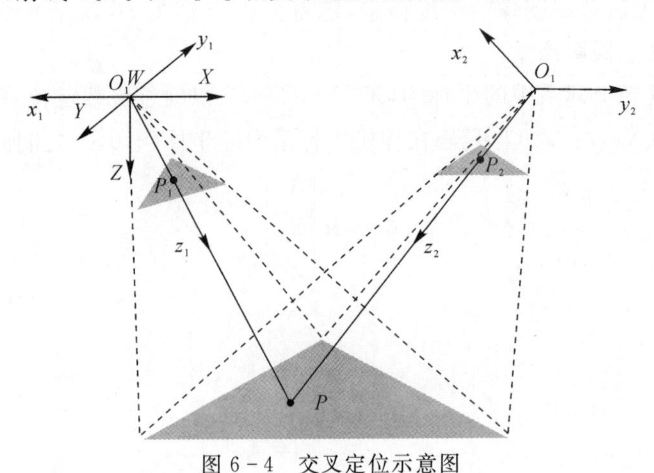

图6-4 交叉定位示意图

1. 传统摄影测量交叉定位方法

基于三角测量的双目标交叉定位算法使用的信息包括无人机的姿态、位置、吊舱的方位角和高低角。这种方法主要是利用两个无人机以及物点构成的三角形解算出相机坐标系下物点的坐标，然后通过旋转矩阵将其转换到世界坐标系下，最后根据相机的GNSS坐标得到物点经度、纬度及高程。

摄像机坐标系 $O_1x_1y_1z_1O_2-x_2y_2z_2$ 变换到世界坐标坐标系的旋转矩阵分别为 $\boldsymbol{R}_1$ 和 $\boldsymbol{R}_2$，转换的欧拉角包含两个吊舱光轴指向角和三个姿态角，转换矩阵参见 6-1-2 节。根据式(6-20)可得：

$$\left.\begin{aligned}
\frac{u_1-c_x}{f_x}&=\frac{r_1(X-X_{01})+r_2(Y-Y_{01})+r_3(Z-Z_{01})}{r_7(X-X_{01})+r_8(Y-Y_{01})+r_9(Z-Z_{01})}\\
\frac{v_1-c_y}{f_y}&=\frac{r_4(X-X_{01})+r_5(Y-Y_{01})+r_6(Z-Z_{01})}{r_7(X-X_{01})+r_8(Y-Y_{01})+r_9(Z-Z_{01})}\\
\frac{u_2-c_x}{f_x}&=\frac{r_1'(X-X_{02})+r_2'(Y-Y_{02})+r_3'(Z-Z_{02})}{r_7'(X-X_{02})+r_8'(Y-Y_{02})+r_9'(Z-Z_{02})}\\
\frac{v_2-c_y}{f_y}&=\frac{r_4'(X-X_{02})+r_5'(Y-Y_{02})+r_6'(Z-Z_{02})}{r_7'(X-X_{02})+r_8'(Y-Y_{02})+r_9'(Z-Z_{02})}
\end{aligned}\right\} \tag{6-22}$$

$$\boldsymbol{R}_1=\begin{bmatrix} r_1 & r_2 & r_3 \\ r_4 & r_5 & r_6 \\ r_7 & r_8 & r_9 \end{bmatrix},\quad \boldsymbol{R}_2=\begin{bmatrix} r_1' & r_2' & r_3' \\ r_4' & r_5' & r_6' \\ r_7' & r_8' & r_9' \end{bmatrix} \tag{6-23}$$

式(6-22)中图像的坐标$(u_1,v1)(u_2,v_2)$和相机的内参$(c_x,c_y)(f_x,f_y)$是已知的，旋转矩阵 $\boldsymbol{R}_1$ 和 $\boldsymbol{R}_2$ 通过机载 POS 数据获得吊舱光轴角和姿态角确定，也是已知的，(X_{01},Y_{01},Z_{01})和(X_{02},Y_{02},Z_{02})可以通过机载坐标位置信息通过坐标转换到载机所在的站心坐标系下，因此可由 4 个方程解 3 个未知数，解算出(X,Y,Z)的值。

理论上射线 O_1P_1 与 O_2P_2 在场景中会相交于一点 P，该点即是两个像点所对应的物点在三维场景中的位置。然而实际由于噪声的影响，这两条直线往往无法相交。

2. 基于三角测量的定位方法

可以通过计算机视觉理论中的三角化方法求深度信息。三角化最早由高斯提出，并应用于测量学中。简单来讲就是在不同的位置观测同一个三维点 $P(x, y, z)$，已知在不同位置处观察到的三维点的二维投影点，利用三角关系，恢复三维点的深度信息 z。

(1)对极几何。摄像机在不同的位置拍摄同一物体，如果两张影像中有重叠的部分，那么两张影像之间存在一定的对应关系，描述的工具就是对极几何，是立体视觉的重要数学方法。

如图 6-5 所示，设两帧图像 I_1 和 I_2，第一帧到第二帧的运动为 $\boldsymbol{R},\boldsymbol{t}$。两个摄像机中心分别为 O_1,O_2。目标 P 在 I_1 中的像点 p_1，在 I_2 中对应着像点 p_2。下面介绍在计算机视觉中描述它们之间的几何关系的方法。

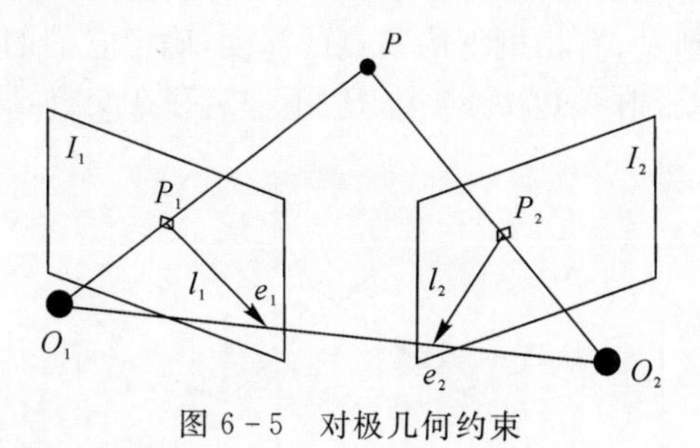

图 6-5　对极几何约束

1)连线 O_1p_1 和连线 O_2p_2 在三维空间中会相交于点 P。点 O_1,O_2,P 三个点可以确定一个平面，称为极平面(Epipolar plane)。

2)O_1O_2 连线与像平面 I_1,I_2 的交点分别为 e_1,e_2。e_1,e_2 称为极点(Epipoles)，O_1O_2称为

基线(Baseline)。

3)称极平面与两个像平面 I_1,I_2 之间的相交线 l_1,l_2 称为极线(Epipolar line)。

在这里选取 O_1 处摄像机坐标系作为参考坐标系,根据中心透视成像模型,则两个像素点 $\boldsymbol{p}_1$,$\boldsymbol{p}_2$ 的像素位置为:

$$s_1\boldsymbol{p}_1=\boldsymbol{KP},s_2\boldsymbol{p}_2=\boldsymbol{K}(\boldsymbol{RP}+\boldsymbol{t}) \tag{6-24}$$

其中 $\boldsymbol{K}$ 摄像机内参 ,$\boldsymbol{R}$ 和 $\boldsymbol{t}$ 是相对于 O_1 处摄像机参考坐标系下,从位置 O_1 到 O_2 摄像机的运动参数,s_1 和 s_2 是两个像点的深度。

令:

$$\boldsymbol{x}_1=\boldsymbol{K}^{-1}\boldsymbol{p}_1,\quad \boldsymbol{x}_2=\boldsymbol{K}^{-1}\boldsymbol{p}_2 \tag{6-25}$$

则 $\boldsymbol{x}_1$、$\boldsymbol{x}_2$ 为两个像点的归一化平面上的坐标,那么它们满足:

$$s_1\boldsymbol{x}_1=s_2\boldsymbol{R}\boldsymbol{x}_2+\boldsymbol{t} \tag{6-26}$$

(2)三角测量估算图像的深度信息。需要通过三角测量(Triangulation,或三角化)的方法来估计图像中目标点的深度。三角测量是指,通过在两处观察同一个点的夹角,确定该点的深度。

根据机载姿态角和光电吊舱指向角信息,可以得到位置 O_1,O_2 处的旋转矩阵 $\boldsymbol{R}_1$ 和 $\boldsymbol{R}_2$,令从位置 O_1 到 O_2 处的旋转矩阵是 $\boldsymbol{R}_x$,则可以得到两个摄像机坐标系之间的旋转矩阵为

$$\left.\begin{aligned}\boldsymbol{R}_1\boldsymbol{R}_x=\boldsymbol{R}_2\\ \boldsymbol{R}_x=\boldsymbol{R}_1^{-1}\boldsymbol{R}_2\end{aligned}\right\} \tag{6-27}$$

由于飞机飞行过程中世界坐标系 $WXYZ$ 轴系平行一致,因此两个位置点的世界坐标系只是发生了平移,位置 O_1O_2 的平移向量可以通过机载导航系统获得,有:

$$\boldsymbol{t}=[X_2-X_1\quad Y_2-Y_1\quad Z_2-Z_1] \tag{6-28}$$

这里选择左相机坐标系作为参考坐标系,因此需要将向量 t 投影到 O_1 的坐标系下,即摄像机坐标系下,则有:

$$t_x=\boldsymbol{R}_x^{-1}\boldsymbol{t} \tag{6-29}$$

式(6-26)可改写为

$$s_1x_1=s_2\boldsymbol{R}_xx_2+\boldsymbol{t}_x \tag{6-30}$$

式(6-30)中 $\boldsymbol{R}_x$ 和 $\boldsymbol{t}_x$ 都是已知的,想要求解的是两个像点的深度 s_1、s_2。利用叉乘消元进行求解,左右两边同时乘以 x_1 的反对称矩阵,可得:

$$s_1\boldsymbol{x}_1^{\wedge}\boldsymbol{x}_1=0=s_2\boldsymbol{x}_1^{\wedge}\boldsymbol{R}_x\boldsymbol{x}_2+\boldsymbol{x}_1^{\wedge}\boldsymbol{t}_x \tag{6-31}$$

该式左侧为零,右侧可看成 s_2 的一个方程,可以根据它直接求得 s_2。有了 s_2,s_1 也非常容易求出。于是,就可以得到左、右相机下的物点的深度,确定它们的空间坐标,如图 6-6 所示。当然,由于光学器件的误差,射线 O_1P_1 与 O_2P_2 不一定存在交点,所以更常见的做法求最小二乘解而不是零解。

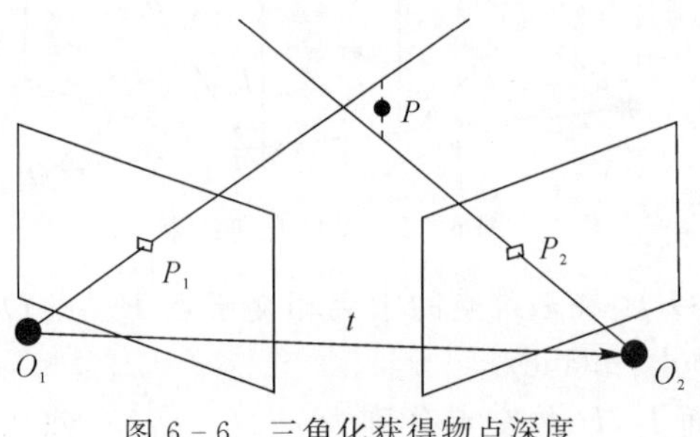

图 6-6 三角化获得物点深度

三角测量是由平移得到的，有平移才会有对极几何中的三角形，才谈得上三角测量。因此，机载光电平台纯旋转是无法使用三角测量的，因为对极约束将永远满足。当平移很小时，像素上的不确定性将导致较大的深度不确定性。当平移较大时，在同样的相机分辨率下，三角化测量将更精确。但是，平移量增大，会导致图像的外观发生明显的变化，这就是三角化的矛盾。

通过三角测量，求得两个像点 P_1，P_2 的深度信息 s_1 和 s_2，即光心到像点 P_1，P_2 在摄像机坐标系的距离。由于摄像机坐标系与世界坐标系的原点位置相同，不存在平移关系，因此求物点世界坐标系的共线方程式(6－14)可改为

$$z_c \boldsymbol{p} = z_c \begin{bmatrix} u \\ v \\ 1 \end{bmatrix} = \begin{bmatrix} f_x & 0 & c_x \\ 0 & f_y & c_y \\ 0 & 0 & 1 \end{bmatrix} \begin{bmatrix} r_1 & r_2 & r_3 \\ r_4 & r_5 & r_6 \\ r_7 & r_8 & r_9 \end{bmatrix} \begin{bmatrix} X \\ Y \\ Z \end{bmatrix} = \boldsymbol{KRP} \tag{6-32}$$

选取其中的任意一个相机深度信息，如 $s_1 = z_c$，$\boldsymbol{K}$ 为摄像机内参，$\boldsymbol{R} = \boldsymbol{R}_1$ 是 O_1 处摄像机的转换矩阵，即可通过式(6－32)计算目标的真实位置 $\boldsymbol{P}$。

6.2.3　多站点最小二乘估计的目标定位

在交叉目标定位原理的基础上，本节提出基于最小二乘估计的多站目标定位模型。交叉目标定位方法计算结果对各种噪声很敏感，这是因为对于多数摄影测量系统，成像系统的物距远大于焦距。根据中心透视投影的基本关系，此时摄像机参数或者像点提取结果误差引起的成像光线方位的微小偏差，会带来明显放大的空间点定位结果误差。本节在交叉目标定位原理的基础上，采用对同名目标点(即同一目标点)进行多次测量，通过最优估计算法估计目标位置，以提高目标定位算法的精度及鲁棒性。

如图 6－7 所示，无人机在预定航迹的飞行过程中，对目标点进行 $n(n \geqslant 3)$ 次摄像，获取 n 张观测图像。

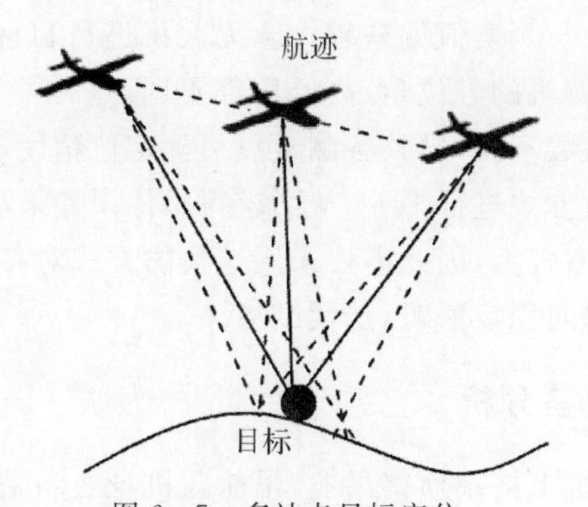

图 6－7　多站点目标定位

根据像点和物点之间的对应关系有：

$$\boldsymbol{Z} = \boldsymbol{H}(\boldsymbol{S}) \tag{6-33}$$

其中，n 幅图像中同一目标点的像点坐标为 $\boldsymbol{Z} = [x_1 \quad y_1 \quad \cdots \quad x_n \quad y_n]^{\mathrm{T}}$，目标点在站心坐标系中的坐标为 $\boldsymbol{Z} = [X_{\mathrm{P}} \quad Y_{\mathrm{P}} \quad Z_{\mathrm{P}}]^{\mathrm{T}}$。

$$\boldsymbol{H}(\boldsymbol{S})=\begin{bmatrix} h_1(X_P,Y_P,Z_P,X_i,Y_i,Z_i,C_x,C_y,F_x,F_y,\psi_i,\theta_i,\phi_i,\alpha_i,\beta_i) \\ h_2(X_P,Y_P,Z_P,X_i,Y_i,Z_i,C_x,C_y,F_x,F_y,\psi_i,\theta_i,\phi_i,\alpha_i,\beta_i) \\ \cdots \\ h_{2n}(X_P,Y_P,Z_P,X_i,Y_i,Z_i,C_x,C_y,F_x,F_y,\psi_i,\theta_i,\varphi_i,\alpha_i,\beta_i) \end{bmatrix} \tag{6-34}$$

这里 C_x,C_y 代表像主点坐标,F_x 和 F_y 为相机等效焦距,参数 ϕ、γ_i、θ_f 表示飞机的姿态角,α_t、β_t 为相机的方位角和高低角。

对式(6-31)在初值处进行一阶泰勒展开,可得:

$$\boldsymbol{Z}=\boldsymbol{H}(\boldsymbol{S}^0)+\boldsymbol{B}\times(\boldsymbol{S}-\boldsymbol{S}^0)+\Delta n \tag{6-35}$$

其中 Δn 为高阶残差;

$$\boldsymbol{B}=\begin{bmatrix} \left.\frac{\partial h_1}{\partial X}\right|_0 & \left.\frac{\partial h_1}{\partial Y}\right|_0 & \left.\frac{\partial h_1}{\partial Z}\right|_0 \\ \left.\frac{\partial h_2}{\partial X}\right|_0 & \left.\frac{\partial h_2}{\partial Y}\right|_0 & \left.\frac{\partial h_2}{\partial Z}\right|_0 \\ & \cdots & \\ \left.\frac{\partial h_{2n}}{\partial X}\right|_0 & \left.\frac{\partial h_{2n}}{\partial Y}\right|_0 & \left.\frac{\partial h_{2n}}{\partial Z}\right|_0 \end{bmatrix}_{2n\times 3}$$

令:

$$\boldsymbol{U}=\boldsymbol{Z}-\boldsymbol{H}(\boldsymbol{S}^0) \tag{6-33}$$

$$\boldsymbol{V}=\boldsymbol{S}-\boldsymbol{S}^0 \tag{6-34}$$

结合式(6-32)~式(6-34)得:

$$\boldsymbol{U}=\boldsymbol{B}\boldsymbol{V}+\Delta n \tag{6-35}$$

根据最小二乘计算公式,则:

$$\boldsymbol{V}=(\boldsymbol{B}^{\mathrm{T}}\boldsymbol{B})^{-1}\boldsymbol{B}^{\mathrm{T}}\boldsymbol{U} \tag{6-36}$$

$\boldsymbol{S}^0$ 可根据交叉目标定位原理求得。由于初始值的位置误差较大,加上线性化带来的误差,所以会使得初次求得的与真实值偏差较大。无人机进行目标定位过程中,在各个测量点,飞机的姿态、飞行高度、摄像机的方位角、高低角都不同,这种情况下,即使使用的是同一个摄像机,但是由于摄像机外参数不同,导致各测量点目标定位精度不同,对误差的贡献也不一样。因此,可通过非线性优化的方式进行平差,从而求得整体误差最小的优化结果。由于非线性优化过程中初始值的位置误差较大,因此需要采用迭代的方式对参数进行优化,在多幅图像上标出目标位置,当定位结果趋向稳定值时,迭代结束。

6.2.4 无源定位误差分析

通过在一架固定翼飞机上搭载侦察吊舱,吊舱与机身之间是硬连接,光电吊舱与机身可以看作一体,飞行高度在 500 m 以上。图像中目标点提前通过基站进行了精确定位。

(1)单张图像定位结果(见表 6-1),单图像目标标注如图 6-8 所示。

表 6-1 单图像定位结果

目标1位置	经度/(°)	纬度/(°)	高程/m	目标2位置	经度/(°)	纬度/(°)	高程/m
计算值	109.079 16	35.314 897	—	计算值	108.699 16	36.784 634	—

续　表

目标 1 位置	经度/(°)	纬度/(°)	高程/m	目标 2 位置	经度/(°)	纬度/(°)	高程/m
实际值	109.078 888	35.315 225	—	实际值	108.698 983	36.784 620	—
误差/m	27	32	—	误差/m	17	1	—

图 6-8　单图像目标标注

(2)三角交叉定位结果。双图像目标标注如图 6-9 所示,双图像交叉定位结果见表 6-2。

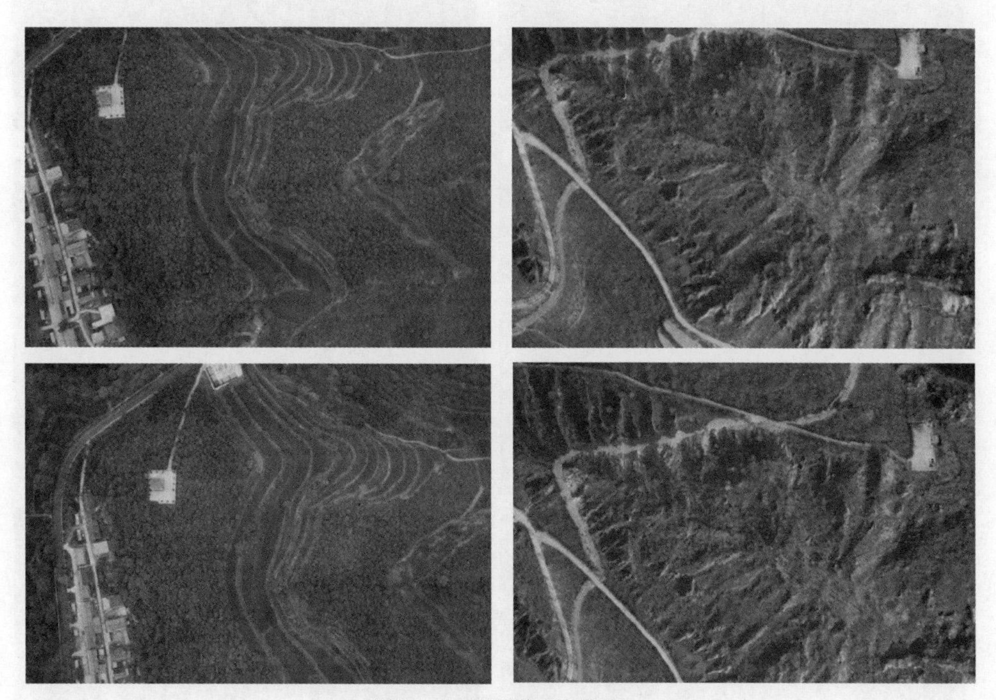

图 6-9　双图像目标标注

表 6-2　双图像交叉定位结果

目标 1 位置	经度/(°)	纬度/(°)	高程/m	目标 2 位置	经度/(°)	纬度/(°)	高程/m
计算值	109.078 69	35.315 78	1 469.756 3	计算值	108.698 84	36.785 013	1 454.961 2
实际值	109.078 888	35.315 225	1 546.252 793	实际值	108.698 983	36.784 620	1 506.225 1
误差(m)	19	55	77	误差/m	14	39	51

(3)基于最小二乘多站点定位测试。多图像目标标注如图 6-10 所示,多图像定位结果见表 6-3。

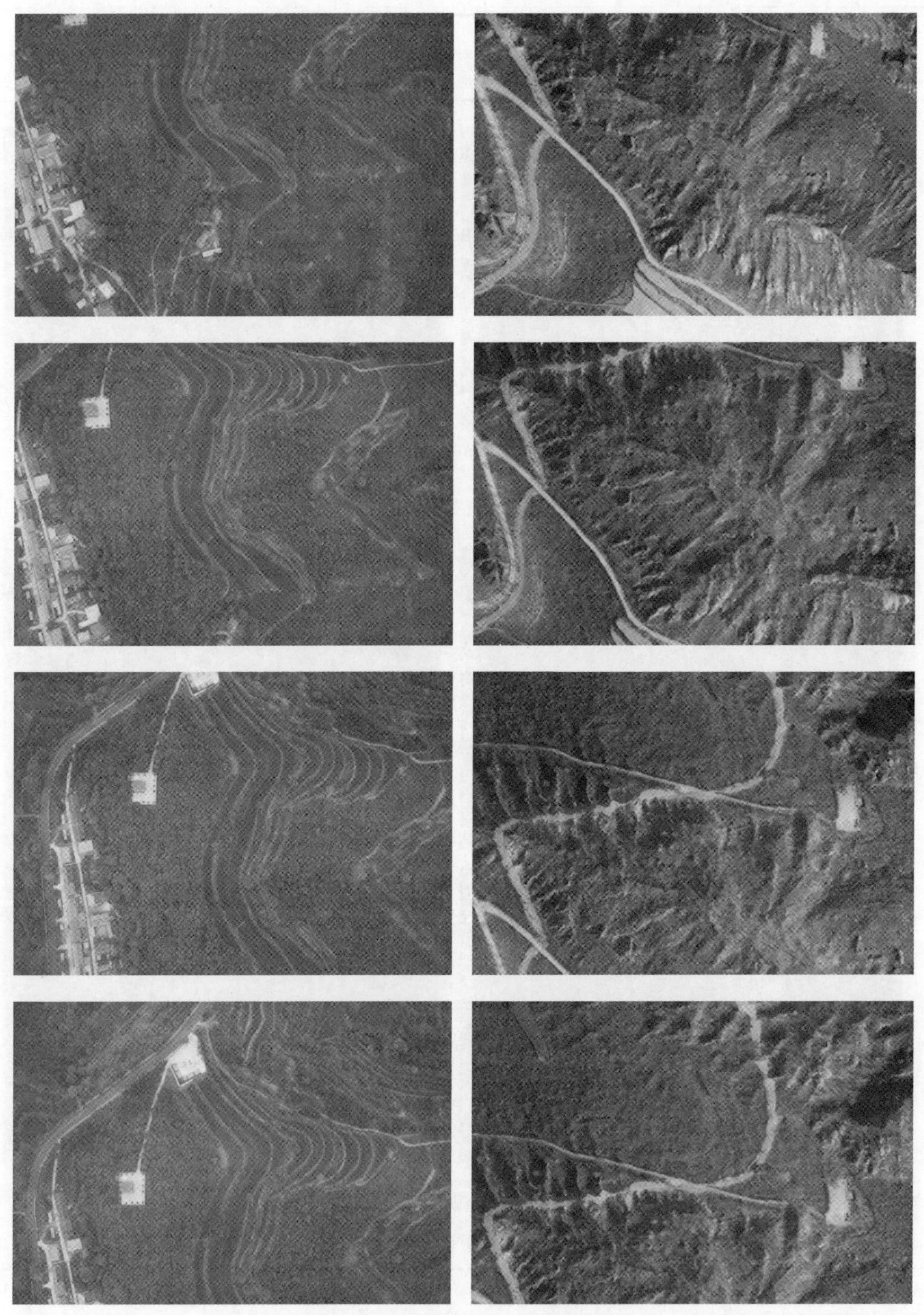

图 6-10 多图像目标标注结果

表 6－3　多图像定位结果

目标 1 位置	经度/(°)	纬度/(°)	高程/m	目标 2 位置	经度/(°)	纬度/(°)	高程/m
计算值	109.079 08	35.314 959	1 540.150 7	计算值	108.699 09	36.784 782	1 496.629
实际值	109.078 888	35.315 225	1 546.252 793	实际值	108.698 983	36.784 620	1 506.225 1
误差/m	19	27	6	误差/m	11	18	10

影响摄影测量精度的主要因素有成像系统分辨力、几何畸变、各种噪声、大气抖动影响和算法选择等。

(1)成像系统分辨力主要指传感器阵列面积和感光像元尺寸,摄像机镜头分辨力。

(2)几何畸变主要指图像中目标相对于理想中心投影模型的几何位置误差。

(3)噪声是指在光电转换和模数转换过程中引起的随机或确定的灰度上的误差。

(4)大气抖动则影响光线的传播过程,使目标成像模糊或成像位置发生偏移。

(5)算法选择也在很大程度上影响定位的准确度,表 6－4 给出了无源目标定位测量算法比较。

表 6－4　无源目标定位算法对比

方　法	优　点	缺　点
基于摄影测量的单目标定位算法	可实现对动态物体的实时定位	需要输入相机与目标的相对高度,而且该高度的误差对定位精度影响较大。定位精度的稳定性差
基于三角测量的交叉定位算法	不需要输入相对高度,可用于地形不平坦的场景	当相机姿态角度误差过大时,很难得到最优解
基于最小二乘估计的多站目标定位	定位精度高,稳定性强	需要在每一张图像中找到目标点,操作烦琐,不能满足实时定位

6.3　图像目标距离量算

基于图像目标测量技术过程中,除了对图像中的目标进行定位,常常还需要对目标的特性进行量测。本章最开始说到,当无人机航摄图像时,原始图像上物体的几何位置、形状、大小、距离和方位等特征与其对应的地面实物的特征往往是不一致的,这种不一致就是几何变形,也称几何畸变。需要经过一定的数学变换,才能得到真实量测结果,这就需要进行图像的几何校正。其中单应性变换就是计算机视觉中重要的几何校正方法。

6.3.1　单应性变换

单应性变换(homography transformation)在计算机视觉中定义为从一个平面到另一个平面的投影映射,因此又称投影变换。对应的变换矩阵称为单应性矩阵。因此一个二维平面上的点映射到摄像机成像仪上的映射就是平面单应性的例子。对于空间中任意一点 $\boldsymbol{Q}=[X\ \ Y\ \ Z\ \ 1]^{\mathrm{T}}$,图像中对应的像素坐标为 $\boldsymbol{q}=[u\ \ v\ \ 1]^{\mathrm{T}}$,它们之间的投影变换可表示为

$$sq = \boldsymbol{KTQ} \tag{6-37}$$

其中，$K=\begin{bmatrix} f_x & 0 & c_x \\ 0 & f_y & c_y \\ 0 & 0 & 1 \end{bmatrix}$；$\boldsymbol{T}=\begin{bmatrix} \boldsymbol{R} & \boldsymbol{t} \\ \boldsymbol{0}^T & \boldsymbol{1} \end{bmatrix}$；$s$ 为尺度因子。

单应性变换的关注点不是表征所有空间的坐标 $\boldsymbol{Q}$，而只是定义所寻找的平面的坐标 $\boldsymbol{Q}'$，这需要简化。考虑到一般性，可以选择定义这个物体平面，使得 $Z=0$。这样做的原因是如果把旋转矩阵也分解为 3 个 3×1 向量，即 $\boldsymbol{R}=[\boldsymbol{r}_1\ \boldsymbol{r}_2\ \boldsymbol{r}_3]$，那么其中的一个列向量就不需要了。具体如下：

$$s\begin{bmatrix} u \\ v \\ 1 \end{bmatrix} = \boldsymbol{K}[\boldsymbol{r}_1\ \boldsymbol{r}_2\ \boldsymbol{r}_3\ \boldsymbol{t}]\begin{bmatrix} X \\ Y \\ 0 \\ 1 \end{bmatrix} = \boldsymbol{K}[\boldsymbol{r}_1\ \boldsymbol{r}_2\ \boldsymbol{t}]\begin{bmatrix} X \\ Y \\ 1 \end{bmatrix} \tag{6-38}$$

设单应性矩阵 $\boldsymbol{H}=\lambda\boldsymbol{K}[r_1\ r_2\ t]$，其中 $\lambda=1/s$，则目标点映射到摄像机的单应性矩阵可以表述为

$$\boldsymbol{q} = \boldsymbol{HQ}' \tag{6-39}$$

单应性变换的示意图如图 6-11 所示。

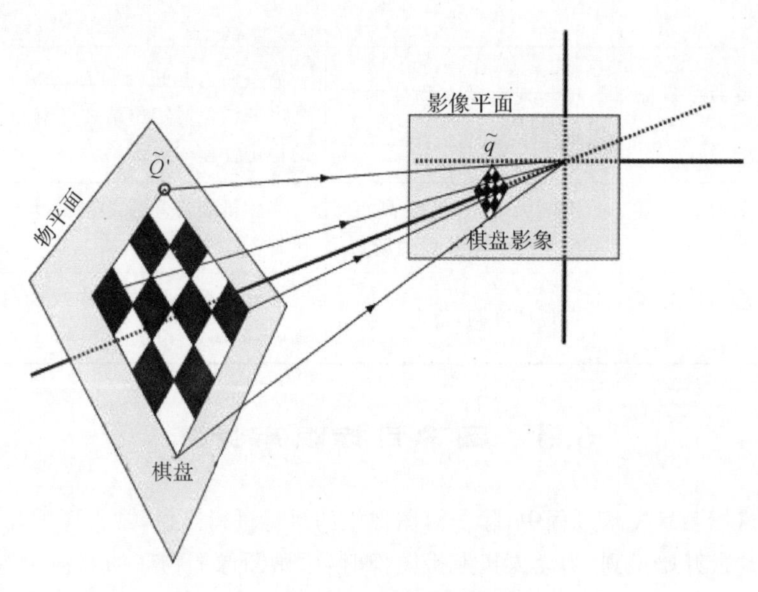

图 6-11　单应性变换示意图

由共线定位方程和单应性矩阵推导可知，无源目标测量的精确性，关键是需要获取准确的摄像机内外参数。对于由固定焦距组成的定焦光学系统，视觉模型参数是固定的常量，模型的定标只需要对系统进行测量和估计模型中常数项的值。但对于机载摄像机，一般都是由变焦镜头组成的光学成像系统，这些参数随着不同镜头结构设置而变化，因此使用变焦光学系统进行跟踪、定位与测量，在技术上具有巨大的挑战。

6.3.2　摄像机标定

在前述计算机视觉应用中，为确定空间目标的三维几何位置与其在图像中对应点之间的

相互关系，必须建立成像的几何模型，这些几何模型的参数就是摄像机参数。在大多数情况下这些参数必须通过实验与计算才能得到，这个求解参数的过程就称之为摄像机标定。

摄影测量和光学测量中，一般通过经纬仪、准直光管、标定试验场等专用设备和场所进行摄像机标定。在计算机视觉中研究的多是用像机采集标定参照物的图像，再通过分析图像来求解像机参数。

1. 摄像机内外参数计算

假定在求解标定参数时，摄像机没有畸变。对于每一个棋盘视场，得到一个单应性矩阵 $\boldsymbol{H}$，大小为 3×3。将 $\boldsymbol{H}$ 写成列向量的形式，即 $\boldsymbol{H}=[\boldsymbol{h}_1\ \boldsymbol{h}_2\ \boldsymbol{h}_3]$，每个 h 是 3×1 向量。单应性矩阵 $\boldsymbol{H}$ 是物理变换（旋转、平移）和相机内参数组成。可以从 $\boldsymbol{H}$ 中分解出这些成分，即有：

$$\boldsymbol{H}=[\boldsymbol{h}_1\ \boldsymbol{h}_2\ \boldsymbol{h}_3]=\lambda\boldsymbol{K}[\boldsymbol{r}_1\ \boldsymbol{r}_2\ \boldsymbol{t}] \tag{6-40}$$

正交阵的每个列向量是两两正交且单位化的（即模为 1），那么 $\boldsymbol{r}_1$ 和 $\boldsymbol{r}_2$ 是相互正交。正交的含义有两个：①两个矢量的点积为 0；②两个矢量的长度相等，即：

$$\left.\begin{aligned}&\boldsymbol{r}_1^{\mathrm{T}}\boldsymbol{r}_2=0\\&\|\boldsymbol{r}_1\|=\|\boldsymbol{r}_2\|=1\end{aligned}\right\} \tag{6-41}$$

则每幅图像可以获得两个对内参数矩阵的基本约束为

$$\left.\begin{aligned}&\boldsymbol{h}_1^{\mathrm{T}}\boldsymbol{K}^{-\mathrm{T}}\boldsymbol{K}^{-1}\boldsymbol{h}_2=0\\&\boldsymbol{h}_1^{\mathrm{T}}\boldsymbol{K}^{-\mathrm{T}}\boldsymbol{K}^{-1}\boldsymbol{h}_1=\boldsymbol{h}_2^{\mathrm{T}}\boldsymbol{K}^{-\mathrm{T}}\boldsymbol{K}^{-1}\boldsymbol{h}_2\end{aligned}\right\} \tag{6-42}$$

$$令:\boldsymbol{B}=\boldsymbol{K}^{-\mathrm{T}}\boldsymbol{K}^{-1}\equiv\begin{bmatrix}b_{11}&b_{12}&b_{13}\\b_{21}&b_{22}&b_{23}\\b_{31}&b_{32}&b_{33}\end{bmatrix}=\begin{bmatrix}\dfrac{1}{f_x^2}&0&\dfrac{-c_x}{f_x^2}\\0&\dfrac{1}{f_x^2}&\dfrac{-c_y}{f_y^2}\\\dfrac{-c_x}{f_x^2}&\dfrac{-c_y}{f_y^2}&\dfrac{c_x^2}{f_x^2}+\dfrac{c_y^2}{f_y^2}+1\end{bmatrix}$$

由于 $\boldsymbol{B}$ 是对称矩阵，那么 $\boldsymbol{B}$ 可以仅由对角线下半元素或者对角线上半元素表示，即可以由 6 个元素表示。那么通用形式可以写成含有旋转成分和含有 $\boldsymbol{B}$ 成分的 6 个元素组成的向量的点积（注意，是点积，不是两个矩阵相乘）：

$$\boldsymbol{h}_i{}^{\mathrm{T}}\boldsymbol{B}\boldsymbol{h}_j=\boldsymbol{v}_{ij}{}^{\mathrm{T}}\boldsymbol{b}=\begin{bmatrix}h_{i1}h_{j1}\\h_{i1}h_{j2}+h_{i2}h_{j1}\\h_{i2}h_{j2}\\h_{i3}h_{j1}+h_{i1}h_{j3}\\h_{i3}h_{j2}+h_{i2}h_{j3}\\h_{i3}h_{j3}\end{bmatrix}^{\mathrm{T}}\begin{bmatrix}b_{11}\\b_{12}\\b_{22}\\b_{13}\\b_{23}\\b_{33}\end{bmatrix} \tag{6-43}$$

若单应性矩阵 $\boldsymbol{H}$ 已知，那么它其中的每一个元素都是已知的，上述 $\boldsymbol{B}_{ij}$ 是要求解的值，可以组合两个约束为如下的形式：

$$\begin{bmatrix}\boldsymbol{v}_{12}{}^{\mathrm{T}}\\(\boldsymbol{v}_{11}-\boldsymbol{v}_{22})\mathrm{T}\end{bmatrix}\boldsymbol{b}=\boldsymbol{V}\boldsymbol{b}=0 \tag{6-44}$$

$\boldsymbol{b}$ 是要求解未知数矢量大小为 6×1，$\boldsymbol{V}$ 是 $2\boldsymbol{K}\times6$ 的矩阵，如果 $\boldsymbol{K}\geqslant2$，那么方程有解 $\boldsymbol{b}=[b_{11}\quad b_{12}\quad b_{22}\quad b_{13}\quad b_{23}\quad b_{33}]^{\mathrm{T}}$。摄像机内参数可以从 $\boldsymbol{B}$ 矩阵的封闭解中直接得到：

$$\left.\begin{aligned}&f_x=\sqrt{\lambda/b_{11}}\\&f_y=\sqrt{\lambda b_{11}/(b_{11}b_{22}-b_{12}{}^2)}\\&c_x=-b_{13}f_x{}^2/\lambda\\&c_y=(b_{12}b_{13}-b_{11}b_{23})/(b_{11}b_{22}-b_{12}{}^2)\\&\lambda=b_{33}-[b_{13}{}^2+c_y(b_{12}b_{13}-b_{11}b_{23})]/b_{11}\end{aligned}\right\}\tag{6-45}$$

外参数(旋转和平移)可以由单应性条件计算得到：

$$\boldsymbol{r}_1=\lambda\boldsymbol{K}^{-1}\boldsymbol{h}_1,\quad \boldsymbol{r}_2=\lambda\boldsymbol{K}^{-1}\boldsymbol{h}_2,\quad \boldsymbol{t}=\lambda\boldsymbol{K}^{-1}\boldsymbol{h}_3\tag{6-46}$$

需要注意，当使用真实的数据求解时，将计算得到的 $\boldsymbol{r}$ 向量放在一起$[R=(\boldsymbol{r}_1 \quad r_2 \quad r_3)]$，我们并不能得到精确的旋转矩阵 $\boldsymbol{R}$，使得 $\boldsymbol{R}$ 为正交阵。为了解决这个问题，常使用强制的方法，即对 $\boldsymbol{R}$ 进行奇异值分解，$\boldsymbol{R}=\boldsymbol{U}\boldsymbol{D}\boldsymbol{V}^{\mathrm{T}}$，$\boldsymbol{U}$，$\boldsymbol{V}$ 为正交阵，$\boldsymbol{D}$ 为对角阵，如果 $\boldsymbol{R}$ 是正交阵，那么奇异值分解后的对角阵 $\boldsymbol{D}$ 是单位阵，那么我们将单位阵 $\boldsymbol{I}$ 代替对角阵 $\boldsymbol{D}$，进而重构出满足正交条件的 $\boldsymbol{R}$。

2.镜头畸变参数计算

理想的针孔模型是线性模型，然而摄像系统必须通过光学透镜组(即镜头)才能成像，但是任何光学透镜组镜头都有一定的孔径和视场，不可能使成像严格满足针孔模型成像过程，这种实际镜头成像与针孔成像之间的差别称为透镜像差。镜头的畸变分为径向畸变和切向畸变两类。

径向畸变是沿着透镜半径方向分布的畸变，产生原因是光线在原理透镜中心的地方比靠近中心的地方更加弯曲，这种畸变在普通廉价的镜头中表现更加明显，径向畸变主要包括桶形畸变和枕形畸变两种，如图 6-12 所示。

图 6-12　枕形畸变和桶形畸变

成像仪光轴中心的畸变为 0，沿着镜头半径方向向边缘移动，畸变越来越严重。畸变的数学模型可以用主点(principle point)周围的泰勒级数展开式的前几项进行描述，通常使用前两项，即 k_1 和 k_2，成像仪上某点根据其在径向方向上的分布位置，调节公式为

$$\left.\begin{aligned}&\hat{x}=x(1+k_1r^2+k_2r^4)\\&\hat{y}=y(1+k_1r^2+k_2r^4)\end{aligned}\right\}\tag{6-47}$$

式中，(x,y)是理想无畸变归一化坐标，$(\hat{x},\hat{y})$是畸变后归一化坐标。r 为图像像素点到图像中心点的距离，即 $r^2=x^2+y^2$。位置离光轴中心的距离。距离光心越远，径向位移越大，表示畸变也越大，在光心附近，几乎没有偏移。

切向畸变是由于透镜本身与相机传感器平面(成像平面)或图像平面不平行而产生的，这种情况多是由于透镜被黏贴到镜头模组上的安装偏差导致。切向畸变公式为

$$\left.\begin{aligned}&\hat{x}=x+2p_1y+p_2(r^2+2x^2)\\&\hat{y}=y+p_1(r^2+2y^2)+2p_2x\end{aligned}\right\}\tag{6-48}$$

张正友标定法仅仅考虑了畸变模型中影响较大的径向畸变(二阶)。标定过程中,令 (u,v) 为像素点的位置,令 $(\hat{u},\hat{v})$ 为畸变的像素点位置,那么由式(6-2)可得

$$\left.\begin{aligned} u &= x/d_x + c_x \\ v &= y/d_y + c_y \end{aligned}\right\} \tag{6-49a}$$

$$\left.\begin{aligned} \hat{u} &= \hat{x}/d_x + c_x \\ \hat{v} &= \hat{y}/d_y + c_y \end{aligned}\right\} \tag{6-49b}$$

其中,(c_x,c_y)代表图像主点,即光轴与像面交点的像素坐标;d_x,d_y 分别为摄像机的单个像元在 x_w,y_w 方向上的物理尺寸。

将式(6-49)带入式(6-48)可得

$$\left.\begin{aligned} \hat{u} &= u + (u-c_x)(k_1 r^2 + k_2 r^4) \\ \hat{v} &= v + (v-c_y)(k_1 r^2 + k_2 r^4) \end{aligned}\right\} \tag{6-50}$$

即:

$$\begin{bmatrix} (u-c_x)r^2 & (u-c_x)r^4 \\ (v-c_y)r^2 & (v-c_y)r^4 \end{bmatrix}\begin{bmatrix} k_1 \\ k_2 \end{bmatrix} = \begin{bmatrix} \hat{u}-u \\ \hat{v}-v \end{bmatrix} \tag{6-51}$$

式(6-51)中的 (u,v) 和 $(\hat{u},\hat{v})$ 可以通过识别标定板的角点获得,每一个角点可以构造两个上述等式。有 m 幅图像,每幅图像上有 n 个标定板角点,则将得到的所有等式组合起来,可以得到 mn 个未知数为 $\boldsymbol{k}=[k_1 \quad k_2]^{\mathrm{T}}$ 的约束方程,将约束方程系数矩阵记为 $\boldsymbol{D}$,等式右端非齐次项记为 $\boldsymbol{d}$,可将其记着矩阵形式:$\boldsymbol{Dk}=\boldsymbol{d}$,则使用最小二乘法可求得

$$\boldsymbol{k} = \begin{bmatrix} k_1 \\ k_2 \end{bmatrix} = (\boldsymbol{D}^{\mathrm{T}}\boldsymbol{D})^{-1}\boldsymbol{D}^{\mathrm{T}}\boldsymbol{d} \tag{6-52}$$

即可求得畸变参数。

3. 张正友标定法

张正友标定法利用棋盘格标定板,在得到一张标定板的图像之后,可以利用相应的图像检测算法得到每一个角点的像素坐标(u,v)。将世界坐标系固定于棋盘格上,则棋盘格上任一点的物理坐标 $z=0$,由于标定板的世界坐标系是事先定义好的,标定板上每一个格子的大小是已知的,所以可以计算得到每一个角点在世界坐标系下的物理坐标$(x,y,z=0)$。利用每一个角点的像素坐标(u,v)、每一个角点在世界坐标系下的物理坐标$(x,y,z=0)$,来进行相机的标定,获得相机的内外参矩阵、畸变参数。

由于实验中吊舱为 30 倍变焦相机,所以对 0 倍、5 倍、10 倍、15 倍、20 倍、25 倍和 30 倍 7 个焦段分别采集一组棋盘格图像,如图 6-13 所示。

图 6-13　棋盘格标定示意图

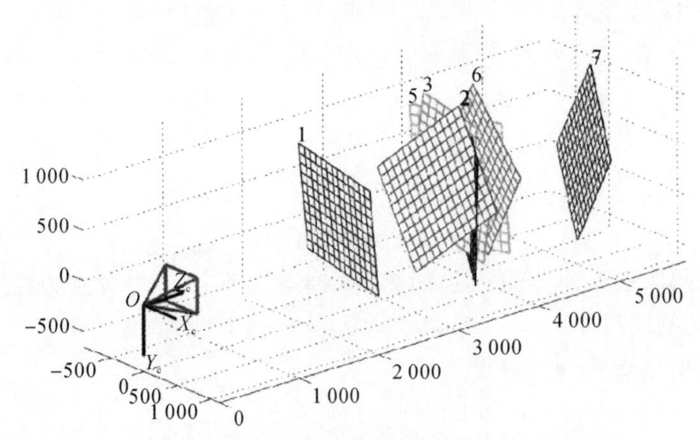

续图 6-13 棋盘格标定示意图

对摄像机 7 个焦段的机标定结果见表 6-5，畸变参数 k_1，k_2 在短焦段时变化微小，当焦距变大时，k_1 变化不大，k_2 变化越来越快。

表 6-5 标定结果

变焦倍数	0	5	10	15	20	25	30
α	1 590.616	2 324.493	3 038.787	3 762.746	4 483.724	5 203.415	5 924.012
β	1 590.608	2 324.388	3 038.768	3 762.753	4 483.698	5 203.408	5 924.023
u_0	958.111	957.303	948.192	940.618	939.235	932.298	928.569
v_0	554.609	574.709	588.839	538.467	533.564	526.899	524.360
k_1	−0.092 8	−0.079 5	−0.029 2	0.009 9	0.051 7	0.092 8	0.124 1
k_2	−0.050 2	0.084 2	0.085 7	0.144	0.263 1	0.338 8	0.524 2

6.3.3 多目标距离量测

基于单应几何纠正的尺度测量，当目标处于平原场景中时，建立图像平面与地理平面的单应关系，将原图像几何纠正到正北朝向的正射视角，纠正后的图像具有统一的比例尺，通过像素坐标和像素的实际分辨率即可求出图像上任意点对之间的距离。

单应矩阵(Homography)描述了两个平面之间的映射关系。首先假设两张图像中对应点对的齐次坐标为 $(x',y',1)$ 和 $(x,y,1)$，单应矩阵 $\boldsymbol{H}$ 定义为

$$\boldsymbol{H}=\begin{bmatrix} h_{11} & h_{12} & h_{13} \\ h_{21} & h_{22} & h_{23} \\ h_{31} & h_{32} & h_{33} \end{bmatrix} \tag{6-53}$$

则有：

$$\begin{bmatrix} x' \\ y' \\ 1 \end{bmatrix} \sim \begin{bmatrix} h_{11} & h_{12} & h_{13} \\ h_{21} & h_{22} & h_{23} \\ h_{31} & h_{32} & h_{33} \end{bmatrix} \begin{bmatrix} x \\ y \\ 1 \end{bmatrix} \tag{6-54}$$

矩阵展开后 3 个等式，将第 3 个等式带入前两个等式中可得：

$$\left.\begin{aligned} x' &= \frac{h_{11}x + h_{12}y + h_{13}}{h_{31}x + h_{32}y + h_{33}} \\ y' &= \frac{h_{21}x + h_{22}y + h_{23}}{h_{31}x + h_{32}y + h_{33}} \end{aligned}\right\} \tag{6-55}$$

因为这里使用的是齐次坐标系，也就是说可以进行任意尺度的缩放，所以实际上单应矩阵 $\boldsymbol{H}$ 只有 8 个自由度。因此在实际处理时通常乘以一个非零因子使得 $h_{33}=1$，可将式(6-55)整理得：

$$\left.\begin{aligned} h_{11}x + h_{12}y + h_{13} - h_{31}xx' - h_{32}yx' &= x' \\ h_{21}x + h_{22}y + h_{23} - h_{31}xy' - h32yy' &= y' \end{aligned}\right\} \tag{6-56}$$

这样一组匹配点对就可以构造出两项约束，所以自由度为 8 的单应矩阵可以通过 4 对匹配点对算出，需要注意的是这些点对不能有三点共线的情况，即求解以下的线性方程组(当时 $h_{33}=0$，右侧为零)：

$$\begin{bmatrix} x_1 & y_1 & 1 & 0 & 0 & 0 & -x_1x'_1 & -y_1x'_1 \\ 0 & 0 & 0 & x_1 & y_1 & 1 & -x_1y'_1 & -y_1y'_1 \\ x_2 & y_2 & 1 & 0 & 0 & 0 & -x_2y'_2 & -y_2x'_2 \\ 0 & 0 & 0 & x_2 & y_2 & 1 & -x_2y'_2 & -y_2y'_2 \\ x_3 & y_3 & 1 & 0 & 0 & 0 & -x_3x'_3 & -y_3x'_3 \\ 0 & 0 & 0 & x_3 & y_3 & 1 & -x_3y'_3 & -y_3y'_3 \\ x_4 & y_4 & 1 & 0 & 0 & 0 & -x_4x'_4 & -y_4x'_4 \\ 0 & 0 & 0 & x_4 & y_4 & 1 & -x_4y'_4 & -y_4y'_4 \end{bmatrix} \begin{bmatrix} h_{11} \\ h_{12} \\ h_{13} \\ h_{21} \\ h_{22} \\ h_{23} \\ h_{31} \\ h_{32} \end{bmatrix} = \begin{bmatrix} x'_1 \\ y'_1 \\ x'_2 \\ y'_2 \\ x'_3 \\ y'_3 \\ x'_4 \\ y'_4 \end{bmatrix} \tag{6-57}$$

这种做法把 $\boldsymbol{H}$ 矩阵看成向量，通过解该向量的线性方程来恢复 $\boldsymbol{H}$，又称直线线性变换法(Direct Linear Transform, DLT)

单应几何纠正的方法如图 6-14 所示，先通过定位方法在原图像中计算出至少四个点(图中圆点)所对应的高斯投影坐标，将高斯投影坐标正射投影到新图像平面上生成新的图像坐标，将该四组点对通过式(6-57)计算出两图像平面对应的单应矩阵 $\boldsymbol{H}$，通过该单应矩阵可将原图像变换到新的正射图像，该正射图像具有统一的方位朝向，并且每个像素点对应的实际分辨率是一致的。这使得在新图像上实现尺度测量变得容易，两点(图中圆点)之间的实际地理距离为两像素点坐标的距离与像素分辨率的积。

如图 6-15 所示，知道图中主目标和次目标的 GPS 坐标位置，可采用基于单应几何纠正的尺度测量的方法，将原图像变换到正射图像，正射图像以主目标为坐标原点，次目标相对于主目标的位置与距离也会计算出来，可以直观的分析主次目标间的相对关系。

这种方式计算有一定的限制条件，由于需要对原图像做单应性变换，实际上是将地物图像还原到实际世界坐标系下，是逆透视变换，计算中已经认定地面是平面，因此该方法只适合地面平坦的地形。

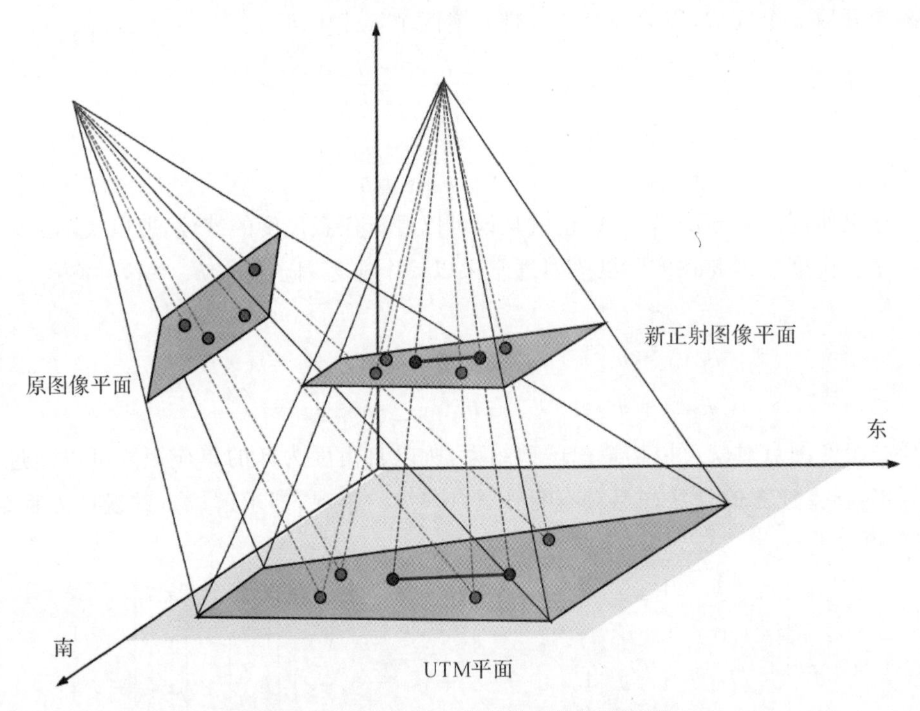

图 6-14　基于单应几何纠正的尺度测量

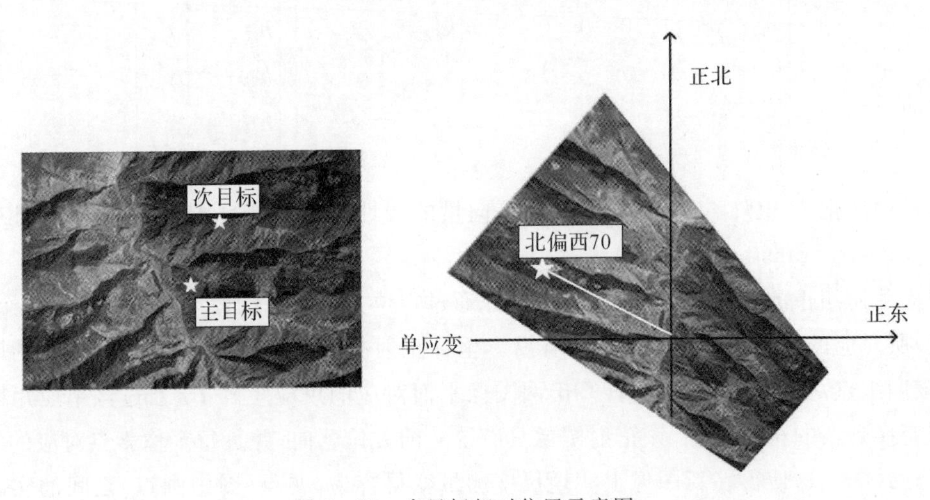

图 6-15　多目标相对位置示意图

思　考　题

1.请写出摄像机坐标(x_c,y_c,z_c)与图像物理坐标(u,v)之间的转换矩阵。

2.请写出摄像机坐标(x_c,y_c,z_c)与世界坐标(X,Y,Z)之间的转换矩阵。

3.什么是共线方程？试利用物点与像点之间的转换关系推导出共线方程表达式。

4.已知图像的坐标为(u,v)和，摄像机的内参为$(c_x,c_y)(f_x,f_y)$，以摄像机坐标系为世界坐标系，光心为坐标原点，请推导单张图像目标定位方程。

5. 简述三角测量目标定位原理及存在的主要问题。

6. 什么是单应性变换？简述其物理意义。

7. 为何要进行摄像机标定？摄像机标定主要要标定哪些参数？

参考文献

[1] BAEK K , BANG H . Decentralized target geolocation for unmanned aerial vehicle with sensor bias estimation[C]// AIP Conference Proceedings. American Institute of Physics, 2012.

[2] 起峰,尚洋. 摄像测量学原理与应用研究[M]. 北京：科学出版社，2009.

[3] 王之卓. 摄影测量学[M]. 北京：测绘出版社，1982.

[4] 马颂德，张正友. 计算机视觉：计算理论与算法基础[M]. 北京：科学出版社，1998.

[5] 徐诚. 无人机高精度目标定位若干关键技术研究[D]. 南京：南京航空航天大学，2014.

[6] MARKUS GERKE. Developments in UAV - Photogrammetry[J]. Journal of Digital Landscape Architecture，2018，262 - 272.

[7] CARVAJAL F , F AGÜERA, M PÉREZ. Surveying a landslide in a road embankment using unmanned aerial vehicle photogrammetry[J]. ISPRS - International Archives of the Photogrammetry, 2011, XXXVIII - 1/C22(1)：201 - 206.

[8] THOMAS R CHUDLEY, POUL CHRISTOFFERSEN, SAMUEL H DOYLE, et al. High accuracy UAV photogrammetry of ice sheet dynamics with no ground control[J]. The Cryosphere，2019，13，995 - 968.

[9] 高翔，张涛. 视觉 SLAM 十四讲：从理论到实践[M]. 北京：电子工业出版社，2017

[10] 邱茂林，马颂德，李毅. 计算机视觉中摄像机定标综述[J]. 自动化学报，2000，26(11)：43 - 55.

第7章　无人机动态摄影测量技术

在信息化的作战空间，战场态势瞬息万变，战场目标千差万别，传统的遥感成像侦察和测绘手段难以适应日趋复杂的技术要求。现代战争中的作战环境和作战模式已发生了变化，对稍纵即逝的机动目标和即时发现的时间敏感性目标进行打击，成为作战的关键[1]。对于“时间敏感性目标”的打击要求在侦察到目标后，在其重新隐蔽起来或丧失即时打击时机之前，马上做出判断和抉择，这需要具备作战遂动态测绘能力。受战时飞行地域、航高和不可回避的人员伤亡代价的制约，常规有人驾驶航空遥感测绘平台实施战时动态测绘保障极为不易，基于无人机平台的动态应急情报保障却可满足该需求[1-3]。

无人机动态摄影测量包含两个方面的含义，一方面是数据动态获取的能力。数据动态获取能力需要多传感器协同工作，各传感器集成在一个三轴稳定平台之上。光电吊舱搭载面阵相机、POS系统和电视传感器，为机载准实时动态摄影测量提供稳定平台，消除载机摇摆振动对成像观测的影响，保持传感器光轴近似垂直于地平面，实现对航摄区域的摄影和记录，同时提供对拍摄区域的实时观察。另一方面是数据的近实时处理能力。

7.1　无人机动态摄影测量系统

摄影测量学是利用光学摄影机获取的像片，经过处理以获取被摄物体的形状、大小、位置、特性及其相互关系的一门学科。摄像测量涵盖了摄影测量、光学测量和计算机视觉等三个学科领域，因此它的应用范围也应覆盖这三个学科的应用领域。摄像测量的一个重要特征是已进入了动态实时测量时代。实时摄像测量的实现为摄像测量学开辟了广阔的、新的研究和应用领域，例如实时监测、视觉导航、工业质量实时检测和监控等。

传统的航空航天摄影测量技术大多服务于平时，时效性不高，不适合应急应用。无人机低空摄影测量系统，使用灵活方便，可大比例尺、动态近景成图；特别是无人机倾斜摄影测量技术的快速发展，不仅可以快速获取局部区域场景位置信息和下视场景，在应急响应信息服务中，如果联合下视影像与倾斜影像，还可以获取周边地理真实三维场景，利用专业的软件实现在倾斜影像上进行简单的量测、数据统计和场景漫游功能，对于非测绘专业人员而言，可以帮助用户更好地进行场景解译，成为无人机情报侦察获取的一种重要手段。

7.1.1　倾斜摄影测量系统组成

倾斜摄影技术是指在同一飞行平台下搭载多个不同视角的倾斜相机，在同一曝光点多角度地获取相同地物倾斜影像，获取丰富的地物信息，可从多角度分析地物，弥补了传统正射影像只能从垂直方向分析地物的缺陷，能够获取建筑物的侧面纹理信息[4]。目前倾斜摄影应用最多的是利用倾斜影像进行实景三维建模，大大地提高了场景真实度与建模精度，并且建模效率相对于传统手工建模更是大大地提高。影像按倾斜相机主光轴倾斜角分为4种：①垂直影像：$t<5°$；② 轻度倾斜影像：$5°<t<30°$；③ 高度倾斜影像：$t>30°$；④ 水平视角影像：$t+a>90°$。

与正射摄影相比，倾斜摄影最显著的技术特点有以下几点：

(1)可以反映地物周边真实情况。相对于正射影像，倾斜影像能让用户从多个角度观察地物，更加真实地反映地物的实际情况，极大地弥补了基于正射影像应用的不足。

(2)倾斜影像可实现单张影像量测。通过配套软件的应用，可直接基于成果影像进行包括高度、长度、面积、角度和坡度等的量测，扩展了倾斜摄影技术在行业中的应用。

(3)建筑物侧面纹理可采集。针对各种三维数字城市应用，利用航空摄影大规模成图的特点，加上从倾斜影像批量提取及贴纹理的方式，能够有效地降低城市三维建模成本。

(4)数据量小，易于网络发布。相较于三维GIS技术应用庞大的三维数据，应用倾斜摄影技术获取的影像的数据量要小得多，其影像的数据格式可采用成熟的技术快速进行网络发布，实现共享应用。

无人机倾斜摄影测量系统包括无人机飞行系统、地面控制与任务规划系统、差分基站和任务载荷。常用的任务载荷是三镜头或者五镜头倾斜摄影测量模块。三镜头倾斜角为45°，五镜头倾斜角为35°。其中五镜头相机在倾斜摄影测量中使用最为广泛，效率高。在正射相机的基础上增加向前、后、左、右四个方向的传感器镜头，同时拍摄一组正摄和四个倾斜摄影等五个不同角度的相片，如图7-1所示。在拍摄相片时，同时记录航高、航速、航向重叠、旁向重叠和坐标等参数，然后对倾斜影像进行分析和整理。在某时段，飞机连续拍摄几组影像重叠的照片。

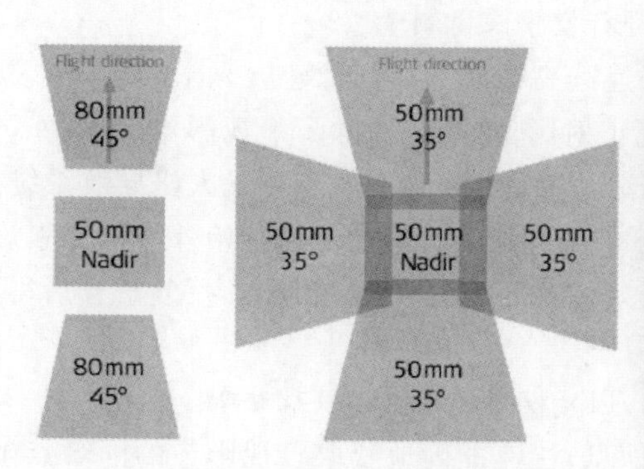

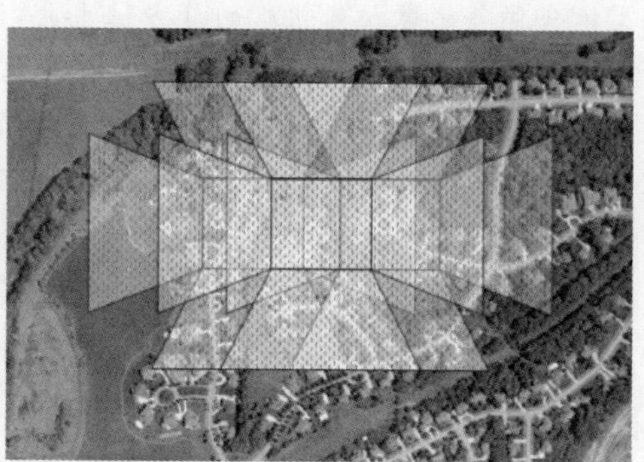

图7-1　多镜头相机和不同角度影像获取示意图

7.1.2 倾斜摄影测量处理流程

基于无人机倾斜摄影测量技术是当前最为火热的无人机应用技术之一，其特点是操作简单方便，技术门槛低，在应急地理信息获取采集、智慧城市等领域有着广泛的应用前景。基于无人机的近景倾斜摄影测量可以有效弥补航空航天摄影测量机动性不足、地理信息精细度不高、实时服务决策能力不够的问题。基于无人机的近景倾斜摄影测量成果主要的是实景三维模型，其快速构建技术流程如图7-2所示。

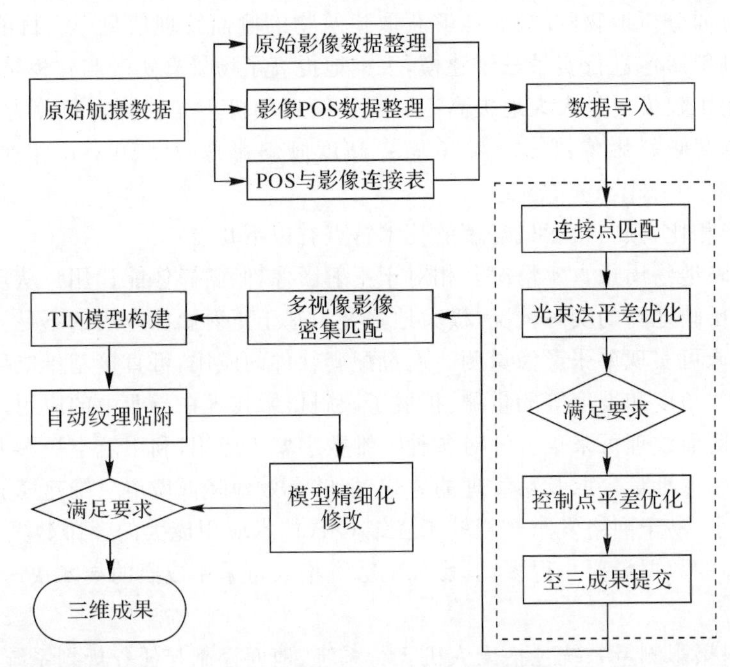

图 7-2　倾斜摄影三维建模流程图

1. 原始航摄数据预处理

检查原始影像的重叠度是否满足航摄规范要求，影像旋偏角、俯仰角等是否满足摄影测量规范要求，原始影像质量是否达标，有无阴影，色彩是否鲜明，如果影像色彩较差，可以进行匀色处理。从原始影像中整理出针对试验测区有效部分的影像，删除无人机转弯处的影像，整理原始 POS 数据，建立原始影像名称与 POS 点名称一一对应的关系。

2. 结合倾斜影像初始粗略的外方位元素，进行空中三角测量

空中三角测量(简称"空三")即先利用多张连续高重叠度的影像建立光学模型，再求得加密点的高程和平面位置。倾斜空三不同于传统正射影像的空三，除了下视影像 POS 外，还需要其他角度影像的 POS 数据，因此传统空三算法并不适用于倾斜空三。无人机导航系统只能获取下视镜头的 POS 数据，因此只能用此 POS 数据用作为倾斜影像的初始外方位元素，通过影像的同名点匹配、自由网光束法平差，得到较好的匹配结果，结合控制点，反复解算后得到满足精度要求的空三成果。

3. 选择最佳纹理信息对由点云模型构建的 TIN 模型进行自动纹理映射

视像密集匹配技术，利用多视影像的特征信息，快速准确地获取多视影像的同名点坐标。点云数据是指资料以点的形式记录，每个点包含有三维坐标，有些数据还可能含有颜色信息。通过多视像密集匹配获取的准确的同名点坐标，可利用多核多节点同步计算，加快计算速度，快速生成高密度高精度的三维点云模型。三维点云模型数据量较大，需要进行切割，减小数据量以便于加快运算速度，并对切块的点云数据进行不规则三角网构建(Triangulated Irregular Network, TIN)，三角网通常是将点云数据构建不同级别的 LOD 数据(Levels of Detail, LOD)下的三角网模型，经过优化，数据降维等方法，构建 TIN 模型。

4. 三维模型精细化修改，输出实景三维大场景成果。

通过模型，可以全自动实现 TIN 模型与纹理图像的配准及纹理贴附。倾斜影像是角度影

像,连续多张影像中存在同一地物,需要在其中选出最佳纹理进行映射。同样利用多机多节点并行的机制,可以快速准确的完成纹理贴附。

7.2　航摄影像连接点提取与匹配

无人机空中三角测量依据的是所摄影像与地面物体之间的几何关系,利用少量甚至不需要地面控制点情况下,利用像片上的观测数据和 POS 信息(位置、姿态)进行处理,获取相片精确的外方位元素或者同时得到待测点(也称加密点)三维坐标的作业方法[7]。从相片中选取比较有代表性的待测点,称为连接点,这些连接点在相机视角发生少量变化后会保持不变,通过在各个图像中找到相同的点,利用多视的条件约束,来实现这些点的精确定位。而连接点提取一直是空中三角测量中最烦琐和最耗时的步骤[8],特别是无人机影像排列不规则、影像纹理贫瘠和影像间倾角大的特点,给无人机影像连接点提取增加了难度。

7.2.1　角点特征

图像特征是一组与计算任务相关的信息,计算任务取决于具体的应用[9]。简而言之,特征是图像信息的另一种数字表达形式。一组好的特征对于在指定任务上的最终表现至关重要,因此多年来研究者们花费了大量的精力对特征进行研究。数字图像在计算机中以灰度值矩阵的方式存储,因此最简单,单个图像像素也是一种“特征”。但是,在无人机摄影测量中希望特征点在相机运动之后保持稳定,而灰度值受光照、形变、物体材质的影响严重,在不同图像之间变化非常大,不够稳定。理想的情况是,当场景和相机视角发生少量改变时,还能从图像中判断哪些地方是同一个点,仅凭灰度值是不够的,需要对图像提取特征点。

特征点是图像里一些特别的地方,以图 7-3 为例,可以把图像中的角点、边缘和区块都当成图像中有代表性的地方。不过两幅图像当中出现了同一个角点更容易精确地指出;而同一个边缘则稍微困难一些,因为沿着该边缘前进,图像局部是相似的;同一个区块则是最困难的。图像中的角点、边缘相比于像素区块而言更加“特别”,它们不同图像之间的辨识度更强。因此,一种直观的提取特征的方式就是在不同图像间辨认角点,确定它们的对应关系。在这种做法中,角点就是所谓的特征。

比较典型图像角点提取算法有 Moravec 算法、Harris 算法和 Förstner 算法。

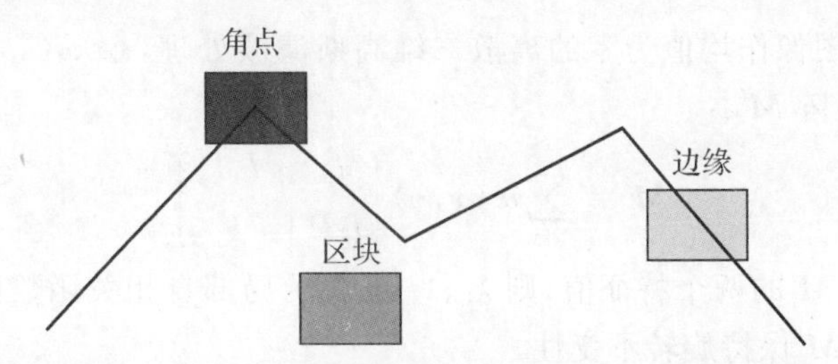

图 7-3　可以作为图像特征的部分:角点、边缘、区块

1. Moravec 算法

Moravec 算法于 1977 年由 H. P. Moravec 提出,该算法是利用灰度方差提取点特征的算法,它通过计算各像素沿不同方向的平均灰度变化,选取最小值为对应像素点的角点响应函数

(Corner Response Function CRF),然后通过抑制局部非最大值点得到角点。其步骤如下:

(1)计算各像素的兴趣值。用 4×4 窗口计算每个像素在水平(horizontal)、垂直(vertical)和对角线(diagonal)、反对角线(anti-diagonal)4 个方向上的平均灰度变化,取这 4 个值当中的最小值为 CRF,若此值为局部最大则该像素点为角点。各个方向上的灰度变化计算公式为

$$\left.\begin{aligned} V_h &= \sum_{i=-k}^{k-1} (I_{x,y+i} - I_{x,y+i+1})^2 \\ V_v &= \sum_{i=-k}^{k-1} (I_{x+i,y} - I_{x+i+1,y})^2 \\ V_d &= \sum_{i=-k}^{k-1} (I_{x+i,y+i} - I_{x+i+1,y+i+1})^2 \\ V_a &= \sum_{i=-k}^{k-1} (I_{x-i,y+i} - I_{x-i-1,y+i+1})^2 \end{aligned}\right\} \tag{7-1}$$

其中,$k=n/2$,选择 4 个方向上的最小值为该像元(x,y)的兴趣值:

$$IV = \min\{V_h, V_v, V_d, V_a\} \tag{7-2}$$

(2)划定阈值,将兴趣值大于该阈值的点作为备选点。

(3)选取备选点中的极值点作为特征点。选择一定窗口范围,在窗口范围内选择兴趣值最大的点为 Moravec 特征点。

Moravec 算法最显著的优点是运算速度快,它对边缘信息比较敏感,这是由于相应值是自相关的最小值而不是差值。

2. Harris 算法

Harris 角点检测算法于 1988 年由 C. G. Harris 和 M. J. Stephens 提出,又称为 Plessey 角点检测算法。Harris 角点检测算法用一阶偏导来描述亮度变化,提出了一个与图像的自相关函数相联系的矩阵 $\boldsymbol{M}$,通过计算矩阵 $\boldsymbol{M}$ 的特征值来判定该点是否为角点。其实现步骤如下:

(1)利用水平、竖直差分算子对图像中每个像素进行滤波,计算差分影像的 I_x 和 I_y,然后再计算差分图像的乘积图像 I_x^2,I_y^2 和 I_xI_y,每个像点都构成一个相关矩阵 $\boldsymbol{M}$。

$$\boldsymbol{M}=\begin{bmatrix} I_x^2 & I_xI_y \\ I_xI_y & I_y^2 \end{bmatrix} \tag{7-3}$$

(2)对差分乘积图像作均值为零的离散二维高斯滤波处理,令 $w(x,y)$ 为高斯滤波器,得到新生成灰度相关矩阵 $\boldsymbol{M}'$:

$$\boldsymbol{M}' = \sum_{x,y} w(x,y) \begin{pmatrix} I_x^2 & I_xI_y \\ I_xI_y & I_y^2 \end{pmatrix} \tag{7-4}$$

设 λ_1、λ_2 是矩阵 $\boldsymbol{M}'$的两个特征值,则 λ_1、λ_2 可表示局部自相关函数的曲率。由于 Harris 算子各向同性,所以 $\boldsymbol{M}'$保持旋转不变性。

(3)进行 Harris 角点检测,采用角点响应函数来进行:

$$\left.\begin{aligned} R &= \det(\boldsymbol{M}) - k\,\mathrm{tr}^2(\boldsymbol{M}) \\ \det(\boldsymbol{M}) &= \lambda_1\lambda_2, \quad \mathrm{tr}(\boldsymbol{M}) = \lambda_1 + \lambda_2 \end{aligned}\right\} \tag{7-5}$$

其中,k 按经验一般取值为 0.04～0.06,R 表示图中相应像素点的兴趣值。若某一像素的兴趣

值处于邻域最大，且大于阈值时，则该像素称为角点，相应的兴趣值称为该角点的角点值。

(4)采用局部极大值的策略，寻找影像邻域范围内的极大值点。同时若极大值点的Harris特征点响应值大于设定的阈值，则将其选为Harris角点。

Harris角点检测算法是一种比较有效的点特征提取算法，由于只用到灰度的一阶差分以及滤波，所以其计算比较简单，同时它的计算过程只涉及图像的一阶导数，即使图像存在旋转、灰度变化、噪声影响和视点变换，对角点的提取也是比较稳定的。

7.2.1.3　Förstner算法

Förstner算法是从影像中提取点(角点、圆点等)特征的一种较为有效的算法，它具有较高的定位精度和抗噪性。Förstner算法首先计算各点的Robert梯度，然后计算以当前点为中心的窗口灰度协方差矩阵，最后在影像中寻找误差椭圆最接近圆的点作为特征点。Förstner算法的思路是计算各影像点的兴趣值并采用抑制局部极小点的策略来实现特征点的提取，其具体实现步骤如下：

(1)计算各像素的Robert梯度

$$\left.\begin{aligned} g_x &= \frac{\partial I}{\partial x} = I_{x+1,y+1} - I_{x,y} \\ g_y &= \frac{\partial I}{\partial y} = I_{x,y+1} - I_{x+1,y} \end{aligned}\right\} \tag{7-6}$$

(2)计算以像素(x, y)为中心的窗口中所有像素的协方差矩阵

$$\boldsymbol{Q} = \boldsymbol{N}^{-1} = \begin{bmatrix} \sum g_x^2 & \sum g_x g_y \\ \sum g_y g_x & \sum g_y^2 \end{bmatrix} \tag{7-7}$$

(3)计算兴趣值q和w：

$$\begin{aligned} w &= \frac{1}{\mathrm{tr}\boldsymbol{Q}} = \frac{\det\boldsymbol{N}}{\mathrm{tr}\boldsymbol{N}} \\ q &= 1 - \frac{(a^2 - b^2)^2}{(a^2 + b^2)^2} \end{aligned} \tag{7-8}$$

其中，$\det\boldsymbol{N}$代表矩阵$\boldsymbol{N}$的行列式；$\mathrm{tr}\boldsymbol{N}$代表矩阵$\boldsymbol{N}$的迹，$q$是像素$(x, y)$对应的误差椭圆的圆度。

(4)确定待选点。如果当前兴趣点大于设定的阈值，则将该点选为待选点，阈值的设定可参考下式：

$$\left.\begin{aligned} T_{\mathrm{q}} &= 0.5 \sim 0.75 \\ T_{\mathrm{w}} &= f\bar{w}(f = 0.5 \sim 1.5)\text{或} = cw_{\mathrm{c}}(c = 5) \end{aligned}\right\} \tag{7-9}$$

其中，$\bar{w}$为权平均值；w_{c}为权中值。当$q > T_{\mathrm{q}}$，且$w > T_w$时，该像点为待选点。

(5)以权值w为依据选取极值点。由于Förstner算法的计算较为复杂，在实际使用时一般先用简单差分算子提取初始候选选点，然后再采用Förstner算法在初始候选选点的邻域窗口计算兴趣值，选取极值点为Förstner特征点。

然而，在大多数应用中，单纯的角点依然不能满足很多的需求。例如，从远处看上去是角点的地方，在相机走近之后，可能就不显示为角点了。或者，当相机发生旋转时，角点的外观会

发生变化，也就不容易辨认出那是同一个角点。

7.2.2 尺度不变特征

计算机视觉领域的研究者们在长年的研究中，设计了许多更加稳定的局部图像特征。如著名的尺度不变特征变换（Scale-Invariant Feature Transform，SIFT），SURF（Speeded-Up. Robust Featrues），ORB（Oriented. FAST and BRIEF）等等。相比于朴素的角点，这些人工设计的特征点能够拥有如下的性质。

（1）可重复性（repeatability）：相同的“区域”可以在不同的图像中被找到。

（2）可区别性（distinctiveness）：不同的“区域”有不同的表达。

（3）高效率（efficiency）：同一图像中，特征点的数量应远小于像素的数量。

（4）本地性（locality）：特征仅与一小片图像区域相关。

特征点由关键点（key－point）和描述子（descriptor）两部分组成。关键点是指该特征点在图像里的位置，有些特征点还具有朝向、大小等信息。描述子通常是一个向量，按照某种人为设计的方式，描述了该关键点周围像素的信息。描述子是按照“外观相似的特征应该有相似的描述子”的原则设计的。因此，只要两个特征点的描述子在向量空间上的距离相近，就可以认为它们是同样的特征点。

1. 关键点的提取——DoG 算子

有些点是一些十分突出的点，不会因光照条件的改变而消失，比如角点、边缘点、暗区域的亮点以及亮区域的暗点，既然两幅图像中有相同的目标，那么使用某种方法分别提取各自的稳定点，这些点之间会有相互对应的匹配点。

所谓关键点，就是在不同尺度空间的图像下检测出的具有方向信息的局部极值点。根据归纳，可以看出特征点具有的三个特征：尺度、方向、大小。

（1）尺度空间。为了检测极值点，先建立适当的尺度空间。尺度空间理论最早在 1962 年提出，其主要思想是通过对原始图像进行尺度变换，获得图像多尺度下的尺度空间表示序列，对这些序列进行尺度空间主轮廓的提取，并以该主轮廓作为一种特征向量，实现边缘、角点检测和不同分辨率上的特征提取等。

尺度空间中各尺度图像的模糊程度逐渐变大，能够模拟人在距离目标由近到远时目标在视网膜上的形成过程，尺度越大图像越模糊。

高斯核是唯一可以产生多尺度空间的核，一个图像的尺度空间 $L(x,y,\sigma)$ 定义为原始图像 $I(x,y)$ 与一个可变尺度的二维高斯函数 $G(x,y,\sigma)$ 的卷积运算：

$$G(x_i,y_i,\sigma)=\frac{1}{2\pi\sigma^2}\exp\left[-\frac{(x-x_i)^2+(y-y_i)^2}{2\sigma^2}\right] \tag{7-10}$$

$$L(x,y,\sigma)=G(x,y,\sigma)\times I(x,y) \tag{7-11}$$

（2）高斯模糊。高斯模糊是在图像处理软件中广泛使用的处理效果，通常用它来减小图像噪声以及降低细节层次。这种模糊技术生成的图像的视觉效果是好像经过一个半透明的屏幕观察图像：

$$G(r)=\frac{1}{2\pi\sigma^2}\exp\left(-\frac{r^2}{2\sigma^2}\right) \tag{7-12}$$

式中，r 为模糊半径，$r=\sqrt{x^2+y^2}$。在减小图像尺寸的场合经常使用高斯模糊。

高斯模糊的性质：

(1)高斯模糊具有圆对称性。

(2)高斯模糊具有线性可分的性质，也可以在二维图像上对两个独立的一维空间分别进行计算。这样可以大大减少运算的次数。

(3)对一幅图像进行多次连续高斯模糊的效果与一次更大的高斯模糊可以产生同样的效果，大的高斯模糊的半径是所用多个高斯模糊半径二次方和的二次方根。例如，使用半径分别为6和8的两次高斯模糊变换得到的效果等同于一次半径为10的高斯模糊效果，根据这个关系，使用多个连续较小的高斯模糊处理不会比单个较大高斯模糊处理时间要少。

(3)高斯金字塔。高斯金字塔的构建过程可分为两步，一是对图像做高斯平滑；二是对图像做降采样。为了让尺度体现其连续性，在简单下采样的基础上加上了高斯滤波。一幅图像可以产生几组(octave)图像，一组图像包括几层(interval)图像，如图7-4所示。

高斯图像金字塔共o组、s层，则有：

$$\sigma(s)=\sigma_0\times 2^{\frac{s}{S}} \tag{7-13}$$

式中，σ为尺度空间坐标；s为sub-level层坐标；σ_0为初始尺度；S为每组层数(一般为3～5)。

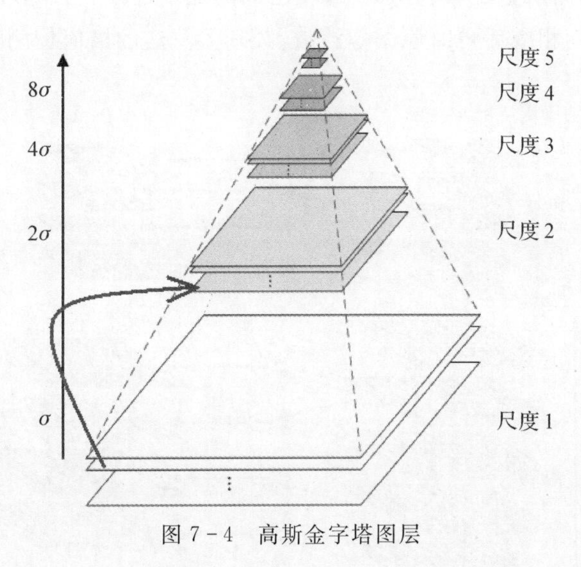

图7-4　高斯金字塔图层

高斯金字塔的初始尺度是当图像通过相机拍摄时，相机的镜头已经对图像进行了一次初始的模糊，高斯模糊的性质：

$$\sigma_0=\sqrt{\sigma_{\text{init}}\sigma_{\text{init}}-\sigma_{\text{pre}}\sigma_{\text{pre}}} \tag{7-14}$$

式中，σ_{init}是第0层尺度；σ_{pre}是被相机镜头模糊后的尺度。

高斯金字塔的组数：

$$O=\log_2[\min(M,N)]-3 \tag{7-15}$$

式中，M、N分别为图像的行数和列数。

最后可将组内和组间尺度归为

$$2^{i-1}(\sigma,k\sigma,k^2\sigma,\cdots k^{n-1}\sigma),\quad k=2^{\frac{1}{S}} \tag{7-16}$$

式中，i是金字塔组数；n是每一组的层数。上一组图像的底层是由前一组图像的倒数第二层图像隔点采样生成的。这样可以保持尺度的连续性。

尺度规范化的 LoG(Laplacion of Gaussian)算子具有真正的尺度不变性。LoG 算子可以由高斯函数梯度算子 GoG 构建。尺度规范化的 GoG 算子为 $\nabla^2 G = \frac{\partial^2 G}{\partial x^2} + \frac{\partial^2 G}{\partial y^2}$,尺度规范化的 LoG 算子为 $\sigma^2\ \nabla^2 G$,LoG 算子与高斯核函数的关系为

$$\nabla^2 G = \frac{\partial^2 G}{\partial x^2} + \frac{\partial^2 G}{\partial y^2}$$

$$LoG(x,y,\sigma) = \sigma^2\ \nabla^2 G \approx \frac{\text{Gauss}(x,y,k\sigma) - \text{Gauss}(x,y,\sigma)}{\sigma^2(k-1)} \tag{7-17}$$

$$G(x,y,k\sigma) - G(x,y,\sigma) \approx (k-1)\sigma^2\ \nabla^2 G$$

通过推导可以看出,LoG 算子与高斯核函数的差有直接关系,由此引入一种新的算子:DoG(Difference of Gaussians),即高斯差分算子。由式(7-11)可得 DoG 算子为

$$D(x,y,\sigma) = [G(x,y,k\sigma) - G(x,y,\sigma)] \times I(x,y) = L(x,y,k\sigma) - L(x,y,\sigma) \tag{7-18}$$

图 7-5 表示图像高斯金字塔和 DoG 尺度空间的建立过程。其原理是通过两个相邻的不同尺度的高斯尺度空间相减后再对原图像滤波。SIFT 算法的极值检测就是建立在 DoG 尺度空间中的。

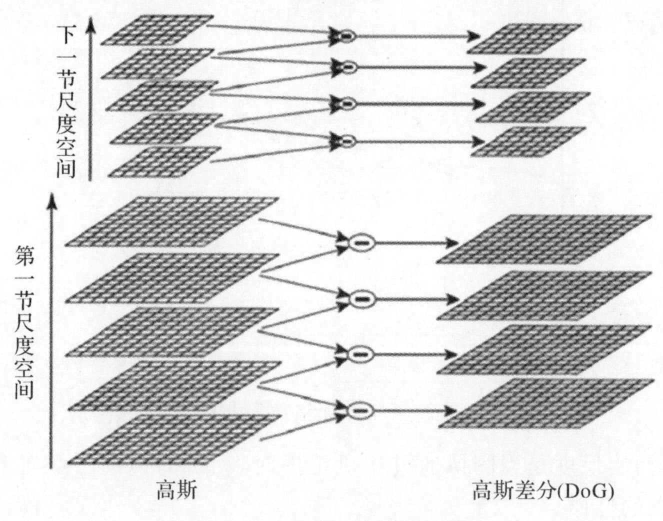

图 7-5　尺度空间建立过程

(4)DoG 的局部极值点。为了检测局部极值点,需要对 DoG 尺度空间图像中的每个像素与其相邻的 26 个像素的值进行比较,这相邻的 26 个像素分别是上一个尺度空间图像的 9 个像素点、同尺度空间图像的 8 个像素点和下一个尺度空间图像的 9 个像素点,如图 7-6 所示。这 26 个像素比较后得出的极值点就是局部极值点,而所有局部极值点的集合,就是 SIFT 算法中准关键点的集合。

在极值比较的过程中,每一组图像的首末两层是无法进行极值比较的,为了满足尺度变化的连续性,在每一组图像的顶层继续用高斯模糊生成了 3 幅图像,高斯金字塔有每组 $S+3$ 层图像。DoG 金字塔每组有 $S+2$ 层图像。图 7-7 所示为不同尺度不同层间极值检测示意图。

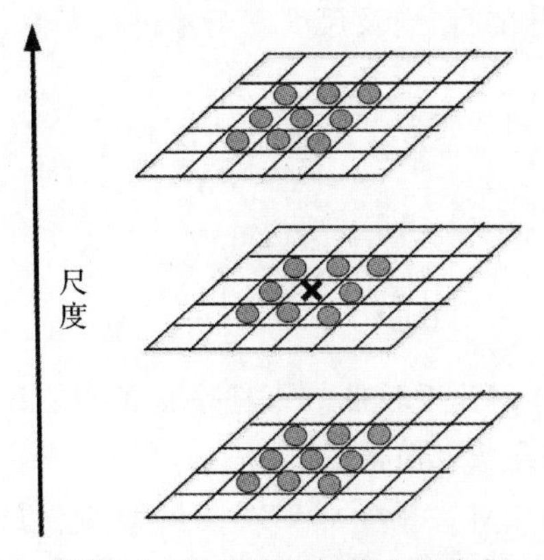

图 7－6　尺度空间极值点的确定

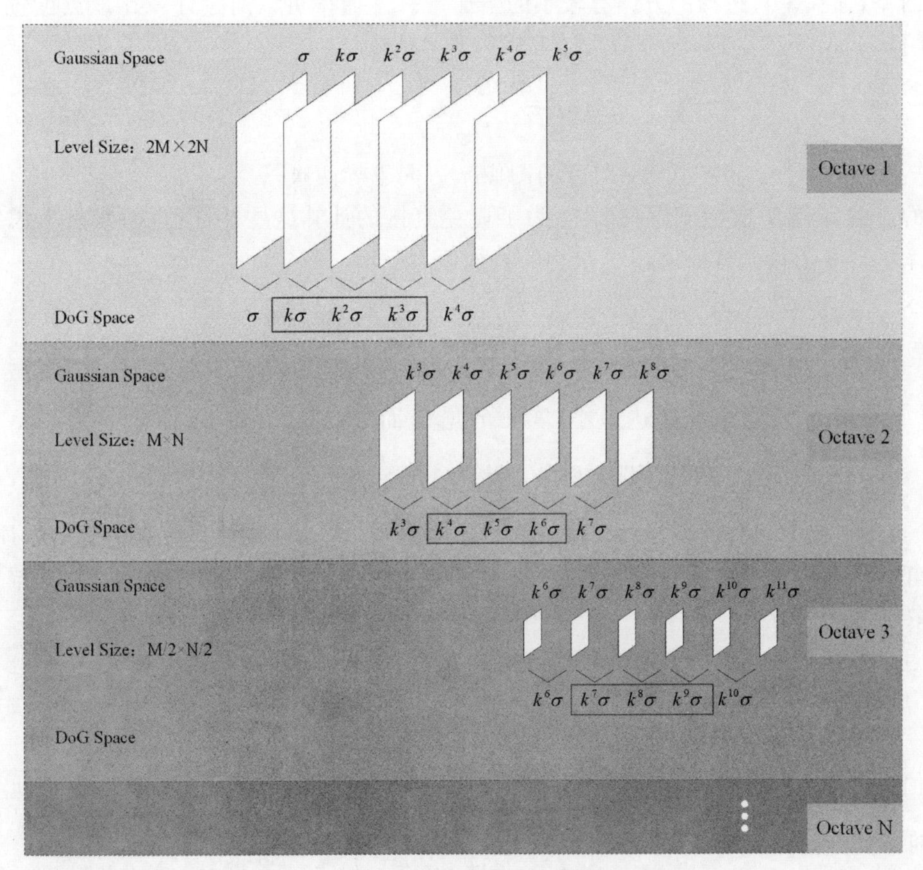

图 7－7　不同尺度不同层间极值检测示意图

(5)精确关键点的位置确定。由于 DoG 值对噪声和边缘较敏感，因此，在上面 DoG 尺度空间中检测到局部极值点还要经过进一步的检验才能精确定位为特征点。为了提高关键点的稳定性，需要对尺度空间 DoG 函数进行曲线拟合。利用 DoG 函数在尺度空间的泰勒展开式：

$$\boldsymbol{D}(\boldsymbol{X})=\boldsymbol{D}+\frac{\partial \boldsymbol{D}^{\mathrm{T}}}{\partial \boldsymbol{X}}\boldsymbol{X}+\frac{1}{2}\boldsymbol{X}^{\mathrm{T}}\frac{\partial^2 \boldsymbol{D}}{\partial \boldsymbol{X}^2}\boldsymbol{X} \tag{7-19}$$

其极值点 $\hat{\boldsymbol{X}}=[x\ y\ \sigma]^{\mathrm{T}}$。

在计算过程中，分别对图像的行、列及尺度三个量进行了修正，在 Lowe 的程序中，对坐标进行了五次修正，修正结果为

$$\hat{\boldsymbol{X}}=-\frac{\partial \boldsymbol{D}^{\mathrm{T}}}{\partial \boldsymbol{X}}\left(\frac{\partial^2 \boldsymbol{D}}{\partial \boldsymbol{X}^2}\right)^{-1} \tag{7-20}$$

将修正后的结果式(7-20)代入式(7-19)，可得

$$\boldsymbol{D}(\boldsymbol{X})=\boldsymbol{D}+\frac{1}{2}\frac{\partial \boldsymbol{D}^{\mathrm{T}}}{\partial \boldsymbol{X}}\boldsymbol{X} \tag{7-21}$$

式(7-21)是为了去除那些对比度较低的不稳定极值点。Lowe 的试验显示，所有取值小于 0.04 的极值点均可抛弃(像素灰度值范围[0,1])。

仅仅去除低对比度的极值点对于特征点稳定性是远远不够的。DoG 函数在图像边缘有较强的边缘响应，还需要排除边缘响应。DoG 函数的(欠佳的)峰值点在横跨边缘的方向有较大的主曲率，而在垂直边缘的方向有较小的主曲率。主曲率可以通过计算在该点位置尺度的 2×2 的 Hessian 矩阵得到，导数由采样点相邻差来估计：

$$\boldsymbol{H}=\begin{bmatrix} D_{xx} & D_{xy} \\ D_{xy} & D_{yy} \end{bmatrix} \tag{7-22}$$

式中，D_{xx} 表示 DoG 金字塔中某一尺度的图像 x 方向求导两次。

$\boldsymbol{D}$ 的主曲率和 $\boldsymbol{H}$ 的特征值成正比，为了避免直接的计算这些特征值，而只是考虑它们之间的比率。令 α 为最大特征值，β 为最小的特征值，则

$$\alpha=r\beta,\qquad \frac{\mathrm{tr}\,(\boldsymbol{H})^2}{\det(\boldsymbol{H})}=\frac{(\alpha+\beta)^2}{\alpha\beta}=\frac{(r+1)^2}{r} \tag{7-23}$$

$$\mathrm{tr}(\boldsymbol{H})=\boldsymbol{D}_{xx}+\boldsymbol{D}_{yy},\quad \det(\boldsymbol{H})=\boldsymbol{D}_{xx}\times\boldsymbol{D}_{yy}-\boldsymbol{D}_{xy}\times\boldsymbol{D}_{xy} \tag{7-24}$$

$(r+1)^2/r$ 在两特征值相等时达最小，随 r 的增长而增长。Lowe 论文中建议 r 取 10。当 $\frac{\mathrm{tr}\,(\boldsymbol{H})^2}{\det(\boldsymbol{H})}<\frac{(r+1)^2}{r}$ 时将关键点保留，反之剔除。

(6)关键点的方向分配。通过尺度不变性求极值点，可以使其具有缩放不变的性质，利用关键点邻域像素的梯度方向分布特性，可以为每个关键点指定方向参数方向，从而使描述子对图像旋转具有不变性。

通过求每个极值点的梯度来为极值点赋予方向：

$$\mathrm{grad}I(x,y)=\left(\frac{\partial I}{\partial x},\frac{\partial I}{\partial y}\right) \tag{7-25}$$

梯度幅值：$m(x,y)=\sqrt{[L(x+1,y)-L(x-1,y)]^2+[L(x,y+1)-L(x,y-1)]^2}$

梯度方向：$\theta(x,y)=\tan^{-1}\left[\frac{L(x,y+1)-L(x,y-1)}{L(x+1,y)-L(x-1,y)}\right]$

确定关键点的方向采用梯度直方图统计法，统计以关键点为原点，一定区域内的图像像素点对关键点方向生成所做的贡献。

2.关键点描述

(1)目的和思路。在关键点计算后，用一组向量将这个关键点描述出来，这个描述子不但包括关键点，也包括关键点周围对其有贡献的像素点。用来作为目标匹配的依据，也可使关键点具有更多的不变特性，如光照变化、3D 视点变化等。

描述的思路是通过对关键点周围图像区域分块，计算块内梯度直方图，生成具有独特性的

向量，这个向量是该区域图像信息的一种抽象，具有唯一性。

图7-8是一个SIFT描述子事例。其中描述子由2×2×8维向量表征，也即是2×2个8方向的方向直方图组成。左图的种子点由8×8单元组成。每一个小格都代表了特征点邻域所在的尺度空间的一个像素，箭头方向代表了像素梯度方向，箭头长度代表该像素的幅值。然后在4×4的窗口内计算8个方向的梯度方向直方图。绘制每个梯度方向的累加可形成一个种子点，一个特征点由4个种子点的信息所组成。

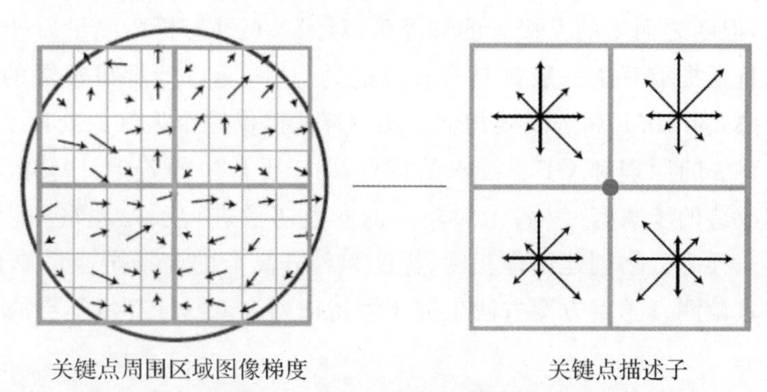

图7-8 关键点特征向量描述

Lowe实验结果表明：描述子采用4×4×8=128维向量表征，综合效果最优（不变性与独特性）。

(2)128维关键点描述子生成步骤。

1)确定计算描述子所需的图像区域，描述子梯度方向直方图由关键点所在尺度的模糊图像计算产生。图像区域的半径可通过下式计算：

$$\text{radius}=\frac{3\sigma_{\text{oct}}\times\sqrt{2}\times(d+1)+1}{2} \tag{7-26}$$

式中，σ_{oct}是关键点所在组(octave)的组内尺度；$d=4$。

2)将坐标移至关键点主方向。那么旋转角度后新坐标为

$$\begin{bmatrix}\hat{x}\\ \hat{y}\end{bmatrix}=\begin{bmatrix}\cos\theta & -\sin\theta\\ \sin\theta & \cos\theta\end{bmatrix}\times\begin{bmatrix}x\\ y\end{bmatrix} \tag{7-27}$$

3)在图像半径区域内对每个像素点求其梯度幅值和方向，然后对每个梯度幅值乘以高斯权重参数，生成方向直方图：

$$\text{weight}=|\text{grad}[I_\sigma(x,y)]|\times\exp\left[-\frac{x_k^2+y_k^2}{2\sigma_{\text{w}}}\right]\times(1-d_{\text{r}})\times(1-d_{\text{c}})\times(1-d_{\text{o}}) \tag{7-28}$$

式中，x_k为该点与关键点的列距离；y_k为该点与关键点的行距离；σ_{w}等于描述子窗口宽度×直方图列数(取4)的1/2。

4)在窗口宽度为2×2的区域内计算8个方向的梯度方向直方图，绘制每个梯度方向的累加值，即可形成一个种子点。然后再在下一个2×2的区域内进行直方图统计，形成下一个种子点，共生成16个种子点。

5)描述子向量元素门限化及门限化后的描述子向量规范化。方向直方图每个方向上梯度幅值限制在一定门限值以下(门限一般取0～2)；$\boldsymbol{W}=(w_1,w_2,\cdots,w_{128})$为得到的128描述子

向量；$\boldsymbol{L}=(l_1,l_2,\cdots,l_{128})$为规范化后的向量。

$$l_j = w_j/\sqrt{\sum_{i=1}^{128} w_i}, \qquad j=1,2,\cdots 128 \tag{7-29}$$

关键点描述子向量的规范化正是可去除满足此模型的光照影响。对于图像灰度值整体漂移，图像各点的梯度是邻域像素相减得到，因此也能去除。

SIFT 算法是目前图像特征提取最为经典的算法，对光照、尺度和旋转等变化都有非常高精确性和鲁棒性，但随之而来的是极大的计算量，对无人机动态摄影测量后处理带来了极大的挑战。然而图像特征提取算法一般都具有较好的并行性，随着计算机性能的不断提升，GPU 并行处理技术成熟，为 SIFT 算法及其相似思想的算法提供一个很好的处理手段。

根据 SIFT 算法的原理和 GPU 技术的特点，对 SIFT 中的若干计算量大的步骤进行了 GPU 改造，具体改造的步骤有[16,17]：①对输入的彩色图像进行预处理，包括灰度转换以及图像的降采样和升采样等。②创建图像灰度、梯度和差分高斯的高斯金字塔影像。③亚像素和亚尺度级的关键点检测。④直方图方法生成压缩特征列表。⑤计算特征点的方向和其对应描述符。

如图 7-9 所示，实际只有高度并行化的任务在 GPU 上运行得比 CPU 上快，因此未将 SIFT 所有的计算过程进行 GPU 并行化改造，而是为每一步骤设计最合适的处理方式。

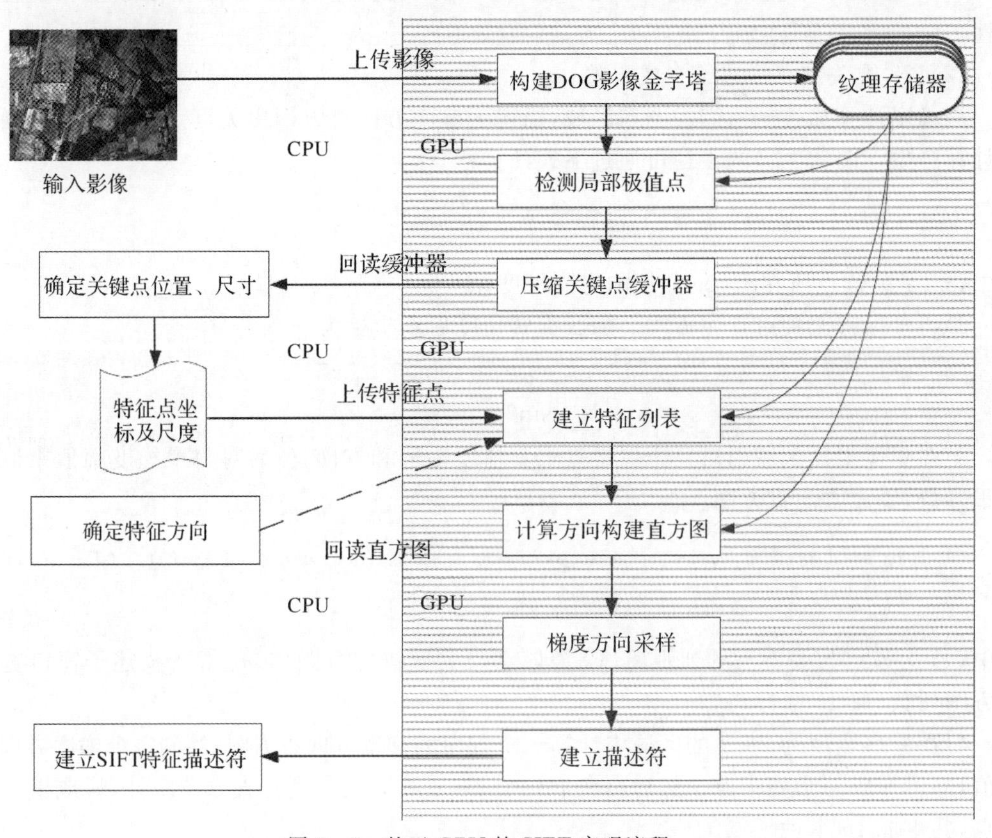

图 7-9 基于 GPU 的 SIFT 实现流程

7.2.3 特征匹配

特征匹配是要解决航摄影像中的数据关联问题(data association),即确定当前的影像地物场景与之前的影像地物场景之间的对应关系。通过对图像与图像之间的描述子进行准确的匹配,为后续地物定位等操作减轻大量负担。然而,由于图像特征的局部特性,误匹配的情况广泛存在,而且长期以来一直没有得到有效解决。部分原因是因为场景中经常存在大量的重复纹理,使得特征描述非常相似。在这种情况下,仅利用局部特征解决误匹配是非常困难的。

特征匹配正确的匹配最简单的方法是采取穷举法来完成,又称为暴力匹配(brute - force matcher),即对当前图像中每一个特征点与下一个图像中所有的特征点测量描述子的距离,然后排序,取最近的一个作为匹配点,但是这样耗费的时间太多,特别是无人机航摄影像重叠度高,影像数量大,此时随机抽样一致性(Random Sample Consensus,RANSAC)算法是一种简单且有效地去除噪声影响、估计模型的一种方法。

RANSAC 算法主要思路是通过采样和验证的策略,求解大部分样本(在本节中指的是特征点)都能满足的数学模型的参数。在迭代时,每次从数据集中采样模型的参数的样本数目,最多样本符合的参数就被认为是最终模型的参数值。符合模型样本点叫做内点,不符合模型的样本点叫作外点或者野点。

采用前面的基于 GPU 的并行算法首先作用在低分辨率的影像上进行预匹配,根据预匹配的结果构建两幅影像的单应矩阵,在单应矩阵的约束下对影像进行分块。

设原始影像对上有同名像点对$(x,\ y)$和$(x',\ y')$,那么根据单应性矩阵得到:

$$\left.\begin{aligned} x' &= \frac{h_1 x + h_2 y + h_3}{h_7 x + h_8 y + 1} \\ y' &= \frac{h_4 x + h_5 y + h_6}{h_7 x + h_8 y + 1} \end{aligned}\right\} \tag{7-30}$$

式(7 - 30)中的 h_1、h_2、h_3、h_4、h_5、h_6、h_7、h_8 是单应矩阵的 8 个元素,当式中同名像点的数量大于 4 个的时候,可采用 RANSAC 算法估计出这 8 个元素的值。在估计得到两幅影像间单应矩阵后,反过来再根据式(7 - 30)计算出右影像上对应左影像上的 4 个角点坐标的透视变换坐标,以这 4 个透视变换坐标为顶点的四边形即为右影像上这两幅影像的重叠区域。根据同样的方法,可求得左影像在右影像的重叠区域。一般情况下所求得的重叠区域一般为不规则四边形,但是为方便于后续的分块处理,通常取相应重叠区域的外接矩形为最终的重叠区域。

如图 7 - 10 所示,将左影像重叠区域划分成多个子块,然后根据式(7 - 30)将每一个子块的四个角点坐标投影到右影像上,由于透视变换,右影像上相应的四个角点构成的四边形不再是一个矩形,通常是一个不规则的四边形,选取不规则四边形的外接矩形作为左影像子块在右影像上的对应区域。

采用 SIFT 分块匹配的初衷是因 SIFT 算法对内存的消耗巨大,无法处理高分辨率的无人机影像,必须采用分块处理的思想进行,但实践证明分块 SIFT 匹配也带来了两点额外的好处[19]:

(1)对影像进行分块处理,有效降低了算法的时间复杂度。对影像进行分块处理后,对特征点进行匹配时相当于压缩了搜索的空间,因此提高了匹配的速度。

(2)提升匹配的成功率。相同的道理,搜索空间的压缩使得奇异匹配点的干扰也大幅减少,因此可提高匹配的成功率。

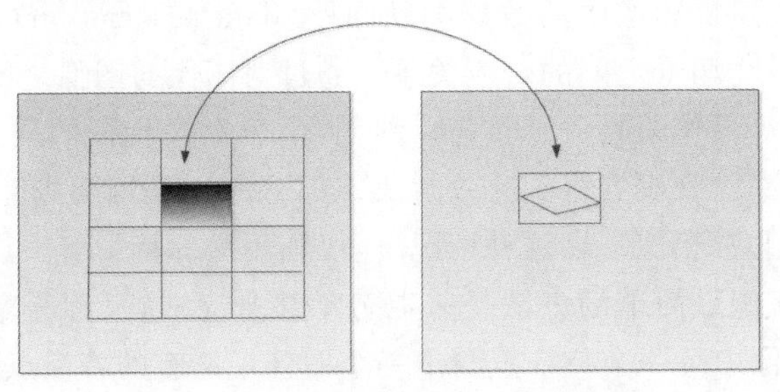

图 7-10 划分的子区域对应示意图

7.3 空中三角测量

多数机载摄影测量系统,成像系统的物距远大于焦距。根据中心透视投影的基本关系,此时像机参数或者像点提取结果误差引起的成像光线方位的微小偏差,会带来明显放大的空间点定位结果误差,如图 7-11(a)所示。而如果从多个方位对多个空间点进行拍摄,如图 7-11(b)所示,要求所有对应物点、光心、同名像点共光线,就可以利用比双目交会测单点多很多的约束。物和像通过光线的联系是摄像测量中的基本关系,联系众多物点及其对应像点的一簇光线就是"光束"。以这样的光束作为基本约束关系,充分利用各种成像约束条件,通过最优求解算法,高精度得到成像关系中各个待求解参数的结果,这就是光束法平差(bundle adjustment)。

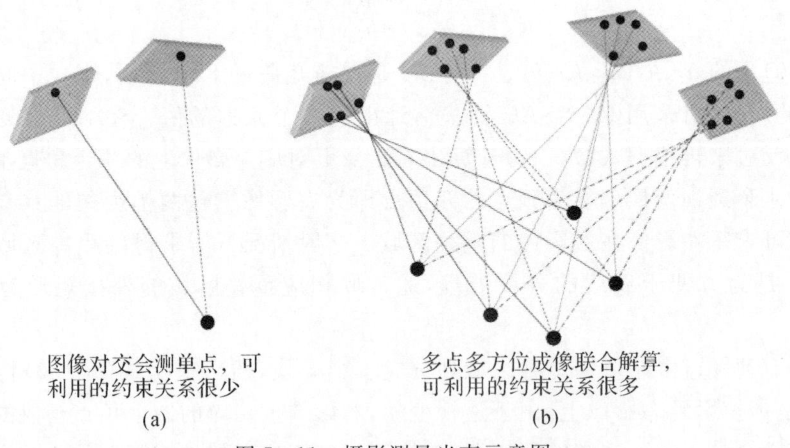

图 7-11 摄影测量光束示意图

光束法平差理论体系完整、模型参数完备、处理结果精度高,是从观测数据高精度地得到最终结果的一类基本方法,在摄像测量学中占着非常重要的地位,公认为是各种算法中精度最高的方法。许多摄像测量问题通过先计算初值,再应用光束法平差进行优化求解,得到高精度的测量结果。

7.3.1 测量平差和光束法平差

测量平差(adjustment)的目的是根据观测数据最优地求解未知量，这也是观测的核心任务。平差的基本定义是，依据某种最优化准则，由一系列带有观测误差的测量数据，求定未知量的最佳估值的理论和方法[25,26]。它是一类处理观测数据的方法，本质上是利用数据(观测数据、已知数据)间的约束关系，主要地依据最小二乘原理，对观测结果和所关心的参量进行优化和“整合”，是把“差”“平”掉的过程。测量平差就是调整测量数据，达到最优测量结果的过程。从处理的目的、原理以及使用的数学工具和算法等方面看，“平差”和“最优化”的概念是相通的，共用着或相互借鉴着具体的算法，可以认为是不同领域的工作者对同一类方法的不同称谓。

摄像测量中以图7-9中的成像光束作为基本约束条件进行平差就是光束法平差。光束法平差充分利用成像关系中的光束约束条件及其他各种可利用的约束关系，在给定初值的基础上，对一选定的系列参数进行优化，使成像系统最好地满足多特征点、多帧图像同时交会的关系。这样求得的结果通常认为是最优精度的测量结果。这些待优化求解的参数称为平差参数，在成像关系中的各个参数：物点、光心、光轴、像点、像差都可以选作为平差参数。

在光束法平差解算中，通常根据像机参数和空间点位置的解算结果，按成像模型重新计算空间点对应的像点坐标，称为对空间点进行重投影，并以重投影结果与实际像点之间的最小偏差作为优化目标函数。平差计算先列出描述基本观测关系的观测方程，在光束法平差中就是共线方程，同时描述各种附加约束条件的约束方程，并给定各平差参数的初值。上述方程的最优求解多是非线性问题，通常通过泰勒展开对观测方程和约束方程进行线性化，再逐步迭代计算各平差参数的修正值，或称为改正数。如果算法收敛，则迭代计算的各修正值会逐步趋于零。当最后的修正值(或称残差)小到一定程度时，就认为成像关系已经被很好地满足，得到了高精度的计算结果。

7.3.2 光束法平差优化求解

1.成像关系及观测方程

设摄像测量系统有多台摄像机，每台摄像机在多个方位进行采图，目标对象由多个特征点构成。考虑“光束”中某台摄像机 C 在某一方位对特征点 P 成像的这一条光线，如图7-12所示。

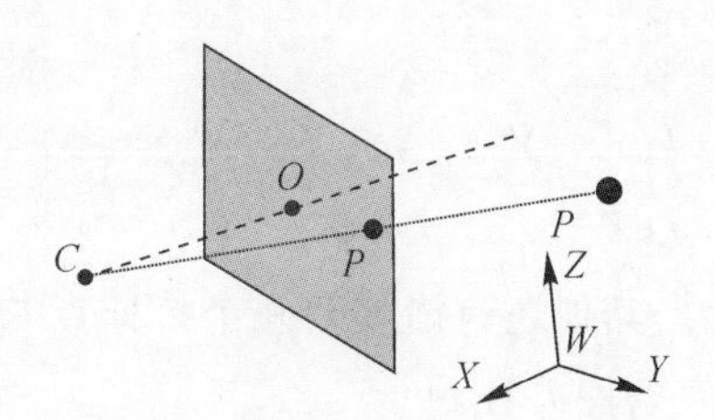

图7-12　平差“光束”中的一条光线

图7-12中，C 为像机光心，O 为图像主点，特征点 P 的像点为 p，像机的主点坐标为 (c_x, c_y)，等效焦距为 (f_x, f_y)，像差系数为 $(k_0, k_1, k_2, k_3, k_4)$，将各像机与参考坐标系 $WXYZ$ 之

间的相对位置参数作为各像机的外参数，包括平移向量（$T_X\ T_Y\ T_Z$）和旋转角（A_X，A_Y，A_Z）。旋转角组成的旋转矩阵 $\boldsymbol{R}$ 的元素为 $r_1 \sim r_9$。特征点 P 在参考坐标系中的坐标为(X,Y,Z)，像点 p 的图像坐标为(u,v)，(u,v)处的像差为$(\delta x,\ \delta y)$。则成像共线方程式为

$$\left.\begin{aligned} f_x \frac{\overline{X}}{\overline{Z}} + c_x + \delta_x &= u \\ f_y \frac{\overline{Y}}{\overline{Z}} + c_y + \delta_y &= v \end{aligned}\right\} \tag{7-31}$$

相差$(\delta_x,\ \delta_y)$通过建立相差模型求解：

$$\left.\begin{aligned} \delta_x &= (k_1 x_d + k_2)(x_d^2 + y_d^2) + k_4 x_d^2 + k_5 x_d y_d \\ \delta_y &= (k_1 y_d + k_3)(x_d^2 + y_d^2) + k_4 x_d y_d + k_5 y_d^2 \end{aligned}\right\} \tag{7-32}$$

其中，$k_1 \sim k_5$ 为像差系数；(x_d, y_d) 为像点在水平和竖直方向偏离图像主点的距离与相应等效焦距之比，称为归一化图像坐标，即

$$\left.\begin{aligned} x_d &= (\hat{u} - c_x)/f_x \\ y_d &= (\hat{u} - c_y)/f_y \end{aligned}\right\} \tag{7-33}$$

这就是摄像测量光束法平差的观测方程，其中

$$\left.\begin{aligned} \overline{X} &= r_1 X + r_2 Y + r_3 Z + T_X \\ \overline{Y} &= r_4 X + r_5 Y + r_6 Z + T_Y \\ \overline{Z} &= r_7 X + r_8 Y + r_9 Z + T_Z \end{aligned}\right\} \tag{7-34}$$

将像差的表达式和旋转矩阵各元素的表达式代入式(7-31)中，就得到观测方程的最终展开形式。其中观测值为特征点的图像坐标(u,v)，平差参数为实际测量任务中待求的特征点坐标和像机参数等。进行平差解算并不需要每帧图像上都包含全部的特征点，按所提取到的特征点列出观测方程即可。

2.约束条件及条件方程

在前面共线方程基础上，还要加上其他约束条件关系，列出与平差参数有关的方程，建立摄像测量光束法平差的条件方程。

若某特征点(X,Y,Z)在某条直线上，直线方程为

$$\frac{X - X_0}{l} = \frac{Y - Y_0}{m} = \frac{Z - Z_0}{n} \tag{7-35}$$

则约束关系式为

$$\left.\begin{aligned} l(Y - Y_0) - m(X - X_0) &= 0 \\ l(Z - Z_0) - n(X - X_0) &= 0 \end{aligned}\right\} \tag{7-36}$$

这样就得到两个条件方程。其他还有诸如某几个特征点共平面、某些特征点间距精确已知等，可分别列出所满足的约束条件方程。

3.光束法平差的求解流程

光束法平差利用观测方程和条件方程，进行最小二乘的多次迭代求解，获得稳定的平差参数。摄像测量问题光束法平差术解流程如图 7-13 所示[27]。

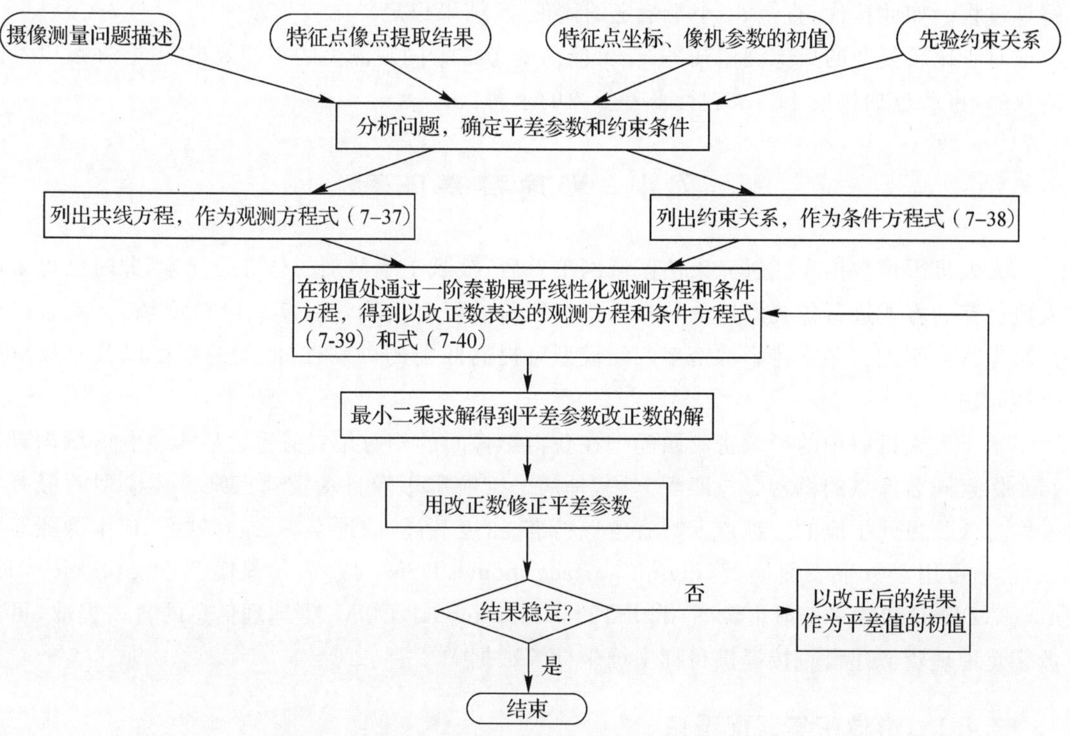

图7-13　摄像测量问题光束法平差求解流程

用S表示平差参数，将观测方程(7-31)记为

$$\boldsymbol{\Phi}(S)=\begin{bmatrix} f_x \dfrac{\overline{X}}{\overline{Z}}+c_x+\delta_x \\ f_y \dfrac{\overline{Y}}{\overline{Z}}+c_y+\delta_y \end{bmatrix}=\boldsymbol{L}=\begin{bmatrix} u \\ v \end{bmatrix} \tag{7-37}$$

由$\boldsymbol{L}$表示的图像点坐标提取结果为光束法平差的观测值。类似地，将条件方程记为

$$\boldsymbol{\Psi}(S)=\boldsymbol{0} \tag{7-38}$$

给定平差参数的初值S^0，并将观测方程和条件方程在初值处进行一阶泰勒展开，就得到了关于平差参数修正值的线性方程

$$\boldsymbol{\Phi}(S)=\boldsymbol{\Phi}(S^0)+B\delta_S=\boldsymbol{L}+\boldsymbol{\delta}_L \tag{7-39}$$

$$\boldsymbol{\Psi}(S)=\boldsymbol{\Psi}(S^0)+C\delta_S=\boldsymbol{0} \tag{7-40}$$

式(7-39)和式(7-40)称为光束法平差的函数模型。其中，$\boldsymbol{\delta}_L$是观测值的修正量$[\Delta u \quad \Delta v]^{\mathrm{T}}$；$\delta_S$是平差参数$S$的改正数；$B$和$C$分别是观测方程和条件方程对平差参数$S$在初值$S^0$处的一阶偏导数，即

$$B=\left.\frac{\partial \boldsymbol{\Phi}}{\partial S}\right|_{S^0},C=\left.\frac{\partial \boldsymbol{\Psi}}{\partial S}\right|_{S^0} \tag{7-41}$$

以最小化$\boldsymbol{\delta}_L$为目标函数，以式(7-40)为约束条件，最小二乘求解式(7-39)，得到平差参数的改正数$\boldsymbol{\delta}_S$，并对平差参数S在初值的基础上进行修正。

$$S^1 = S^0 + \delta_S \tag{7-42}$$

在最初的初值处完成以上的解算后，用新得到的平差参数值S^1作为新的初值，重复上述解算过程。如此迭代，直至 δ_S 小于给定的阈值，S 结果稳定。

对于比较复杂的摄像测量任务，还可能需要考虑不同观测值的观测效果不同，并赋以不同的权值，再通过加权最小二乘进行平差参数的求解。

7.4 影像密集匹配

无人机影像数据在经过光束法区域网平差后，被赋予了精确的外方位元素，此时已可采用人机交互的方式进行传统的地图数据采集。但若需要自动构建真实三维模型场景，就必须进行影像密集匹配。多立体影像密集匹配模型可提高匹配的可靠性、匹配的精度以及有效解决遮挡问题[28]。

基于无人机航拍的影像密集匹配是在获得影像间的相对位置关系之后于重叠区域内寻找每个像素同名像点的稠密影像匹配方法，是从二维航摄影像自动重建三维物体模型的最有效手段之一。由此生成的三维点云具有位置精准、密度甚高、纹理丰富、逼真度好、成本低廉等特点，不但可用于数字表面模型(digital surface model，DSM)、数字高程模型(digital elevation model，DEM)和数字正射影像图(digital elevation model，DOM)等地理信息的自动提取，可为数字化地理资源建设直接提供目标三维坐标源数据[29-30]。

7.4.1 影像密集匹配理论

影像密集匹配是数字摄影测量和计算机视觉的核心问题之一，也是无人机数据处理流程中的关键一环。影像的密集匹配不同于前面影像连接点提取时的稀疏匹配，主要特点表现在以下几点。

(1)点位不可选择。影像密集匹配要尽可能地做到逐像素匹配，这就无法回避较大几何畸变、弱纹理及重复纹理等特殊纹理区域。

(2)搜索策略不同。影像密集匹配通常是在核线影像上设定的视差范围内进行一维搜索，而影像稀疏匹配往往需要在一个较大的平面区域或者核线段内进行遍历。

(3)复杂度不一致。影像密集匹配的代价或流程不宜太复杂，否则会因计算机的性能限制或耗时太长而缺乏实用价值，稀疏影像匹配由于只需对特定的特征点进行识别，即使是设计出相对复杂的描述符或流程往往也是可以接受的。

(4)匹配约束不相同。影像密集匹配由于需要对每个像素都识别同名像点，而稀疏影像匹配一般无须这样处理。

影像密集匹配包含了匹配代价、匹配约束条件、匹配策略和匹配模型等多方面的知识。

1.影像匹配代价

一幅图像中的一个像素点与另一幅图像中一个像素点相似性或者不相似性就是影像匹配代价，又称为影像匹配测度。它是衡量两个像素点是否为对应匹配的标准。确定合适的匹配代价对影像匹配至关重要，选取匹配代价要考虑的因素主要有抗旋转、抗辐射变化以及计算量等。对于理想的匹配，应该仅利用待匹配点的灰度值作为匹配代价，但实际效果不好。常见的影像匹配代价包括以下几方面。

(1)相关系数：

$$\rho(c,r)=\frac{\sum_{i=1}^{m}\sum_{j=1}^{n}g_{i,j}\times g_{i+r,j+c}-\frac{1}{m\times n}\left(\sum_{i=1}^{m}\sum_{j=1}^{n}g_{i,j}\right)\left(\sum_{i=1}^{m}\sum_{j=1}^{n}g_{i+r,j+c}\right)}{\sqrt{\left[\sum_{i=1}^{m}\sum_{j=1}^{n}g_{i,j}^{2}-\frac{1}{m\times n}\left(\sum_{i=1}^{m}\sum_{j=1}^{n}g_{i,j}\right)^{2}\right]\left[\sum_{i=1}^{m}\sum_{j=1}^{n}g_{i+r,j+c}^{2}-\frac{1}{m\times n}\left(\sum_{i=1}^{m}\sum_{j=1}^{n}g_{i+r,j+c}\right)^{2}\right]}} \tag{7-43}$$

(2)差平方和：

$$S^{2}(c,r)=\sum_{i=1}^{m}\sum_{j=1}^{n}(g_{i,j}-g_{i+r,j+c})^{2} \tag{7-44}$$

(3)差绝对值和：

$$S(c,r)=\sum_{i=1}^{m}\sum_{j=1}^{n}\left|g_{i,j}-g_{i+r,j+c}\right| \tag{7-45}$$

(4)互信息。互信息作为信息理论中的重要概念，是指是一个系统中所含有的另一个系统信息的数量，它主要用于描述系统之间的统计相关性[32]。在影像立体匹配中，两幅影像之间的互信息用信息熵和联合信息熵来表示[33]：

$$MI_{I_1,I_2}=H_{I_1}+H_{I_2}-H_{I_1,I_2} \tag{7-46}$$

信息熵通过计算相关图像的灰度值分布概率 P 得到：

$$\begin{aligned}H_I&=-\int_0^1 P_I(i)\log P_I(i)\,\mathrm{d}i\\H_{I_1,I_2}&=-\int_0^1\int_0^1 P_{I_1,I_2}(i_1,i_2)\log P_{I_1,I_2}(i_1,i_2)\,\mathrm{d}i_1\mathrm{d}i_2\end{aligned} \tag{7-47}$$

信息熵不必在整幅影像 I_1 和 I_2 上计算概率分布，仅需要在相对应的区域进行计算即可，这可以通过先后计算相应行和列的联合概率分布，然后再对其求和的方法得到，进而采用公式(7-48)计算得到相对应的互信息：

$$\left.\begin{aligned}MI_{I_1,I_2}&=\sum_{p}mi_{I_1,I_2}(I_{1p},I_{2p})\\P_{I_1}(i)&=\sum\nolimits_{k}P_{I_1,I_2}(i,k)\end{aligned}\right\} \tag{7-48}$$

(5)Census 匹配代价。Census 变换是一种局部非参数的变换，见式(7-49)。其计算点是窗口中的灰度顺序。Census 变换以待计算像素点为中心开辟一个矩形窗口，将窗口中除中心像素以外的其他像素变换为一个比特串。若窗口中一个像素的灰度值比中心像素的灰度值大，则相应位置为 1；反之，则置为 0。

$$T(u,v)=\bigotimes_{i=-n'}^{n'}\bigotimes_{j=-m'}^{m'}\xi[I(u,v),I(u+i,v+j)] \tag{7-49}$$

式中，$T(u,v)$ 为变换窗口生成的比特率；$I(u,v)$ 为 (u,v) 处的灰度；$m'=m/2,n'=n/2$，分别为矩形窗口的宽和高；$\otimes$ 表示按位连接。函数 $\xi(x,y)$ 定义为

$$\xi(x,y)=\begin{cases}1, & x<y\\0, & x\geqslant y\end{cases} \tag{7-50}$$

先对左右两影像的特征点进行 Census 变换后，然后将两特征点 Census 比特序列的汉明距离作为匹配测度，如下：

$$\text{Hamming}[T_l(u,v),T_r(u+d,v)]=\sum_{i=-n}^{n}\sum_{j=-m}^{m}\{\xi[I_l(u,v),I_l(u+i,v+j)]\oplus\xi[I_r(u,v),I_r(u+d+i,v+j)]\}\tag{7-51}$$

其中，$\oplus$ 表示异或，相同返回 1，不相同返回 0。

2. 影像匹配约束条件

核线是摄影测量中最核心的概念之一。直到 20 世纪 70 年代初，随着摄影测量学者 Helеva 等提出核线相关理论之后，核线约束条件才开始在匹配中得到重视和使用。物方点与摄影基线所做的平面称为过点的核面，核面与像平面的交线是对应的核线，如图 7-14 所示。从核线的定义可知，对于左核线上任一点，其在右影像上对应的共轭匹配点一定落到右影像对应的同名核线上。核线几何约束条件能将匹配由二维空间的搜索降低到一维空间搜索，不仅提高了影像匹配的效率，而且也能显著提高匹配的可靠性。在影像匹配中动态使用核线约束，即在原始影像上根据同名光线共面条件直接计算同名核线。

有两种使用核线约束条件的方法。一种方法是采用数字影像核线纠正的方法，根据核线理论对原始影像进行灰度重采样，生成核线相互平行的影像，这种方法在双目立体影像匹配时用得较多。另一种方法是在影像匹配中动态使用核线约束，即在原始影像上根据同名光线共面条件直接计算同名核线，这种方法在多视立体匹配上用得较多。

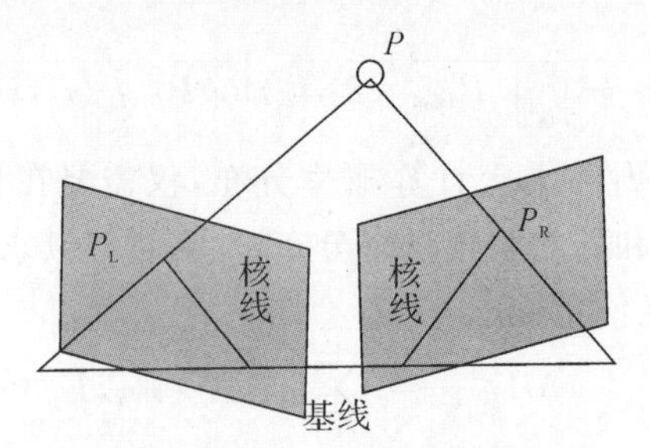

图 7-14　核线约束示意图

7.4.2　单基线影像密集匹配模型

局部最优密集匹配通过计算待匹配点与周围局部邻域点的匹配代价，隐式地使用光滑假设约束，采用 WTA(Winner-Takes-All)策略选取匹配代价最小点作为同名像点[35]。由于这类方法大多采用矩形窗口进行匹配代价聚合，所以又称为基于窗口的密集影像匹配。其中最为经典的算法是半全局密集匹配(Semi-Global Matching，SGM)算法。

文献[36]最早提出了 SGM，即半全局匹配。顾名思义，即为一种介于局部匹配与全局匹配之间的匹配算法，较好地中和了局部匹配和全局匹配的优缺点，在精度和效率上有较好的平衡，现在已经较为广泛地应用于许多商业软件中，尤其在航空遥感影像上有许多应用。半全局立体匹配算法基于一种逐像素匹配的方法，该方法使用互信息来评价匹配代价，并通过组合很多一维的约束来近似一个全局的二维平滑约束。

SGM 基本思想来源于线性规划，通过多方向动态规划提高了计算效率，但在影像匹配时并没有考虑到全部像素，仅顾及了所有的非遮蔽点，相对于全局匹配和局部匹配方法而言，其精度和效率都有了不同程度的提高。具体表现为在对相邻像素视差依据其变化的程度差异给予不同惩罚值之后，先对原始的全局方法分别按照8或16个方向进行1维扫描线优化，然后通过累加多个方向的代价而获得整体的聚合代价，最后运用WTA方法获得每一个像素对应的视差值，从而导出同名像点。算法的基本处理流程包括匹配代价计算、匹配代价聚合和视差计算三个环节，其要求输入的影像为核线立体像对。

半全局影像匹配为防止噪声引起的匹配代价计算误差以及由此引起的深度污染扩散，将一个额外的约束加入到能量函数中：

$$E(D)=\sum_{p}e(p,d)=\sum_{p}\left[c(p,d)+\sum_{q\in N_p}P_1T(|d-d_q|=1)+\sum_{q\in N_p}P_2T(|d-d_q|>1)\right] \tag{7-52}$$

式(7-52)中，等式右边括号中第一项是当前视差下所有像素点匹配代价的总和即数据项；第二项是通过P_1对像素点p与其邻域内像素点视差存在较小变化的情况进行了惩罚，第三项是通过P_2对存在较小变化的情况进行了惩罚[36]。显然$P_1<P_2$，第二项和第三项构成了半全局匹配的平滑项。$T()$是判断函数，当参数为真时返回1，否则返回0。

附加平滑约束并通过能量函数最小的方法是全局匹配的基本思想，半全局匹配的思想体现为其将二维图像NP(Nondeterministic Polynomial)问题的完全解问题，转化为通过多个方向的一维平滑约束来近似一个二维平滑约束的方法，这极大地减少了计算量。图7-15中的左图为全局匹配的无向图，右图为半全局匹配的无向图，实线为匹配路径，线段间的节点为匹配路径经过的像素点，其中S为源点、T为终点。半全局匹配的路径相比全局匹配的路径要少得很多，因此得名。由于只在一个方向上进行一维优化，所以经典动态规划算法的匹配结果会出现严重的拖尾效应。半全局匹配算法是在多方向上同时进行一维优化，这可以理解为二维优化函数的一维拟合，因此通常半全局匹配算法可得到较好的匹配结果。

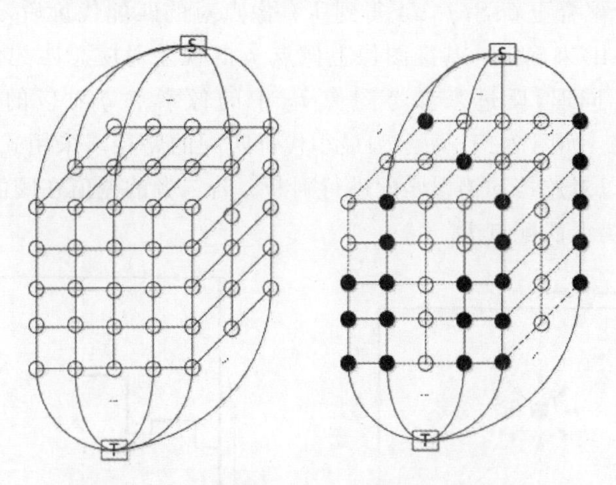

图7-15　全局匹配与半全局匹配的无向图对比

如图7-16所示，半全局匹配算法在每一条路径上按照下式(7-53)和(7-54)进行计算：

$$L_r(p,d)=c(p,d)+\min\left\{\begin{matrix}L_r(p-r,d)\\L_r(p-r,d\pm1)+P_1\\\min\limits_{i=d_{\min},\cdots,d_{\max}}L_r(p-r,i)+P_2\end{matrix}\right\}-\min\limits_{i=d_{\min},\cdots,d_{\max}}L_r(p-r,i) \tag{7-53}$$

$$L_r(p_0,d)=c(p_0,d) \tag{7-54}$$

公式(7-53)中的第一项在视差为 d 时像素点 p 的匹配代价;第二项是在当前路径上的前一个像素点 $p-r$ 的最小匹配代价;第三项对匹配结果不产生任何影响,加入该项的是用来解决由于 L 过大而导致的内存溢出问题,使得 $L \leqslant C_{\max}+P_2$,将各个方向上的匹配代价相加形成总的匹配代价,如下:

$$S(p,d)=\sum_r L_r(p,d) \tag{7-55}$$

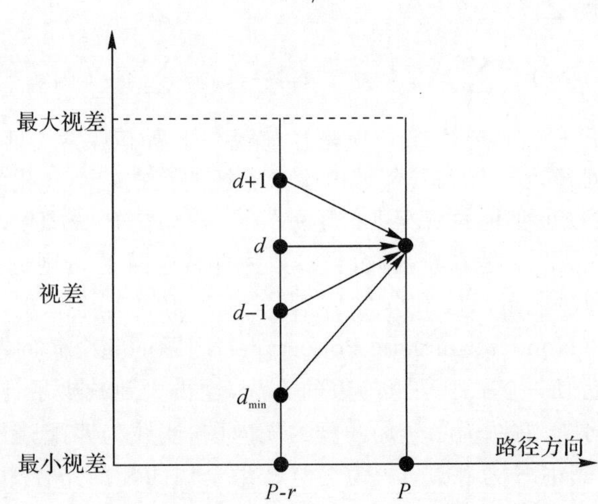

图 7-16　$p-r$ 方向包含了惩罚系数的最小匹配代价

图(7-17)所示为多方向匹配代价聚合的示意图。

在通过匹配代价聚合更新 $S(p,d)$ 得到所有像点对的匹配代价后,最终视差值采用竞争获胜的办法(Win-All)来确定。基准图像上像点 p 的视差对应总匹配代价最小的视差值即 $d_{\mathrm{p}}=\min_{\mathrm{d}} S(p,d)$ 。同理,反过来参考图像 I_{m} 中的像素点 q 对应的最终视差值为 $d_{\mathrm{m}}=\min_{\mathrm{d}} S[e_{\mathrm{mb}}(q,d),d]$。如图 7-18 所示为最小代价匹配的路径。采用式(7-56)对 D_{b} 和 D_{m} 进行一致性检查,可以对遮挡和错误匹配进行判断。若二者的差值在阈值范围内,认为是匹配正确,否则将其标识为误匹配点 D_{inv}。

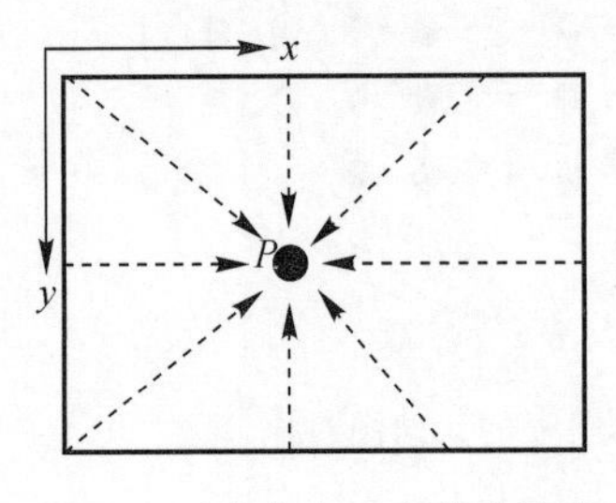

图7-17　多方向匹配代价聚合

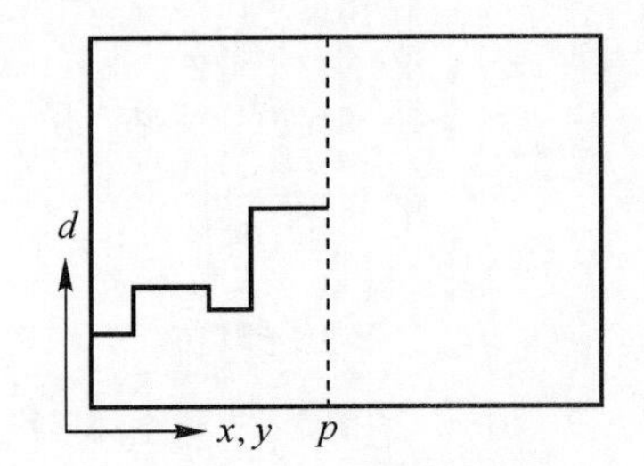

图 7-18　最小匹配代价路径

$$D_{\mathrm{p}}=\begin{cases} D_{\mathrm{bp}}, & |D_{\mathrm{bp}}-D_{\mathrm{mq}}| \leqslant 1, q=e_{\mathrm{bm}}(p,D_{\mathrm{bp}}) \\ D_{\mathrm{inv}}, & 其他 \end{cases} \tag{7-56}$$

为使半全局匹配的结果达到亚像素级,把正确视差 d、$d+1$ 和 $d-1$ 位置所求得的代价值进行抛物线拟合,得到亚像素坐标。设抛物线方程的一般式为

$$f(d) = A + Bd + Cd^2 \tag{7-57}$$

设 S_{d-1} ，S_d ，S_{d+1} 为代价值，将坐标系平移到 d 点，由式(7－57)可得：

$$\left.\begin{aligned} A &= S_d \\ B &= (S_{d+1} - S_{d-1})/2 \\ C &= S_{d+1} + S_{d-1} - 2S_d \end{aligned}\right\} \tag{7-58}$$

则亚像素位置的视差值为

$$d = d - \frac{B}{C} \tag{7-59}$$

综上所述，半全局匹配算法在数据项的基础上增加了平滑项，对噪声有较好的鲁棒性。通过多个方向上的一维路径优化来拟合二维平滑约束，不仅提高了匹配的效率，而且也保证了匹配结果的可靠性。

7.4.3　多视影像密集匹配方法

多视影像密集匹配模型可同时对多张重叠影像进行处理，先将其中一张影像作为基准影像，其余的影像作为搜索影像。然后，依据成像时的几何关系计算基准影像与搜索影像之间的几何关系。最后，在像方空间约束条件或物方空间约束条件辅助下，进行多视立体匹配。像方空间约束条件下进行匹配得到的是同名点坐标，而物方空间约束下进行匹配可以直接获得地面点坐标。其中最经典的是基于物方面元的多视立体匹配算法(Patch－based Multi－view Stereo，PMVS)。

PMVS 算法由 Yasutaka Furukawa 和 Jean Ponce 在 2007 年提出[37]，该算法重建出的物方点以面元形式表示，面元的主要组成部分有中心坐标 $c(p)$和单位法向量 $\boldsymbol{n}(p)$，如图 7－19 所示。PMVS 算法主要分为 3 个步骤：初始特征匹配、扩散、过滤。其中特征匹配的目的是生成初始稀疏的匹配点，作为下一步匹配传播的种子点；扩散主要是由稀疏的种子点扩展得到密集的点云。

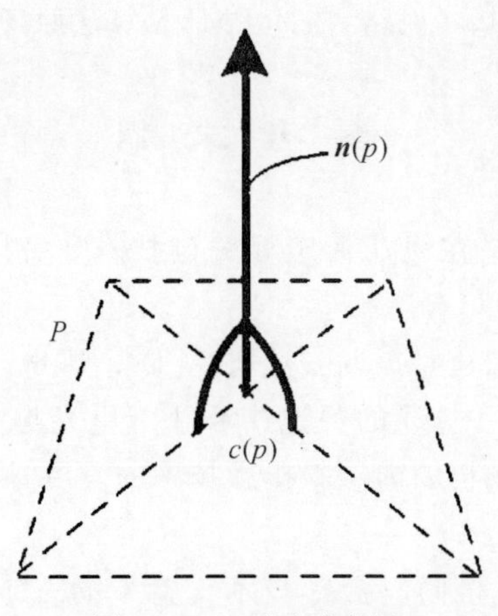

图 7－19　面元示意图

首先，利用 Harris 算子和 DOG 算子提取每幅影像上的特征点，确定参考影像之后通过核线几何约束条件寻找候选匹配点；然后，根据前方交会获取物方点坐标并建立物方面元，同时采用共轭梯度法对面元进行优化，获取一个最优面元作为种子面元。扩散从种子面元开始，扩散时需满足两个条件，如图 7－20 所示，在其邻域内逐步地进行扩散，得到新的面元，当面元将地物表面全部覆盖时就得到了密集点云。为了及时发现和剔出错误点，扩散结束后要进行过滤，去除误匹配。扩散和过滤需重复多次，从而得到最终的三维密集点云。

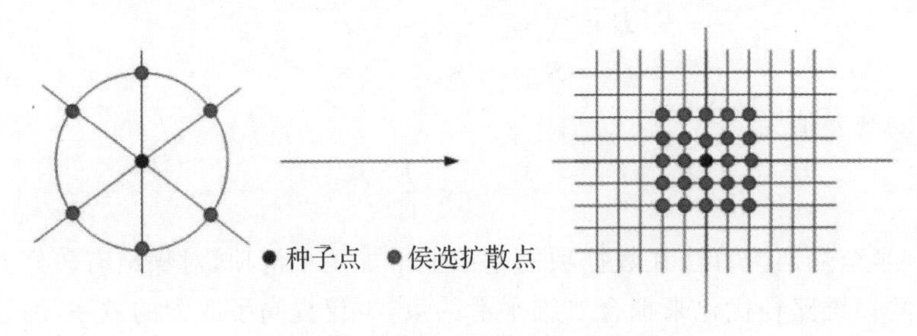

图 7－20　PMVS 算法面元扩散方式

由于 PMVS 算法不需要先验知识和初始化设置，并且适用于大场景影像的三维重建，所以被广泛应用于无人机低空摄影测量中。

思考题

1. 简述无人机倾斜摄影测量系统的组成。
2. 试分析倾斜摄影测量技术构建实景三维模型的处理流程。
3. 航摄影像连接点提取与匹配目的是什么？主要的方法有哪些？
4. 简述尺度不变特征提取方法的主要思路和原理。
5. 空中三角测量的目的是什么？简述光速法平差的基本原理。
6. 影像密集匹配与连接点匹配有何不同，主要区别有哪些？
7. 简述核线约束基本原理。
8. 影像密集匹配的基本代价有哪些？
9. 简述多视影像密集匹配基本思路，描述 PMVS 算法原理。

参考文献

[1] 刘楚斌. 高分辨率遥感卫星在轨几何定标关键技术研究[D]. 郑州：解放军信息工程大学，2012.

[2] 靳彩娇. 高分辨率遥感影像道路提取方法研究[D]. 郑州：解放军信息工程大学，2013.

[3] 姜长生. 无人机侦察/打击一体化的关键技术[J]. 电光与控制，2011，18(2)：1－8.

[4] 李安福，曾政祥，吴晓明. 浅析国内倾斜摄影技术的发展[J]. 测绘与空间地理信息，2014，37(09)：57－59.

[5] 朱国强，刘勇，程鹏正. 无人机倾斜摄影技术支持下的三维精细模型制作[J]. 测绘通报，2016(9)：151－152.

[6] 魏祖帅，李英成，陈海燕，等. 倾斜多视影像空中三角测量的精度分析[J]. 遥感信息，2017，32(4)：6－10.

[7] 张保明，龚志辉，郭海涛. 摄影测量学[M]. 北京：测绘出版社，2008.

[8] 袁修孝,明洋. POS 辅助航带间航摄影像的自动转点[J]. 测绘学报,2010,39(2):156-162.

[9] 李永佳,周文晖,沈敏一,等. 改进 Harris 特征点的机器人定位算法 [J]. 传感器与微系统,2011,30(8):131-136.

[10] YANG F, WEI L, ZHANG Z, et al. Image Mosaic Based on Phase Correlation and Harris Operator[J]. Journal of Computational Information Systems,2012,8(6):2467-2655.

[11] 息朝健,郭三学. 基于简化 Forstner 算子改进的 SIFT 无人机图像识别算法[J]. 计算机应用与软件,2012,29(5):254-257.

[12] LOWE. D. G, Distinctive image features from scale-invariant keypoints [J], International Journal of Computer Vision, 2004. 66(2): 91-110.

[13] H BAY, T TUYTELAARS, L VAN GOOL. "Surf: Speeded up robust features," in Computer Vision-ECCV 2006, pp. 404-417, Springer, 2006.

[14] E RUBLEE, V RABAUD, K KONOLIGE, et al. , "Orb: an efficient alternative to sift or surf," in 2011 IEEE International Conference on Computer Vision (ICCV), pp. 2564-2571, IEEE, 2011.

[15] FENG H, LI E, CHEN Y, et al. Parallelization and characterization of sift on multi-core systems[J]. IEEE, 2008:14-23.

[16] HEYMANN S, MULLER K, SMOLIC A, et al. SIFT implementation and optimization for general purpose GPU[Z]. WSCG'07 ,2007.

[17] BEHRENS A, BOMMES M, STEHLE T, et al. Real-time image composition of bladder mosaics in fluorescence endoscopy[J]. Comput Sci Res,2011(26):51-64.

[18] 闸旋. CPU+GPU 单机异构环境下遥感数据并行处理技术研究[D]. 郑州:解放军信息工程大学,2013.

[19] 王之卓. 摄影测量学[M]. 北京:测绘出版社,1982.

[20] 李德仁. 基础摄影测量学[M]. 北京:测绘出版社,1995

[21] 张剑清,潘励,王树根. 摄影测量学[M]. 武汉:武汉大学出版社,2003

[22] S GRANSHAW. Bundle Adjustment Methods in Engineering Photogrammetry[J]. Photogrammetric Record, 1980, 10(56): 181-207

[23] T BILL, M PHILIP, H RICHARD, et al. Bundle Adjustment-A Modern Synthesis [J]. Vision Algorithms: Theory and Practice, 2000 (1883): 298-375

[24] 武汉大学测绘学院测量平差学科组. 误差理论与测量平差基础[M]. 武汉:武汉大学出版社,2003

[25] 李德仁,袁修孝. 误差处理与可靠性理论[M]. 武汉:武汉大学出版社,2002.

[26] 起峰,尚洋编著. 摄像测量学原理与应用研究[M]. 北京:科学出版社,2009.

[27] 纪松. 多视匹配策略与优化方法研究[D]. 郑州:解放军信息工程大学,2012.

[28] 闫利,费亮,陈长海,等. 利用网络图进行高分辨率航空多视影像密集匹配[J]. 测绘学报,2016,45(10):1171-1181.

[29] 朱庆,陈崇泰,胡翰,等. 顾及纹理特征的航空影像自适应密集匹配方法[J]. 测绘学报,2017,46(1):62-72.

[30] YUAN XIUXIAO, CHEN SHIYU, YUAN WEI, et al. Poor textural image tie point matching via graph theory[J]. ISPRS Journal of Photogrammetry and Remote Sensing, 2017, 129: 21-31.

[31] 崔世林，田斐. 实时的改进互信息匹配及其GPU实现[J]. 计算机工程与应用，2009，10(45)：160-164.

[32] 陈显毅. 基于互信息的多模医学图像配准[J]. 琼州学院学报，2009，15(5)：37-40.

[33] 周龙，徐贵力，李开宇，等. 基于Census变换和改进自适应窗口的立体匹配算法[J]. 航空学报，2012，5(33)：886-892.

[34] KE YAN, SUKTHANKAR R. PCA-SIFT: a more distinctive representation for local image descriptors [C] // Proceedings of 2004 IEEE Computer Vision and Pattern Recognition (CVPR 2004). Washington DC: IEEE, 2004.

[35] HIRSCHMULLER H. Stereo processing by semiglobal matching and mutual information[J]. IEEE Transactions on Pattern Analysis and Machine Intelligence, 2009, 31(9): 1582-1599

[36] BLEYER M, RHEMANN C, ROTHER C. PatchMatch Stereo-Stereo Matching with Slanted Support Windows[C] // British Ma-chine Vision Conference. Guildford: BMVA Press, 2012.

第 8 章　无人机目标识别与定位应用

无人机中的自动目标识别(Automatic Target Recognition，ATR)系统是无人机情报处理系统的核心部分，ATR 的技术水平在很大程度上决定了无人机的智能化水平。作为计算机视觉和模式识别一个重要的研究领域，自动目标识别是未来无人机系统智能化的研究热点。ATR 技术是计算机自动完成图像预处理、图像增强、图像融合、图像分割、特征提取和检测识别等过程的智能信息处理技术。计算机软硬件技术的快速发展，加速了 ATR 技术从实验理论研究走向无人机实际作战应用的步伐。在军事目标侦察监视、实时跟踪、行为检测、打击引导和打击效果评估等无人机任务方面，ATR 技术已逐渐走向工程化应用，具有广阔的发展前景。各军事航空大国积极推进将相关技术应用于先进无人机平台，实现复杂环境下目标快速、精确、自动识别。

8.1　机载光电载荷自动识别原理

ATR 算法是运动目标识别跟踪系统的关键技术之一。一个典型无人机光电系统 ATR 算法处理流程如图 8－1 所示，通常由四部分组成：预处理、图像分割、特征提取与选择和目标预测与跟踪。

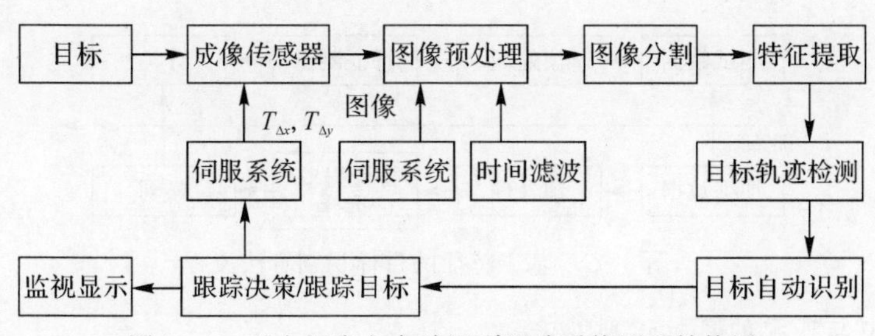

图 8－1　无人机光电自动识别跟踪系统原理结构图

1. 图像预处理

由于成像探测器以及环境干扰等原因，实际目标图像不可避免地会受到随机噪声、起伏背景的干扰，弱小目标常常淹没在强的背景中，因此，在目标识别之前，必须对图像进行滤波，以达到抑制背景噪声、改善图像质量的目的。抑制背景噪声的方法有多种，可以分为空域和频域，如邻域平均、低通滤波、自适应滤波及中值滤波等，每种方法针对的噪声不同，因此需针对不同噪声采用相应图像处理方法。

2.图像分割

在这个阶段主要目的是把待识别的目标图像从原始图像中分离出来。图像分割是依据一定的阈值将目标图像从背景中分割出来的过程,它通常是成像跟踪算法中必须先解决的一个重要环节,包括阈值计算和目标分割两个过程。

3.特征提取与目标识别

完成目标图像的分割后,要计算每个目标的一组特征量,即目标特征提取。对分割出的目标,实时提取的目标特征有辐射分布特征、形状特征和关系特征等。根据提取的特征可进行目标识别。

目前典型的识别算法主要有基于目标特征的算法、基于模板匹配的算法与基于深度学习的目标识别算法。

8.1.1 目标识别算法分类

1.基于特征的目标识别算法

基本原理是根据样本相似性在模式空间互相接近的特点,根据模式所测得的特征矢量,将一个给定的模式划入某个类别中,由此根据模式之间给定距离函数的测度实现分类。目前常用测量函数方法有:判别函数法、特征分析法、主因子分析法、k 近邻分类法等。针对训练数据样本量有限的情况下,分类和学习最常用的是支持向量机机(Support Vector Machine,SVM)研究在小样本情况下的统计理论和学习方法。SVM 以 VC 维理论和结构风险最小原理为基础,核心思想是找到一个超平面使得各训练向量到该超平面的距离最大,由此实现分类。SVM 具有结构简单、推广能力强、学习时间短的优势,但也存在难以满足实时性要求、对大规模训练处理耗时长、挑剔处理场景等问题。国内外已有许多学者提出优化算法,典型的有选块算法、分解算法、序列最小优化算法、多分类支持算法等,近年来又出现一些新的算法,如粒度支持向量机(GSVM)、模糊支持向量机(FSVM)和排序支持向量机(RSVM)等。

一个典型的基于统计模式的目标识别算法流程如图 8-2 所示。

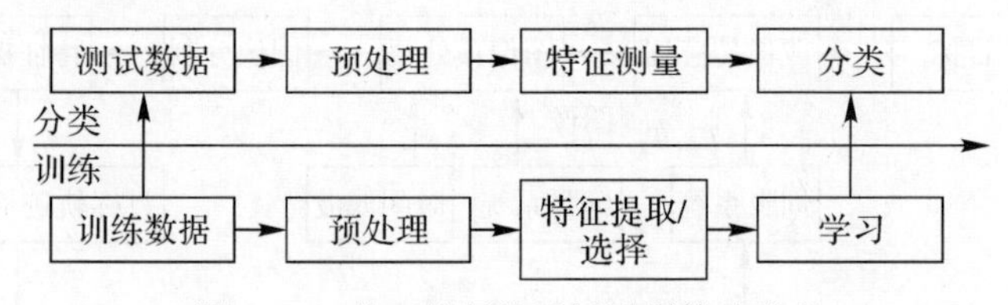

图 8-2 基于特征的目标识别算法流程

2.基于模型与匹配的目标识别算法

基于模型的 ATR 算法先在复杂的样本空间建模,借此提取对应的简化目标特征,利用辅助信息对目标的模型参数进行标记,选择合适的初始假设完成目标特性的预测。基于模型的 ATR 算法需要采用大型的数据库,包含同种目标不同外形特征的信息。每个待识别的类别需选择一个标准模型作为识别标准,该标准模型可以是一个模型或者一个模型集。目前基于模型的目标识别算法研究多结合匹配算法进行,包括模板匹配和特征匹配。

模板匹配指直接在图像域进行像素灰度匹配,该算法具有计算量小,实时性高的特点,但适应性和抗干扰能力不强。为此,学者们提出了基于边缘、区域、纹理、灰度、代数特征、变换域系数和角点等信息的特征匹配技术,最大优点是算法鲁棒性好,对于亮度变化与几何变形不敏感。

3.基于人工智能和深度学习的目标识别算法

人工神经网络(Artificial Neural Network,ANN)作为一门活跃的交叉性学科,涉及人工智能、生理学和计算机等多个学科领域。ANN 本质上是一个模拟人类思维系统的非线性动力系统,通过模仿生物神经元网络系统的行为方式,构造大量人工神经单元节点。ANN 的研究集中在网络结构的调整和训练方面,目前发展出了多达上百种用于目标识别的网络模型。神经网络通过训练不断调整网络结构参数,调节节点间的连接权值和阈值,这个过程称为学习。学习种类可分为有监督学习、无监督学习和强化学习三种。对于海量信息,ANN 具备并行处理、自适应和自组织能力,但作为一种启发式技术,缺乏坚实的理论基础支撑,实时性差的问题也尚未得到很好的解决。

深度学习是近年来机器学习领域新的研究方向,其概念最早在 2006 年由多伦多大学的 G. E. Hinton 提出。“深度”是相对于支持向量机、人工神经网络等“浅层学习”方法而言的,浅层学习依靠人去选择模型特征,网络模型学习后为单层特征没有层次结构。而深度学习通过非线性操作层级对将原始特征向量逐层特征变换到新的特征空间,自动学习到更利于分类或特征可视化的层次性特征表示。深度学习所得到的深度学习网络本质上是一个深层次的神经网络,目前应用于图像目标识别的深度学习网络模型主要有深度信念网络(Deep Belief Network, DBN)、堆叠自动编码器(Stacked Autoencoder, SAE)和卷积神经网络(Convolutional Neural Network, CNN)。与人工神经网络一样,对于特定的问题确定网络层数和每层网络的节点数只有利用经验公式,没有理论支撑。

深度学习运用于 ATR,就是通过训练图像获得可辨识目标属性的知识模型。获得这种知识模型主要过程包括图像训练样本预处理、模型构建和模型参数优化,如图 8-3 所示。

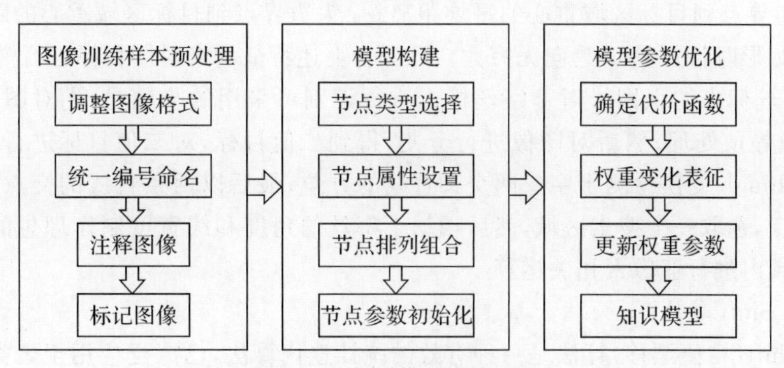

图 8-3　知识模型训练过程

8.1.2　基于特征的目标自动识别跟踪算法

1.特殊标志特征的自动识别算法

根据标志的已知特征,建立相应的数学模型,用特征识别方法对目标特征进行识别提取和跟踪,这种方法称为特征识别跟踪法。其主要优点是可靠性较高、受背景环境干扰小、计算量小等。

(1)圆标志的识别。算法的主要步骤是先对图像进行预处理,如滤除噪声,线性增强等;然后对圆标志进行二值化或提取边缘,得到图像中可能目标的特征,如区域的面积 S 和周长 L;

最后根据得到的目标特征对目标进行模式识别。

对圆标志进行模式识别最常用的判据有以下几种[4]：

1)形状参数。形状参数 F 是根据目标区域的周长 L 和面积 S 计算出来的：

$$F=\frac{L^2}{4\pi S} \tag{8-1}$$

由式(8-1)可知，当目标为圆形时，$F=1$，当目标为其他形状时，$F>1$。形状参数在一定程度上描述了区域的紧凑性，对尺度和旋转变化不敏感。需要注意的是，在有的情况下，仅靠形状参数 F 并不能把不同形状的目标分开。

2)有效半径。目标区域 S 的有效半径 R 定义为

$$R=\frac{2S}{L} \tag{8-2}$$

3)偏心率。偏心率 E 也可称为伸长度，它也描述了目标的紧凑性。偏心率有多种计算公式。一种常用简单的方法是计算目标边界长轴和短轴的比值，不过这样的计算受目标的形状和噪声影响较大。利用矩来计算偏心率可得到较稳定的结果，其计算公式为

$$E=\sqrt{\frac{M_{20}+M_{02}+\sqrt{(M_{20}-M_{02})^2+4M_{11}^2}}{M_{20}+M_{02}-\sqrt{(M_{20}-M_{02})^2+4M_{11}^2}}} \tag{8-3}$$

其中

$$M_{pq}=\sum_{(i,j)\in S}(i-x_0)^p\,(j-y_0)^q \tag{8-4}$$

为区域 S 的 $p+q$ 阶离散中心矩，$(x_0,\ y_0)$ 为区域的重心。

$$C=\frac{\mu_R}{\sigma_R} \tag{8-5}$$

其中，μ_R 为边界点到目标区域重心的平均距离；σ_R 为边界点到目标区域重心的距离的均方差。当区域趋向圆形时特征量 C 趋向无穷大。可综合上述特征量来对圆目标进行模式识别。

(2)十字丝标志的识别。对十字丝标志进行识别可采用的步骤是：先对图像进行滤除噪声，线性增强等预处理；然后对图像进行分割，得到二值目标，对二值目标进行滤波和细化运算；之后用 Hough 变换检测十字丝两交叉直线的方位；最后以两条直线的交点为十字丝的搜索区域中心点，选取一个搜索区域，然后根据十字丝的角度和线宽度制作理想的相关模板，在目标搜索区域内进行亚像素相关运算。

2. Mean Shift 算法

Mean Shift(均值漂移)算法是一种有效的统计迭代算法，已广泛应用于聚类分析、目标跟踪、图像分割、图像平滑、滤波、图像边缘提取和信息融合等方面[5-7]。

Mean Shift 算法是一种非参数估计方法，也就是不需要先假设目标具有某种统计特性。相比于参数估计方法，它适用范围更广。Mean Shift 算法用于图像目标跟踪具有实时性好，容易与其他算法集成，对边缘遮挡、目标旋转、变形以及背景运动不敏感等优点。

Mean Shift 的基本原理是通过统计迭代逐步“漂移”到密度函数的局部极大值处，可以用图 8-4 来说明。

图 8-4 中的各灰色小点为相同特性的小球。按下面的过程搜索小球最密集的区域：在区域中任意选取一点[图 8-4(a)中的虚线十字]为起始点，选择一定大小的范围[图 8-4(a)中的虚线圆区域]，统计该区域的“质量”重心[图 8-4(a)中的实线十字]，则起始

点到“质量”重心构成一个矢量，该矢量定义为 Mean Shift 矢量。将起始点移动到统计得到的“质量”重心，也就是“漂移”到统计区域的“均值”位置。不断重复这一过程，如图 8-4 (b)所示，当统计得到的“质量”重心越来越接近最密集的区域时，Mean Shift 矢量越来越小，通过该过程可以得到最密集区域的位置。这个计算过程即为 Mean Shift 过程。

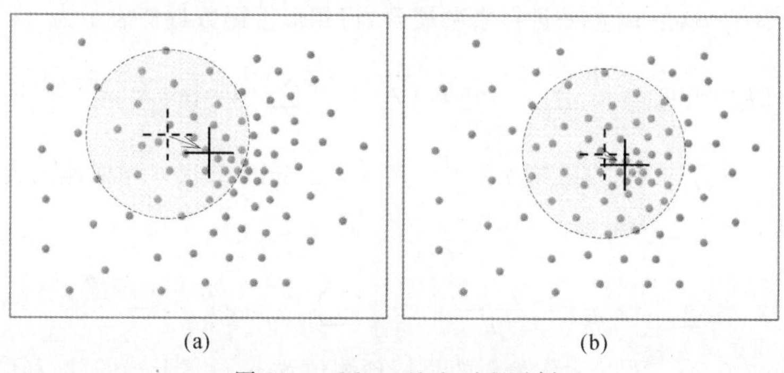

图 8-4　Mean Shift 过程示例

Mean Shift 跟踪的基本原理是在当前帧候选区域中通过 Mean Shift 算法迭代搜索当前目标特征与初始帧（或上一帧）目标特征相似性函数的极大值位置，从而确定目标跟踪定位结果。经典 Mean Shift 跟踪通过统计目标区域的直方图分布（对彩色图像为颜色直方图，对灰度图像为灰度直方图）来描述目标的特征。以两幅图像匹配窗口内直方图分布的相似性程度作为确定匹配跟踪结果的依据，并通过迭代搜索到最优匹配位置。

Mean Shift 跟踪的基本过程如下：

(1)计算初始帧的目标模板。设 $\boldsymbol{x}_i(i=1,2,\cdots,N)$为目标窗口中第 i 个像素的坐标，N 为目标窗口的像素点总数，目标窗口的中心为 $\boldsymbol{x}_*$。对于彩色图像，m 为图像颜色直方图栅格总数（相当于灰度图像中灰度级别总数）。用下面的目标颜色直方图栅格特征向量 q 作为目标特征描述向量，$\boldsymbol{q}$ 的第 u 个分量为

$$\boldsymbol{q}_u = C\sum_{i=1}^{N}\{k(\|\boldsymbol{x}_i-\boldsymbol{x}_*\|^2)\delta[b(\boldsymbol{x}_i)-u]\},\ u\in\{1,\cdots,m\} \tag{8-6}$$

式中，C 为使 $\boldsymbol{q}$ 的模为 1 的归一化常数；$b(\boldsymbol{x}_i)$ 将像素 $\boldsymbol{x}_i$的颜色信息映射到相应的颜色直方图栅格中；$\delta(x)$为迪拉克函数，即 $\delta(0)=1$，当 x 不为 0 时，$\delta(x)=0$。$k(\|\boldsymbol{x}\|^2)$ 为核函数，其中 $\|\boldsymbol{x}\|$ 表示 $\boldsymbol{x}$ 的范数。核函数的作用是给目标区域的像素设置权值，使离目标区域中心越近的像素权值越大。例如高斯核函数。

(2)计算当前帧候选特征向量。以当前帧中目标预测位置 $\boldsymbol{y}$ 为中心，带宽参数 h 为半径选择一个圆形区域作为搜索窗口。设 $\boldsymbol{x}_i(i=1,2,\cdots,N)$为当前帧中搜索窗口中第 i 个像素的坐标，N_h 为搜索窗口中像素总数，类似式(8-6)，计算当前帧中搜索窗口的颜色直方图栅格特征向量 $\boldsymbol{p}(\boldsymbol{y})$的第 u 个分量为

$$\boldsymbol{p}_u(\boldsymbol{y}) = C_h\sum_{i=1}^{N_h}\left\{k\left(\left\|\frac{\boldsymbol{x}_i-\boldsymbol{y}}{h}\right\|^2\right)\times\delta[b(\boldsymbol{x}_i)-u]\right\},\ u\in\{1,\cdots,m\} \tag{8-7}$$

其中，C_h为使 $\boldsymbol{p}(\boldsymbol{y})$的模为 1 的归一化常数。

(3)建立相似性函数和计算当前帧跟踪结果。用下面的相似性函数来衡量初始帧目标模板和当前帧候选向量的相似程度：

$$\rho(\boldsymbol{y})=\rho[\boldsymbol{p}(\boldsymbol{y}),\boldsymbol{q}]=\sum_{u=1}^{m}\sqrt{q_u\times p_u(\boldsymbol{y})} \tag{8-8}$$

该相似性函数的取值范围在 0 到 1 之间，其几何意义为 m 维单位向量 $\left[\sqrt{p_1},\cdots,\sqrt{p_m}\right]$ 和 $(\sqrt{q_1},\cdots,\sqrt{q_m})$ 之间夹角的余弦值，当两个向量夹角为零，即相似性函数值为 1 时，两个向量完全相似。对式(8-8)在 $\boldsymbol{p}(\boldsymbol{y})$处进行泰勒展开，将相似性函数近似表示为

$$\rho[\boldsymbol{p}(\boldsymbol{y}),\boldsymbol{q}]\approx\frac{1}{2}\sum_{u=1}^{m}\sqrt{q_u\times p_u(\boldsymbol{y})}+\frac{C_h}{2}\sum_{i=1}^{N_h}\left[\omega_i k\left(\left\|\frac{\boldsymbol{y}-\boldsymbol{x}_i}{h}\right\|^2\right)\right] \tag{8-9}$$

其中，$\omega_i=\sum_{u=1}^{m}\left\{\delta[b(\boldsymbol{x}_i)-u]\sqrt{q_u/p_u(\boldsymbol{y})}\right\}$ 。用 Mean Shift 算法对相似性函数求最大值，计算新位置为

$$\boldsymbol{y}'=\sum_{i=1}^{N_h}\left[x_i\omega_i g\left(\left\|\frac{y-x_i}{h}\right\|^2\right)\right]\Big/\sum_{i=1}^{N_h}\left[\omega_i g\left(\left\|\frac{y-x_i}{h}\right\|^2\right)\right] \tag{8-10}$$

其中，$g(x)=-k'(x)$ 。再以 $\boldsymbol{y}'$作为新的目标预测位置 $\boldsymbol{y}$，重复上述的(2)和(3)，迭代得到最优的跟踪结果。

8.2 SAR 图像特征与目标识别

8.2.1 SAR 图像特征

SAR 图像在成像波段、构像几何关系和成像处理方式等方面与光学图像存在明显差异，其特征突出表现为相干斑(speckle)、叠掩、阴影、透视收缩和顶底位移等。

1. 相干斑

相干斑与噪声经常放在一起表述，实际上是两个不同概念。相干斑表现为 SAR 图像中均匀目标表面像素灰度的显著差异，即同质目标成像时有的像素呈亮点，有的像素呈暗点。相干斑模糊了图像的精细结构，降低了 SAR 图像灰阶与空间分辨率，降低了对 SAR 图像的解译能力，一些文献将其称为斑点噪声。然而，真正意义上的相干斑并非噪声，它是由地面回波的干涉效应引起的。由于同一像元对应的地面单元随机分布着多个独立散射体，各散射体的回波信号之灰度不完全由地物目标的散射系数决定，而是围绕散射系数值有很大的随机起伏，所以具有均匀散射系数的目标在图像中并不具有均匀的灰度。

2. 几何畸变

如图 8-5 所示，由于 SAR 系统通常采用侧视或正侧视方式成像，雷达波以一定的入射角侧视观测地面，使得起伏地面在 SAR 图像中的斜距投影可能表现为一系列的几何畸变，主要包括叠掩、阴影、透视收缩和顶底位移等[8-9]。

(1)叠掩：由于地形起伏，不同高程的两个地面点 D 和 E 成像于 SAR 图像的同一像素点 d，这种现象称为叠掩。

(2)阴影：地面点 B 和 C 之间的斜坡为背向 SAR 天线的斜坡，由于地形起伏遮挡了 SAR 信号传播，所以图像上与该斜坡中地面点对应的像元不能接收到相应的回波信号，像元强度值较低，这种现象称为阴影。

(3)透视收缩：地面点 C 和 D 之间的斜坡为面向 SAR 天线的斜坡，在 SAR 斜距图像上该

斜坡长度被压缩，这种现象称为透视收缩。在 SAR 图像中透视收缩部分往往表现为较亮的色调。

(4)顶底位移：地面点 A 和 B 之间的斜坡是面向 SAR 天线的斜坡且坡度很陡，山底 A 距天线相位中心的距离小于山顶 B 距离天线相位中心的距离，使得 SAR 在成像时，山底 A 先成像，山顶 B 后成像，出现山顶和山底位置颠倒的情况，称为顶底位移。

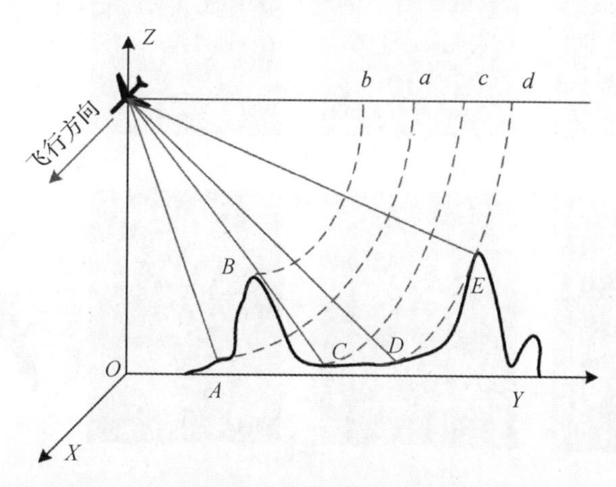

图 8-5　SAR 图像特征

8.2.2　SAR 图像目标识别

地物或目标在图像中所表现的不同特性(如光谱特性、电磁特性等)，通常是以其在图像中所显现的形状(图案)、大小、色调(颜色、纹理)、阴影、位置、活动六个要素来体现的。这六个要素在图像目标判读解译学中称为地物或目标的识别特征，是在图像中判读解译地物或目标的基本依据。这些特征对所有地物或目标的识别都有很大作用。

地物或目标的识别特征是目标识别的基本依据。各个识别特征，从不同的方面反映了目标的性质和状态，因而各有不同的意义和作用。同时，这些识别特征又受到许多客观因素(如成像方法、成像时间、地物或目标所处地理位置等)的影响，会产生一定的变化。因此，准确掌握识别特征与各种因素的关系和特征本身的变化情况，对于判读解译地物或目标有很大帮助。掌握地物或目标的识别特征和正确地运用这些特征，对于确定目标性质、判明目标类型是具有决定意义的。在人工目标判读的基础上，运用模式识别、深度学习理论，实现 SAR 图像的自动识别，目前取得的较大的进展。本节主要参照文献[10]，介绍 SAR 图像的人工目标判读和识别技术，解译 SAR 图像展现的“神奇密码”图案。

1. 形状特征识别

形状特征是指单个地物或目标的外部轮廓在图像上表现的影像样式或多个地物或目标有规律排列而成的图案形态，是地物或目标类型和功能的一种表现形式，是图像地物或目标判读解译的重要识别特征。

物体的外形是物体性质的一种表现，它反映了物体类型和功用等方面的特性，是人们认识物体的重要依据。SAR 是倾斜成像，远距离侧视是其最大的优势，但同时也致使物体反映在 SAR 图像上的形状发生一定程度的变化，即所成的像与物体的顶部形状不尽相同且不唯一，而是随着 SAR 图像分辨率、波长、入射角、方位角和极化方式等诸多因素的改变而改变，这就给图像地物与目标的判读解译工作带来了一定程度的困难,如图 8-6 所示。由于雷达图像表达的是回波的能量,SAR 雷达从不同方向探测飞机,所以形成的图像差别很大。

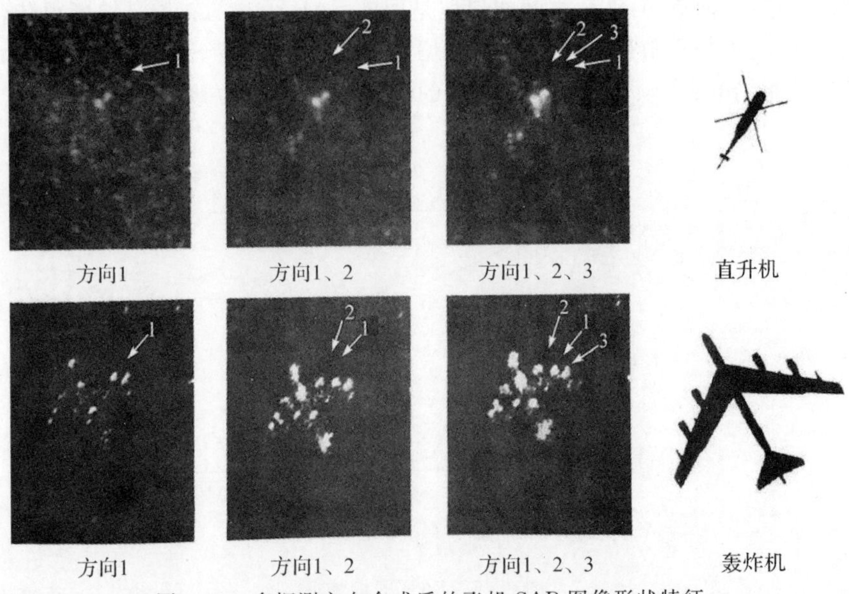

图 8-6 多探测方向合成后的飞机 SAR 图像形状特征

但是这种变化是可以掌握的,只要了解了各种成像因素与物体影像变形的内部联系和变形后的实际情况,从中找出规律,就可以根据地物与目标在图像中的形状来识别。图 8-7 所示为民用机场在 SAR 图像中的形状特征,图中可以非常明显地看到地面的曾现暗色的机场跑道十分明显。其形状特征足以辨别该区域是机场。

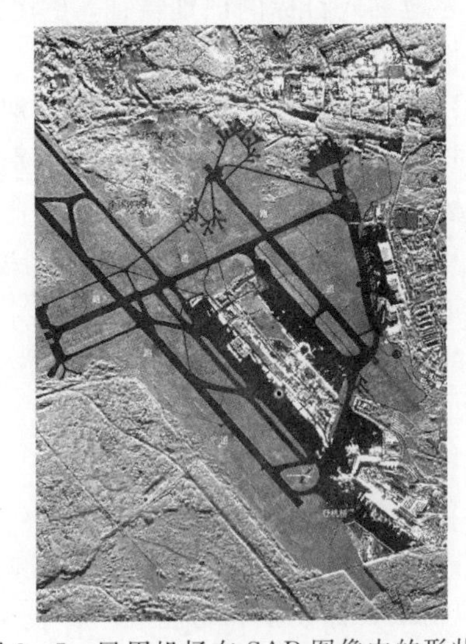

图 8-7 民用机场在 SAR 图像中的形状特

港口也是侦察中最为关注的目标之一,包括民用港口和军用港口,最显著的区分就是船只的形状特征。图 8-8 中的民用散装货轮和油船特征明显,因此是一个典型的民用海港。图 8-9中修长的船舷,高耸的桅杆是军舰外形特征。

图8-8　油轮和货轮在民用港口在SAR图像中的形状特征

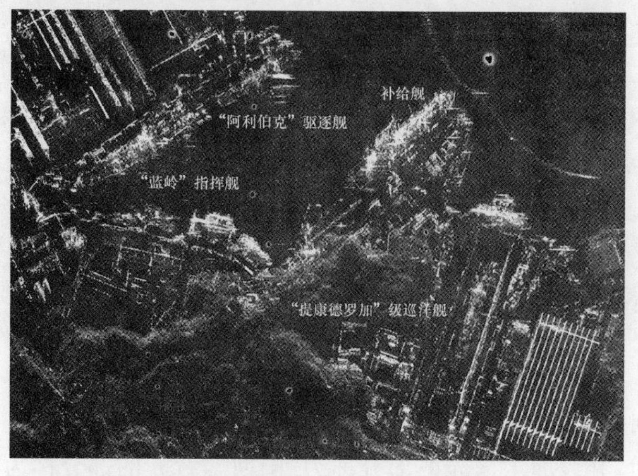

图8-9　军港中各型舰船在SAR图像的形状特征

2. 大小特征识别

大小特征在图像判读学中是指地物或目标外形的几何尺寸(长、宽、高或直径等)。目标的外形几何尺寸对判读解译有着重要的意义,它是确定目标类型和判明目标性质的重要依据之一。在航空航天图像中,有些地物或目标的外形非常相似,但外形的几何尺寸却不尽相同。而地物或目标外形几何尺寸的不同,也反映了地物或目标性质上的差别。

在SAR图像地物或目标判读解译过程中,由于外形特征区分不明显,尤其是在地物或目标的外部形状十分相似的情况下,地物或自标的外形几何尺寸差异则是区别并判定不同 地物或目标的主要识别特征。如图 8-10 所示,机场飞机形状相似,都是后掠翼飞机,但明显不同。但是要判明具体机型,还要根据更多的先验知识才能确定。图 8-11 所示为两艘军舰,外形特征相似度很高,但是由于尺寸的差异可以比较容易判断一艘是驱逐舰,另一艘为护卫舰。

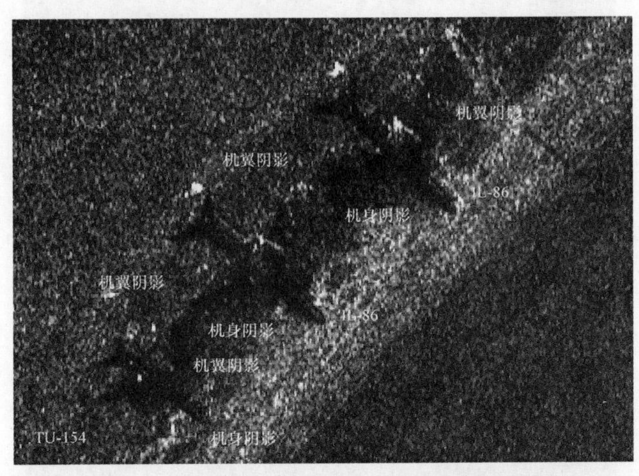

图 8-10　不同几何尺寸飞机 SAR 图像大小特征

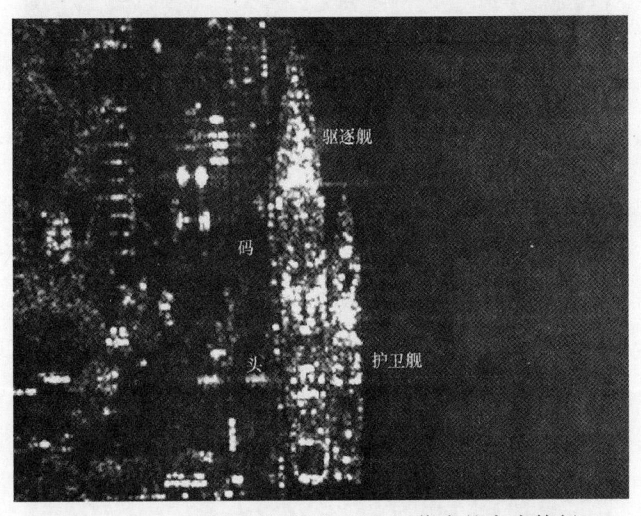

图 8-11　不同水面舰船在 SAR 图像中的大小特征

3. 阴影特征识别

物体受光线照射,其表面上向光的部分称为“阳面”,背光的部分称为“阴面”。由于其他地物或物体本身的其他部分遮住了光线而在阳面上产生的阴暗部分,所以称为“影子”(有时也包括地面上的影子)。阴面(本影)和影子(射影)合称“阴影”(图 8-12 为图像阴影示意图),在图像判读学中称为目标阴影特征。

在可见光图像中,地物与目标的阴影和边缘较易区分,且当地物与目标位于太阳赤纬以北时,其一年四季的阴影朝向为西北(上午)或东北(下午),当地物与目标位于太阳赤纬以南时,其一年四季的阴影朝向为西南(上午)或东南(下午);在雷达成像中有些地物与目标的阴影则难与地物与目标的边缘区分,且地物与目标的阴影方向是随雷达入射波的方向变化而变动的。

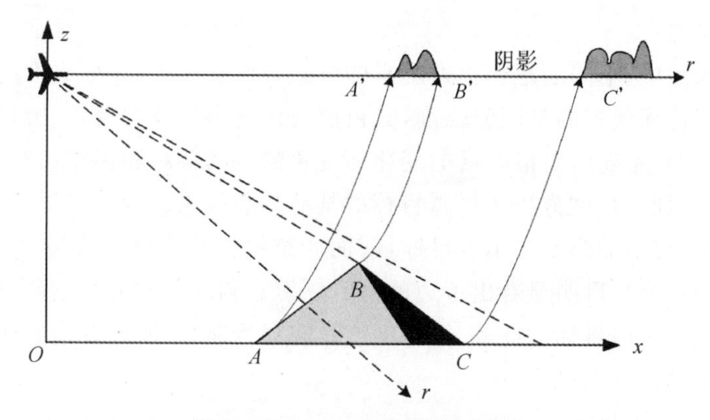

图 8－12　SAR 图像阴影示意图

阴影特征是判读解译目标的重要依据之一。在航空航天图像中所反映的目标形状，主要是目标的顶部形状，只有阴影才能把目标的侧面形状反映出来，因此利用阴影来判读解译目标就比较容易。同时阴影本身也具有形状、大小、色调和方向四个方面的因素，运用这些因素，就能够在图像上判明目标的侧面形状，测量目标的高度及判定图像的方位，尤其是对于区分图像中顶部形状近似而侧面形状不同的目标，更有其独特的作用。如图 8－13 所示，左图显示的横梗两山之间的明亮带通过阴影可以知道是人工架设铁路桥，右图黑色公路突然出现明亮色的宽带，通过阴影可以推断是人工架设的公路桥。如图 8－14 所示的储油罐和如图 8－15 所示的飞机只有通过阴影才能比较容易的判断和识别出来。

图 8－13　铁路桥和公路桥 SAR 图像阴影特征

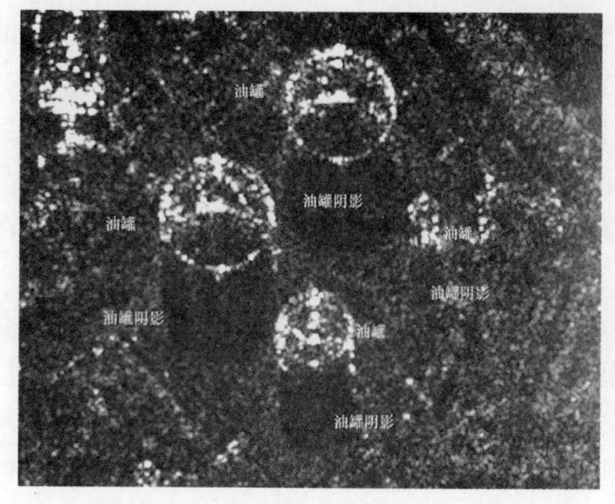

图 8－14　储油罐 SAR 图像阴影特征

图 8－15　飞机 SAR 图像阴影特征

4. 色调特征识别

在可见光遥感图中，不同的地物辐射出来的电磁波波长不一样，形成不同颜色特征。然而雷达图像明暗色调特征代表的是回波强度，其色调与入射雷达波的波长、极化方式、入射角、方位角等因素密切相关，是随以上诸因素的变化而变化的。其特点和规律比较复杂多变，这里重点分析利用 SAR 图像的色调分析和揭露目标的某些伪装效果。

在图 8－16 中，有几个典型的军事目标，前面介绍钢铁物质介电常数高，回波信号强。通过图中真坦克色调特征可以明显看出旁边的另一辆坦克和导弹发射车色调过暗，不符合常理，可以推断出应该是两个假目标。此外，由于微波具有穿透能力，所以普通的伪装网和树林的遮掩，在 SAR 图像下都能现出原形。

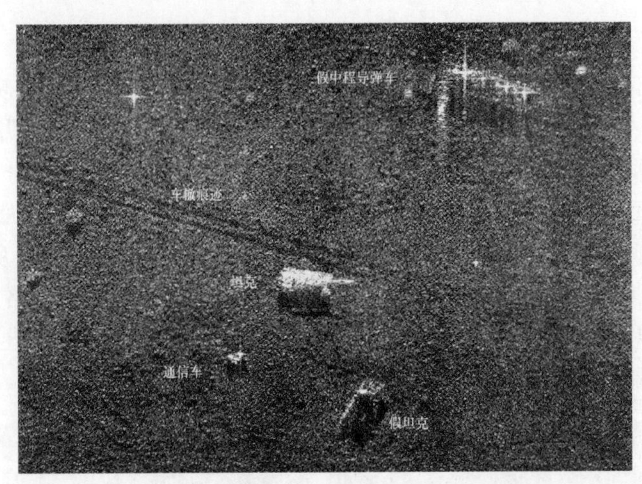

图 8－16　真假目标 SAR 图像色调特征

5. 位置特征识别

地面上一切物体的存在，必然有它存在的位置，它与周围其他事物也会发生一定的联系。地面物体的这种关系位置同样也反映了物体的性质，这种关系位置称为位置特征。所以位置特征就成为在航空航天图像上判读目标的依据之一。

在航空航天图像上判读解译目标时，不但要从目标和地物的形状、大小、阴影、色调等特征来区分目标和地物，同时应该注意地物与目标之间的相关性，从目标之间的联系中分析判断目标与地物存在的合理性和必要性，以判定目标与地物的性质。位置特征不一定对所有目标的判读解译都具有意义，但当对某些目标，尤其是对组合目标内的单个目标判读时，作用很大。组合目标是由若干个单个目标组成的。对组合目标的判读解译，不仅要判读解译出是什么目标，而且要深入地判读解译出其中的各单个目标，而各单个目标，又是根据本身的作用和组合目标的性质，按照一定的配置原则进行布置的。因此各单个目标之间是按一定的相关性而存在或进行布置的，而非孤立存在，彼此互相联系又互相影响。

了解目标与地物的配置与布置原则及要求，掌握目标与地物之间的关系位置特点，再结合目标的其他识别特征，就能比较准确地判明各单个目标。如图 8－17 所示，飞机场是由跑道、滑行道、停机坪、油库、航管指挥设施、导航设施、气象台、候机设施及停车场等许多单个目标组成的，而军用机场一般还配置有弹药库。这些单个目标根据不同的作用，相互之间是按一定的关系、作用而配置的：如滑行道多与跑道平行；停机坪多与滑行道相通且位于滑行道外侧；为了安全，油库、弹药库则远离跑道；为了便于指挥或航行调度，航管指挥设施、气象台多位于跑道中部；导航设施多位于跑道两端延长线 1 km 至数千米处及跑道两端外侧；候机设施及停车场等设施多位于跑道中部且与主要道路相通等。根据这些单个目标之间的关系位置，结合目标的其他识别特征，就能比较准确地判明机场内的各单个目标。

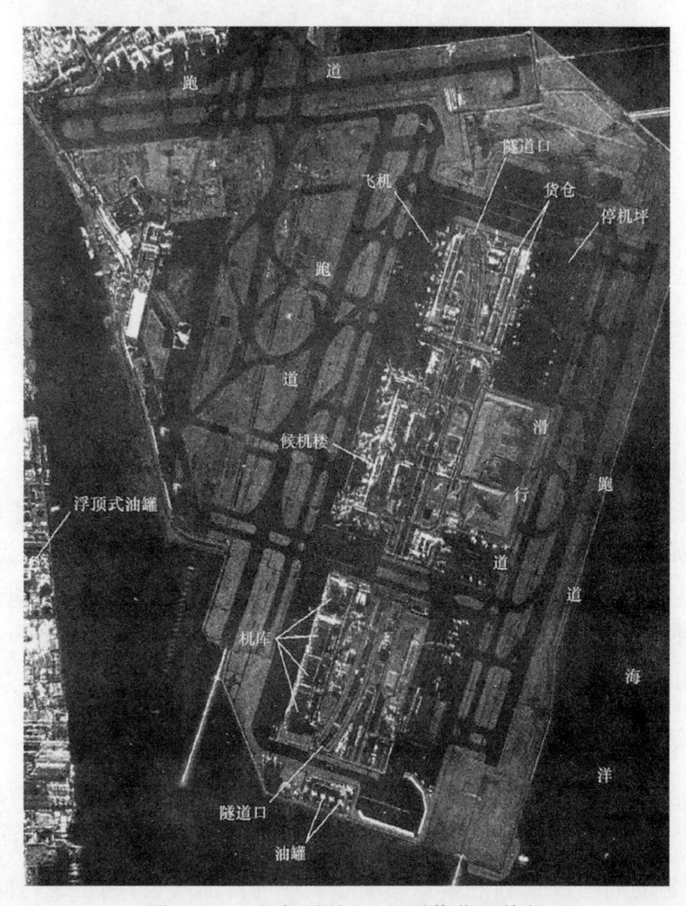

图 8-17　机场设施 SAR 图像位置特征

6. 活动特征识别

活动特征是指由于目标运动或活动而引起的各种征候。对于陆上时敏目标的侦察，通过观察目标活动轨迹，往往可以最终捕捉到目标的踪迹。只要目标有活动，就会产生活动的征候，而这些征候都与目标性质有着一定的联系。一般来说，什么样的活动征候代表着什么样的目标性质。因此，只要当目标的活动征候能够在航空航天图像上反映出来，就可以根据这种征候判断出某些目标的性质和情况。

依据目标的活动征候，再借助其他特征信息，就可以在航空航天图像上识别某些重要的时敏目标，特别是对于被伪装、隐蔽了的目标和外貌特征不明显的目标，活动特征的意义就显得更为重要。例如，在坦克用某种方法伪装后，其外貌特征可能改变成与某些地物相似的形状(如草堆、灌木丛等)，有时甚至完全被隐蔽。但是坦克在行驶后必然会在地面留下履带痕迹，这种痕迹就能成为判明坦克的重要依据。同时根据痕迹的通向判断出坦克所在的位置，如图 8-18 所示。

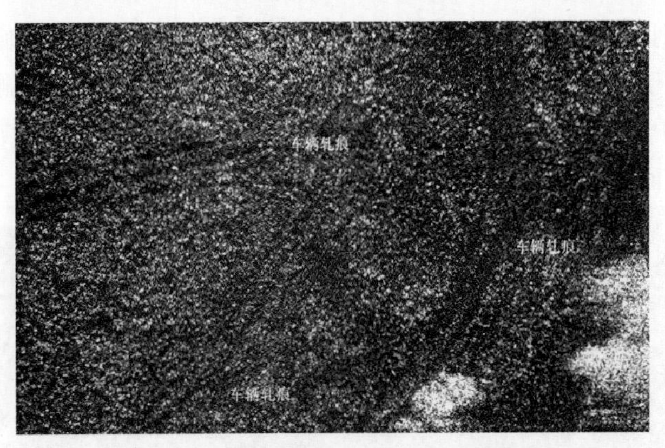

图 8-18　车辆痕迹 SAR 图像活动特征

8.3　SAR 图像目标定位

在多云、多雾等恶劣天气条件下，机载 SAR 图像目标定位可以实现全天候、远距离的目标应急定位。

SAR 图像目标定位方法主要分为有控制点的方法和无控制点的方法两类。其中有控制点的方法包括多项式法和共线方程法，但由于地面控制点难以获得，无法保证实时或者快速定位的要求，所以其应用受到了很大限制，无控制点的方法因此得到了广泛的应用。目前利用 SAR 影像进行目标定位采用的模型主要有：距离-多普勒（Range - Doppler，R - D）模型、F. Leberl 模型、距离-共面方程和 G. Konecny 公式等。

8.3.1　距离-多普勒模型

距离-多普勒（R - D）模型由 Brown[8] 最先提出，随后 Curlander[9] 针对 SEASAT SAR 影像发展了该模型。R - D 模型由距离条件和多普勒条件组成，其基本原理是在雷达发射波范围内，分布着等时延的同心球束和等多普勒中心频率的双曲线束，利用距离向的回波时延信息和方位向的多普勒中心频率信息，可以确定点目标。

SAR 通过侧视成像获取斜距图像，R - D 构像模型根据成像时的距离条件和多普勒频移条件建立了 SAR 成像瞬间相对严格的物像关系，具有明确的几何和物理意义，符合 SAR 成像机理。SAR 成像可以采用雷达波束指向与雷达平台运动方向相垂直的正侧视成像模式，也可以采用雷达波束指向与雷达平台运动方向不垂直的斜侧视成像模式。

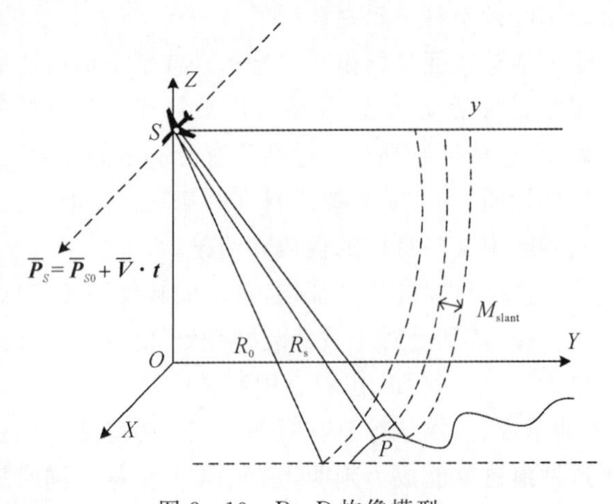

图 8-19　R - D 构像模型

如图 8-19 所示，假设系统平台以瞬时速度矢量 $\mathbf{V}=[V_X \quad V_Y \quad V_Z]^{\mathrm{T}}$ 做直线运动，并沿斜侧视方向发射和接收雷达波，进行 SAR 侧视成像，得到 SAR 斜距图像。记地面点 P

在物方空间坐标系中的坐标为(X,Y,Z)，相应像点的方位向坐标为 x，距离向坐标为 y，则物、像坐标之间的关系可用 R－D 构像模型表示，它包括距离条件方程和多普勒频移条件方程[13]。

1. 距离条件方程

若 SAR 图像的斜距向采样间隔为 M_{slant}，方位向采样间隔为 M_{Azimuth}，近距延迟为 R_0，则地面点 P 到天线相位中心 S 的斜距 R_S 是关于 y、M_{slant} 和 R_0 的函数：

$$R_S^2 = (X - X_S)^2 + (Y - Y_S)^2 + (Z - Z_S)^2 = (R_0 + M_{\text{slant}} \times y)^2 \tag{8-11}$$

令 $\boldsymbol{P}_S = [X_S \quad Y_S \quad Z_S]^T$ 为相应时刻天线相位中心 S 的瞬时位置矢量，它是关于飞行时间 t 和瞬时速度矢量 $\boldsymbol{V} = [V_X \quad V_Y \quad V_Z]^T$ 及加速度矢量 $\boldsymbol{a} = [2a_X \quad 2a_Y \quad 2a_Z]^T$ 的多项式函数。瞬时位置矢量和瞬时速度矢量可分别表示为

$$\left.\begin{aligned} X_S &= X_{S0} + V_{X0}t + a_{X0}t^2 + \cdots \\ Y_S &= Y_{S0} + V_{Y0}t + a_{Y0}t^2 + \cdots \\ Z_S &= Z_{S0} + V_{Z0}t + a_{Z0}t^2 + \cdots \\ t &= t'x \end{aligned}\right\} \tag{8-12}$$

$$\left.\begin{aligned} V_X &= V_{X0} + 2a_{X0}t + \cdots \\ V_Y &= V_{Y0} + 2a_{Y0}t + \cdots \\ V_Z &= V_{Z0} + 2a_{Z0}t + \cdots \end{aligned}\right\} \tag{8-13}$$

其中，$\boldsymbol{P}_{S0} = [X_{S0} \quad Y_{S0} \quad Z_{S0}]^T$ 为初始时刻天线相位中心 S 的位置矢量；$\boldsymbol{V}_0 = [V_{X0} \quad V_{Y0} \quad V_{Z0}]^T$ 为初始时刻天线相位中心的速度矢量；$\boldsymbol{a}_0 = [2a_{X0} \quad 2a_{Y0} \quad 2a_{Z0}]^T$ 为初始时刻天线相位中心的加速度矢量；t' 为方位向各行间的时间间隔。

2. 多普勒频移条件方程

在斜侧视成像中，平台速度分量与斜距分量的乘积是关于多普勒频率的函数：

$$V_X(X - X_S) + V_Y(Y - Y_S) + V_Z(Z - Z_S) = -\frac{\lambda R_S}{2} f_{\text{dc}} \tag{8-14}$$

式中，λ 为雷达波长；f_{dc} 为多普勒频移参数。

R－D 构像模型既适用于正侧视成像条件，也适用于斜侧视成像条件。当 SAR 天线沿正侧视方向发射电磁波并接收地面目标回波时，正侧视成像后各像点对应的多普勒频移参数 f_{dc} 为零。此时，距离多普勒构像模型可简化为 F－Leberl 公式，它包括距离条件方程和零多普勒条件方程：

$$\left.\begin{aligned} &(X - X_S)^2 + (Y - Y_S)^2 + (Z - Z_S)^2 = (R_0 + M_{\text{slant}} y)^2 \\ &V_X(X - X_S) + V_Y(Y - Y_S) + V_Z(Z - Z_S) = 0 \end{aligned}\right\} \tag{8-15}$$

8.3.2　G. Konecny 公式

G. Konecny 公式有两种形式，一是地距投影公式，二是斜距投影公式。这里只介绍 G. Konecny地距投影公式，它与摄影测量中常用的共线条件方程相似，可表示为

$$\left.\begin{aligned} x'_{gr} &= 0 = -f_x \frac{a_{1j}(X_i - \Delta X - X_{sj}) + b_{1j}(Y_i - \Delta Y - Y_{sj}) + c_{1j}(Z - Z_{sj})}{a_{3j}(X_i - \Delta X - X_{sj}) + b_{3j}(Y_i - \Delta Y - Y_{sj}) + c_{3j}(Z - Z_{sj})} \\ y'_{gr} &= -f_y \frac{a_{2j}(X_i - \Delta X - X_{sj}) + b_{2j}(Y_i - \Delta Y - Y_{sj}) + c_{2j}(Z - Z_{sj})}{a_{3j}(X_i - \Delta X - X_{sj}) + b_{3j}(Y_i - \Delta Y - Y_{sj}) + c_{3j}(Z - Z_{sj})} \end{aligned}\right\} \tag{8-16}$$

$$\left.\begin{aligned}\Delta Y &= P(Y_i - Y_{sj}) \\ \Delta X &= P(X_i - X_{sj})\end{aligned}\right\} \tag{8-17}$$

$$P = \frac{\sqrt{(X_i - X_{sj})^2 + (Y_i - Y_{sj})^2} - \sqrt{(X_i - X_{sj})^2 + (Y_i - Y_{sj})^2 + (Z_i - Z_{sj})^2 - H^2}}{\sqrt{(X_i - X_{sj})^2 + (Y_i - Y_{sj})^2}} \tag{8-18}$$

其中，x'_{gr}，y'_{gr}为地距投影图像的像点坐标；X_i，Y_i，Z_i为地面点在物方空间坐标系中的坐标；X_{sj}，Y_{sj}，Z_{sj}为天线相位中心在tj时刻的位置；f_x，f_y为等效焦距；Z为数据归化面(地区平均)高程；H为天线相位中心相对于数据归化面的航高；a_{1j}，b_{1j}，…，c_{3j}为第j行传感器的方向余弦，且有：

$$\left.\begin{aligned}\omega_j &= \omega_0 + \dot{\omega}_0 x + \cdots \\ \varphi_j &= \varphi_0 + \dot{\varphi}_0 x + \cdots \\ \kappa_j &= \kappa_0 + \dot{\kappa}_0 x + \cdots \\ X_j &= X_0 + \dot{X}_0 x + \cdots \\ Y_j &= Y_0 + \dot{Y}_0 x + \cdots \\ Z_j &= Z_0 + \dot{Z}_0 x + \cdots\end{aligned}\right\} \tag{8-19}$$

式中，φ_0，ω_0，κ_0，X_0，Y_0，Z_0为$x=0$处的外方位元素；$\dot{\varphi}_0$，$\dot{\omega}_0$，$\dot{\kappa}_0$，$\dot{X}_0$，$\dot{Y}_0$，$\dot{Z}_0$为外方位元素的一阶变率；x为SAR图像的方位向坐标。

8.3.3 距离-共面模型

距离-共面模型[14]从R-D构像模型推导而得，它是指SAR图像中一行像点对应的所有地面点均在该行像点摄影时刻天线发射的雷达波束扫描面内，各像点的成像满足距离条件。该模型将摄影瞬间天线相位中心的姿态角作为一类定向参数，姿态角包括滚转角ω、俯仰角φ和偏航角κ。

如图8-20所示，在各姿态角均为0条件下，某一时刻SAR成像区域为ab。若天线相位中心S以滚转角ϕ沿方位向X(即飞行方向)转动，该时刻成像区域变为cd，地面点P对应的斜距与成像时刻不变，所以滚动角单独存在不影响特定地面点的构像；若天线相位中心S以俯仰角θ沿距离向Y转动，该时刻成像区域变为ef，地面点P成像时对应的天线相位中心S向前或向后偏移，导致两者间距离增大，因此俯仰角单独存在会导致特定地面点成像时方位向与距离向坐标的改变。若天线相位中心S以偏航角ψ沿垂直方向Z转动，该时刻成像区域变为gh，相应时刻地面点P与S间斜距增大，因此偏航角的存在导致相同成像时刻特定地面点成像的方位向与距离向坐标变化。沿距离向分布的同一行像点所对应的地面点与成像时刻天线相位中心在同一个观测波束面内，用天线相位中心的位置矢量与姿态参数ω、φ和κ可以确定此波束面。

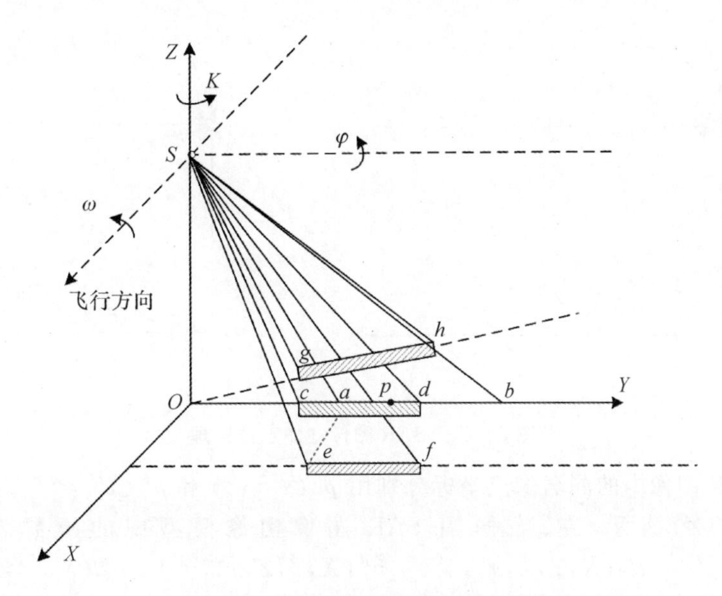

图 8 - 20　姿态角对成像的影响示意

以 $Y-Z-X$ 作为转角次序的 $\varphi-\kappa-\omega$ 转角系统，成像瞬间 S 相对于物方空间坐标系的旋转矩阵为

$$\boldsymbol{R}=\boldsymbol{R}_Y(\varphi)\boldsymbol{R}_Z(\kappa)\boldsymbol{R}_X(\omega) \tag{8-20}$$

一行像点对应地面点与成像时刻天线相位中心共波束面的共面条件公式为

$$(X-X_S)\cos\varphi\cos\kappa+(Y-Y_S)\sin\kappa-(Z-Z_S)\sin\varphi\cos\kappa=0 \tag{8-21}$$

距离条件公式描述的是天线相位中心与地面点之间的距离等于雷达波测量距离，与 F - Leberl 构像模型的距离条件公式相同，即

$$(X-X_S)^2+(Y-Y_S)^2+(Z-Z_S)^2=(R_0+M_{\text{slant}}y)^2 \tag{8-22}$$

式(8 - 21)与式(8 - 22)即为距离-共面模型。由式(8 - 22)可知，滚动角 ω 对 SAR 构像没有影响，且当俯仰角 φ 和偏航角 κ 均为 0 时，观测波束面垂直于飞行方向，此时的距离-共面模型即为 F - Leberl 构像模型。从另外一个角度讲，R - D 构像模型中的多普勒条件方程是从频率参数角度描述成像瞬间距离向一行像点对应地面点与天线相位中心的共面情形。当采用相同的位置矢量、速度矢量对同一地区进行观测时，传感器姿态变化会引起多普勒频移参数的变化，这即说明姿态参数与多普勒参数之间是可以相互转换的。

8.3.4　SAR 图像立体定位原理

SAR 图像立体定位是根据 SAR 图像构像模型，由构成立体的两幅 SAR 图像的同名像点坐标计算相应地面点三维坐标的过程。根据两幅 SAR 图像获取时天线相位中心 S_1 与 S_2 相对被测目标 P 方位的不同，SAR 立体图像可分为同侧立体和异侧立体图像。两种情况下的 SAR 图像立体定位原理示意如图 8 - 21 所示，通俗地理解为两个天线相位中心分别对同一地面点进行观测，按照成像时的斜距作圆弧，弧线的交点即为被测的地面点，即距离交会。

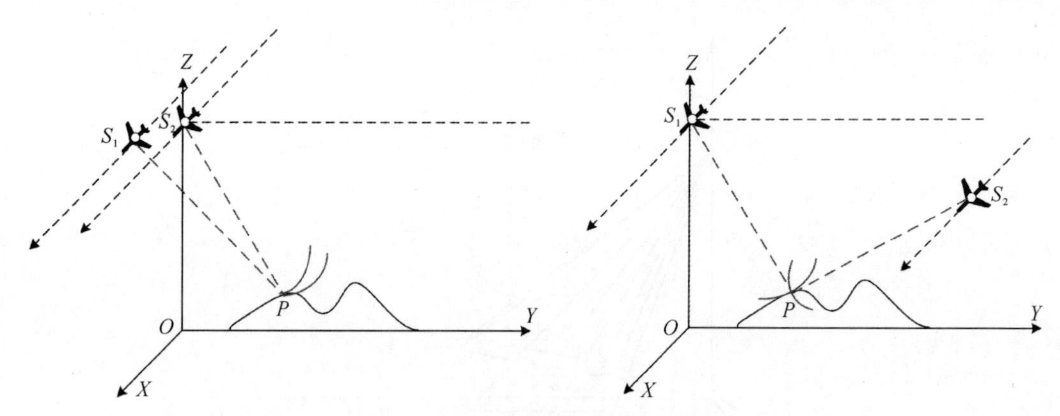

图 8-21　SAR 图像立体定位原理

若立体 SAR 图像中的同名像点坐标分别用 $p^L(x^L, y^L)$ 和 $p^R(x^R, y^R)$ 表示，相应地面点坐标用 $P(X,Y,Z)$ 表示，左、右两幅 SAR 图像构像模型中的函数表达式分别用 $F_1^L(X,Y,Z,x^L,y^L)$、$F_2^L(X,Y,Z,x^L,y^L)$、$F_1^R(X,Y,Z,x^R,y^R)$、$F_2^R(X,Y,Z,x^R,y^R)$ 表示，则同名像点坐标与相应地面点坐标的关系可由如下四个方程构成的方程组表示：

$$\left.\begin{array}{l} F_1^L(X,Y,Z,x^L,y^L)=0 \\ F_2^L(X,Y,Z,x^L,y^L)=0 \\ F_1^R(X,Y,Z,x^R,y^R)=0 \\ F_2^R(X,Y,Z,x^R,y^R)=0 \end{array}\right\} \tag{8-23}$$

式(8-23)关于地面点坐标的线性化形式为

$$\left.\begin{array}{l} \dfrac{\partial F_1^L}{\partial X}\Delta X+\dfrac{\partial F_1^L}{\partial Y}\Delta Y+\dfrac{\partial F_1^L}{\partial Z}\Delta Z-F_{10}^L=0 \\ \dfrac{\partial F_2^L}{\partial X}\Delta X+\dfrac{\partial F_2^L}{\partial Y}\Delta Y+\dfrac{\partial F_2^L}{\partial Z}\Delta Z-F_{20}^L=0 \\ \dfrac{\partial F_1^R}{\partial X}\Delta X+\dfrac{\partial F_1^R}{\partial Y}\Delta Y+\dfrac{\partial F_1^R}{\partial Z}\Delta Z-F_{10}^R=0 \\ \dfrac{\partial F_2^R}{\partial X}\Delta X+\dfrac{\partial F_2^R}{\partial Y}\Delta Y+\dfrac{\partial F_2^R}{\partial Z}\Delta Z-F_{20}^R=0 \end{array}\right\} \tag{8-24}$$

利用式(8-24)即可由同名像点坐标采用迭代方法求解相应地面点的三维坐标 (X,Y,Z)，实现对立体 SAR 图像的定位。

8.3.5　单幅 SAR 图像定位原理

单幅 SAR 图像定位是利用单幅 SAR 图像中的像点坐标，获取相应地面点三维坐标的过程。根据 SAR 图像构像模型通常仅能列出关于像点坐标与地面点坐标关系的两个方程，因而单幅 SAR 图像定位属于利用两个方程求解三个未知数的非满秩方程求解问题，需要引入其他约束条件或数据。这些约束条件或数据包括：利用阴影成形获取高程、引入地球模型方程、假设地面平坦或利用 DEM 数据辅助等[15]。

1. 利用阴影成形的单幅 SAR 图像定位

阴影成形三维信息反演的基本原理是依据 SAR 图像中各像元的灰度明暗变化恢复相应地形起伏，它根据 SAR 图像上各像元灰度值和所采用的后向反射模型计算像元对应地面单元的局部坡度，通过各像元对应地面单元的坡度积分反演相应地面点的高程 Z，再依据 SAR 图像的构像模型求解地面点的平面坐标 (X,Y)，从而确定各地面点的三维坐标 (X,Y,Z)。

2. 引入地球模型方程的单幅 SAR 图像定位

引入地球模型方程的单幅 SAR 图像定位基本原理是在距离多普勒构像方程的基础上，引入地球椭球模型，建立起关于地面点在地心坐标系中三维坐标 (X,Y,Z) 的如下方程，从而由 SAR 图像中的二维像点坐标 (x,y) 解算相应地面点的三维坐标：

$$\left.\begin{aligned} &R_s^2=(X-X_S)^2+(Y-Y_S)^2+(Z-Z_S)^2=(R_0+M_{\text{slant}}y)^2 \\ &V_X(X-X_S)+V_Y(Y-Y_S)+V_Z(Z-Z_S)=-\frac{\lambda R_s}{2}f_{\text{dc}} \\ &\frac{(X^2+Y^2)}{(R_e+h)^2}+\frac{Z^2}{R_p^2}=1 \end{aligned}\right\} \tag{8-25}$$

式中，R_e，R_p 分别是参考椭球的长半轴和短半轴；h 为地面点相对参考椭球的高程，其他符号与前文定义相同。

3. DEM 辅助的单幅 SAR 图像定位

DEM 辅助的单幅图像定位原理如图 8-22 所示，其直观理解是 SAR 图像上某像点对应的斜距弧线与 DEM 相交于点 P。为了完成 DEM 辅助的单幅 SAR 图像定位，需先给定地面点平面坐标 (X,Y) 的初值，由 DEM 内插出高程 Z，依据 SAR 图像构像模型求解地面点的平面坐标，判断该平面坐标与初值的差是否小于给定的阈值，如果不小于，则以新计算出的平面坐标作为初值，重新迭代计算，直到差值小于给定阈值，则得到相应地面点三维坐标。DEM 辅助的单幅 SAR 图像定位精度依赖于 DEM 的精度，DEM 精度越高，定位精度越高。

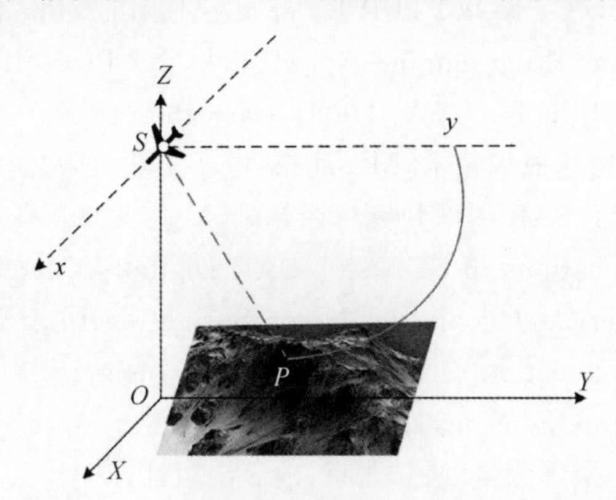

图 8-22　DEM 辅助的单幅 SAR 图像定位原理

思　考　题

1. 简述光学图像目标自动识别技术有哪些主要算法。

2. 简述 Mean Shift 目标跟踪算法基本原理。

3. 简述无人侦察机光电探测转塔对目标定位的基本过程。

4. SAR 成像效果与哪些因素相关？从目标判断识别角度来看，确定的机载 SAR，在对地面目标成像过程中应该注意哪些因素的影响？

5. 简述机载 SAR 图像特征，其中妨碍判读的特征有哪些？对判读有益的特征有哪些？

6.分析SAR图像目标定位的基本原理。试分析影响SAR图像定位精度的因素有哪些,应如何改进提高?

参考文献

[1] 刘士建,金璐.自动目标识别算法发展综述[J].电光与控制,2016(10):1-7.

[2] 范彬,冯云松.支持向量机在红外成像自动目标识别中的应用[J].红外技术,2007,29(1):38-41.

[3] 张慧,王坤峰,王飞跃.深度学习在目标视觉检测中应用进展与展望[J].自动化学报,2017,43(8):1289-1305.

[4] 章毓晋.图像处理和分析[M].北京:清华大学出版社,1999.

[5] FUKUNAGA K, HOSTETLER L D. The estimation of the gradient of a density function with application in pattern recognition[J]. IEEE Trans. Inform. Theory, 1975 (21): 32-40.

[6] CHENDG Y. Mean Shift, mode seeking, and clustering[J]. IEEE Trans. on Pattern Anal, 1995, 17(8): 790-799.

[7] COMANICIU D, MEER P. Mean Shift: A robust approach toward feature space analysis[J]. IEEE Trans. Pattern Anal, 2002, 24(5): 603—619.

[8] 宋建社,郑永安,袁礼海.合成孔径雷达图像理解与应用[M].北京:科学出版社,2008.

[9] YING L, MUNSON D C, KOETTER R, et al. Multibaseline InSAR Terrain Elevation Estimation: A Dynamic Programming Approach [C]// Proc. IEEE Int. Conf, on Image Processing, Univ, of Illinois, USA, 2003: 175-160.

[10] 保铮,邢孟道,王彤.雷达成像技术[M].北京:电子工业出版社,2005.

[11] 谷秀昌、付琨、仇晓兰. SAR图像判读解译基础[M].北京:科学出版社,2017.

[12] BROWN WE. Applications of SEASAT SAR Digitally Corrected Imagery for Sea Ice Dynamics[C]/ /American Geophysics Union Spring Meeting. Baltimore, 1981: 25-29.

[13] CURLANDER J C. Location of Spaceborne SAR Imagery[J]. IEEE Transactions on Geoscience and Remote Sensing, 1982 (3): 359-364.

[14] 肖国超,朱彩英.雷达摄影测量[M].北京:地震出版社,2001.

[15] 程春泉,张继贤,邓喀中,等.雷达影像几何构像距离共面模型[J].遥感学报,2012,16(1):38-49.

[16] 张红敏.SAR图像高精度定位技术研究[D].郑州:信息工程大学,2013.